计算机技术开发与应用丛书

精讲MySQL复杂查询

张方兴◎编著

清华大学出版社

北京

内 容 简 介

本书根据各大公司的 SQL 复杂查询面试题编写,可以更好地辅助读者进行针对性学习,尤其是每道 SQL 复杂查询面试题都通过分步骤的形式进行解读,而非直接摆出一个答案。对比答案而言,解题思路更为重要。希望学习本书之后,读者可以拥有自己的针对复杂查询的解题思路。

本书共 13 章,分别对应 SQL 语句的查询基础、多表联查、元数据的查询与管理、字符串的查询与处理、数字的查询与处理、日期的查询与处理、JSON 和 XML 的查询与处理、结果集的查询与处理、视图与临时表、存储过程与预编译语句、触发器与自定义函数、事务与锁、数据库备份、复杂查询面试题等相关内容。

作者精心设计了多个案例与复杂查询题目,非随意摆出的"难题",而是基于工作时积攒的业务场景。

本书适合初学者入门,也适合准备开始面试的学生进行面试准备,还适合从事多年开发工作却仍然对复杂查询心有余悸的程序员阅读,并可作为高等院校和培训机构相关专业的教学参考书。

图书在版编目(CIP)数据

精讲 MySQL 复杂查询/张方兴编著.—北京:清华大学出版社,2024.1(2024.12重印)
(计算机技术开发与应用丛书)
ISBN 978-7-302-65350-9

Ⅰ.①精… Ⅱ.①张… Ⅲ.①SQL 语言－数据库管理系统 Ⅳ.①TP311.132.3

中国国家版本馆 CIP 数据核字(2024)第 019935 号

责任编辑:赵佳霓
封面设计:吴　刚
责任校对:李建庄
责任印制:杨　艳

出版发行:清华大学出版社
　　　网　　址:https://www.tup.com.cn,https://www.wqxuetang.com
　　　地　　址:北京清华大学学研大厦 A 座　　　邮　　编:100084
　　　社 总 机:010-83470000　　　邮　　购:010-62786544
　　　投稿与读者服务:010-62776969,c-service@tup.tsinghua.edu.cn
　　　质量反馈:010-62772015,zhiliang@tup.tsinghua.edu.cn
　　　课件下载:https://www.tup.com.cn,010-83470236
印 装 者:小森印刷霸州有限公司
经　　销:全国新华书店
开　　本:186mm×240mm　　　印　张:19.5　　　字　　数:439 千字
版　　次:2024 年 2 月第 1 版　　　印　　次:2024 年 12 月第 2 次印刷
印　　数:2001～2800
定　　价:79.00 元

产品编号:099686-01

前言
PREFACE

MySQL 不仅可以满足企业级应用的需求，还可以用于个人项目和学术研究。学习复杂查询是非常重要的，因为复杂查询可以帮助你更好地理解和使用 MySQL。以下是学习 MySQL 复杂查询的一些重要原因。

（1）高效查询：学习 MySQL 复杂查询可以帮助你更好地理解如何使用索引、子查询和联合查询等技术，从而实现更高效的查询。这可以提高查询性能，减少查询时间和资源消耗。

（2）数据库管理：学习 MySQL 复杂查询可以帮助你更好地理解如何使用存储过程、触发器和视图等技术，从而实现更高效的数据库管理。这可以提高数据库的可靠性、安全性和可维护性。

（3）应用开发：学习 MySQL 复杂查询可以帮助你更好地理解如何使用 MySQL 进行应用开发。这可以帮助你更好地设计数据库结构，编写高效的查询语句，从而实现更高效的应用开发。

学习 MySQL 复杂查询是非常重要的，无论你是 MySQL 的新手还是专业人士，学习 MySQL 复杂查询都可以帮助你更好地实现更高效的数据库管理和应用开发。

笔者在编写本书之前已经构思了数年，将多年操作数据库的经验与工作中实际发生的复杂增、删、改、查需求尽可能"塞进"一本书里。

如果是 Java 程序员、PHP 程序员等高级语言类程序员，阅读完本书之后，在实际工作中几乎不会再遇到可以难倒你的增、删、改、查问题。

本书主要内容

第 1 章和第 2 章铺垫 SQL 语句查询的基础，包含基础查询及多表联查等内容，前两章内容无论是工作与学习都是必备技术。

第 3 章简单讲解 MySQL 元数据与数据库一些技术数据的管理，使读者对数据库底层有更深的理解。

第 4～8 章深度讲解 MySQL 8.0 的函数与数据类型，与其他书籍不同的是此处不仅对每种数据类型和函数进行深度讲解，还针对不同的数据类型进行复杂查询练习。进行复杂查询练习时也是针对解题思路，用一步一步的方式进行讲解，重要的不是最终答案，而是解题过程中所需要思考的内容。

第 9~11 章讲解数据库的视图、临时表、存储过程、预编译语句、触发器、自定义函数等 MySQL 高级技巧。每种技巧都搭配了在实际工作中可能出现的应用场景,绝非只列举技术,而是通过解决工作时所出现需求的方式对其进行讲解。

第 12 章和第 13 章讲解 MySQL 的事务、锁、备份等维护数据库的内容,并且增加了面试时常见的 MySQL 复杂查询面试题。

附录 A 记录了 MySQL 全部语句格式的释义,方便读者对 MySQL 有更深刻的认识,并且列出了书籍中使用的数据库表的格式及内容。

阅读建议

本书是一本基础入门加实战的书籍,既有基础知识,又有复杂查询的示例。建议读者在学习基础知识时多尝试在计算机上运行,可以增强对基础知识的记忆与理解。进行复杂查询学习时建议不要直接看答案和步骤,先尝试自己进行解题,然后通过书中的解题思路进行对照。

任何复杂查询的答案都是毫无意义的,重要的是一步步解题的过程和思路。如何通过众多基础知识的组合得到答案,这些思路才是学习复杂查询的重点。

在元数据、视图、临时表、存储过程、预编译语句、触发器、自定义函数、事务、锁等技术内容上,可以尝试除了笔者提出的业务上执行过的场景之外,读者自行想一些可能出现的技术类场景,并进行实现。针对自己提出的问题,自己进行解答,这才是更好的学习方法。

资源下载提示

素材(源码)等资源:扫描目录上方的二维码下载。

视频等资源:扫描封底的文泉云盘防盗码,再扫描书中相应章节的二维码,可以在线学习。

由于编者水平有限,书中难免存在不妥之处,请读者见谅,并提宝贵意见。

张方兴

2023 年 12 月

目 录

CONTENTS

本书源码   教学课件（PPT）

第 1 章　SQL 语句基础与精讲 select 关键字 ································· 1

  1.1　SQL 查询语句基础 ························· 1

    1.1.1　SQL 简介 ····················· 1

    1.1.2　SQL 的语句类型 ··············· 1

    1.1.3　关系数据库的组成 ············· 2

    1.1.4　查询语句的基本规则 ··········· 2

    1.1.5　dual 虚拟表 ·················· 3

    1.1.6　数字计算符号的特殊情况 ······· 3

  1.2　精讲 select 关键字 ······················ 5

    1.2.1　select 常规语法 ··············· 5

    1.2.2　distinct 关键字 ··············· 6

    1.2.3　straight_join 关键字 ··········· 7

    1.2.4　sql_result 关键字 ············· 7

    1.2.5　sql_cache 关键字 ············· 8

    1.2.6　group by 与 having 关键字 ····· 8

    1.2.7　order by 关键字 ·············· 9

    1.2.8　with rollup 关键字 ··········· 10

    1.2.9　window 关键字 ·············· 11

    1.2.10　limit 与 offset 关键字 ········ 11

    1.2.11　limit 分页相关公式 ·········· 12

    1.2.12　for 关键字 ················· 14

  1.3　MySQL 8.0 的内置函数与帮助 ·········· 16

    1.3.1　了解 MySQL 自带的实例库 ····· 16

    1.3.2　通过 MySQL 8.0 内置文档了解 MySQL 8.0 函数 ············· 16

  1.4　条件查询 ····························· 19

    1.4.1　MySQL 中的比较运算符 ······· 19

    1.4.2　like 关键字 ·················· 26

    1.4.3　strcmp()函数 ················ 27

    1.4.4　MySQL 中的正则表达式语法 ··· 28

第2章　子查询与连接查询 ·· 36

　2.1　子查询 ··· 36

　　2.1.1　子查询的作用 ·· 36

　　2.1.2　子查询作为列值 ·· 36

　　2.1.3　外层嵌套子查询 ·· 38

　　2.1.4　使用子查询进行比较 ·· 38

　　2.1.5　子查询的相关关键字 ·· 39

　　2.1.6　行内子查询与构造表达式 ···································· 41

　　2.1.7　子查询作为派生表 ·· 42

　2.2　连接查询 ·· 43

　　2.2.1　连接查询语句 ·· 43

　　2.2.2　笛卡儿积 ·· 43

　　2.2.3　交叉连接 ·· 47

　　2.2.4　左连接 ·· 48

　　2.2.5　右连接 ·· 51

　　2.2.6　拼接 ·· 52

　　2.2.7　全连接 ·· 53

　　2.2.8　内连接 ·· 54

　　2.2.9　并集去交集 ·· 54

　　2.2.10　自连接 ··· 55

第3章　MySQL 元数据相关查询 ···································· 57

　3.1　show 关键字 ··· 57

　　3.1.1　show 关键字查看某实例库中含有的表 ························ 57

　　3.1.2　show 关键字查看表结构 ····································· 58

　　3.1.3　show 关键字查看 binlog 日志 ······························ 58

　　3.1.4　show 关键字查看相关创建语句信息 ·························· 58

　　3.1.5　show 关键字查看 MySQL 支持哪些引擎 ······················ 59

　3.2　数据库的系统变量元数据与 set 关键字 ···························· 60

　　3.2.1　set 关键字用于用户自定义变量 ······························ 60

　　3.2.2　set 关键字用于环境变量 ···································· 61

　　3.2.3　sql_mode 变量 ··· 63

　　3.2.4　根据用户自定义变量增加列的行号 ···························· 64

　3.3　表的元数据 ·· 66

　　3.3.1　表的元数据查询 ·· 66

　　3.3.2　表信息中的 row_format 字段 ································ 69

　　3.3.3　表信息中的 data_free 字段 ································· 72

　　3.3.4　MySQL 各表占用磁盘空间计算方式 ·························· 72

　　3.3.5　利用 optimize 关键字优化空间碎片 ·························· 73

　　3.3.6　查看表中的约束 ·· 75

3.4　列的元数据 ·· 77

3.5　用户权限的元数据 ·· 78

　　3.5.1　查询当前 MySQL 中含有哪些用户 ·· 78

　　3.5.2　用户的操作权限 ··· 79

　　3.5.3　表的操作权限 ·· 80

　　3.5.4　列的操作权限 ·· 81

第 4 章　SQL 字符串的查询与处理 ··· 82

4.1　MySQL 8.0 中的字符串 ·· 82

　　4.1.1　字符、字符集与字符串 ·· 82

　　4.1.2　字符集与排序 ·· 83

　　4.1.3　字符串各数据类型的存储空间 ·· 89

　　4.1.4　char 类型与 varchar 类型 ·· 90

　　4.1.5　varchar 类型的长度误区 ·· 91

　　4.1.6　binary 类型与 varbinary 类型 ·· 92

　　4.1.7　blob 类型与 text 类型 ··· 97

　　4.1.8　enmu 类型 ·· 97

　　4.1.9　set 类型 ··· 98

4.2　字符串相关常用函数 ·· 99

　　4.2.1　concat()函数（多列拼接）·· 99

　　4.2.2　group_concat()函数（多行拼接）·· 101

　　4.2.3　replace()函数 ·· 102

　　4.2.4　regexp_substr()函数 ·· 103

　　4.2.5　substr()函数与 substring()函数 ·· 103

　　4.2.6　substring_index()函数 ··· 104

　　4.2.7　instr()函数与 locate()函数 ··· 104

　　4.2.8　length()函数 ··· 105

　　4.2.9　reverse()函数 ·· 105

　　4.2.10　right()函数与 left()函数 ··· 105

　　4.2.11　rpad()函数 ·· 105

　　4.2.12　space()函数 ··· 106

　　4.2.13　trim()、rtrim()、ltrim()函数 ·· 106

　　4.2.14　upper()函数与 lower()函数 ··· 106

　　4.2.15　repeat()函数 ··· 107

　　4.2.16　insert()函数 ·· 107

　　4.2.17　elt()函数 ·· 107

　　4.2.18　concat_ws()函数 ·· 108

4.3　MySQL 8.0 处理字符串相关的复杂查询 ··· 108

　　4.3.1　查询总经理名称并增加单引号 ·· 108

　　4.3.2　将数字数据和字符数据分开 ·· 110

4.3.3 计算字符串中特定字符出现的次数 ·· 115

4.3.4 提取分隔符数据中的第 N 个数据 ·· 117

第 5 章 SQL 数字的查询与处理 ·· 120

5.1 MySQL 8.0 的数字 ··· 120

5.1.1 MySQL 8.0 中的数字类型 ·· 120

5.1.2 tinyint 类型、bool 类型、boolean 类型 ································· 121

5.1.3 无符号整数类型 ··· 122

5.1.4 数字类型的精度 ··· 123

5.2 数字常用函数与运算符 ··· 123

5.2.1 div()函数 ·· 124

5.2.2 abs()函数 ·· 124

5.2.3 ceiling()函数 ··· 124

5.2.4 floor()函数 ··· 124

5.2.5 pow()函数和 power()函数 ·· 124

5.2.6 rand()函数 ·· 125

5.2.7 truncate()函数 ·· 125

5.3 聚合函数 ··· 125

5.3.1 count(distinct)函数 ··· 126

5.3.2 查询每个部门的平均薪资 ··· 126

5.3.3 查询每个部门的薪资最高与最低的人(携带提成) ··························· 127

5.3.4 查询每个部门的薪资总额 ··· 128

5.3.5 查询每个部门有多少人 ··· 128

5.3.6 查询每个部门有多少人没有提成 ··· 129

5.3.7 查询某个部门薪资占全公司的百分比 ······································· 129

5.4 窗口函数 ··· 130

5.4.1 窗口函数的语法 ··· 130

5.4.2 初步使用窗口函数 ··· 131

5.4.3 partition by 关键字 ·· 132

5.4.4 order by 关键字 ·· 133

5.4.5 rank()函数 ·· 134

5.4.6 dense_rank()函数 ·· 136

5.4.7 percent_rank()函数 ·· 137

5.4.8 ntile()函数 ··· 138

5.5 聚合函数窗口化 ··· 139

5.6 MySQL 8.0 处理数字相关的复杂查询 ··· 140

5.6.1 计算众数 ··· 140

5.6.2 计算中值 ··· 143

第 6 章 SQL 日期的查询与处理 ·· 145

6.1 MySQL 8.0 的日期 ··· 145

6.1.1　MySQL 8.0 中的日期类型 ·· 145

6.1.2　date 类型 ·· 146

6.1.3　datetime 类型 ·· 147

6.1.4　time 类型 ··· 147

6.1.5　year 类型 ··· 148

6.2　获取当前日期和时间函数 ··· 148

6.3　日期的运算 ··· 149

6.4　日期的比较 ··· 150

6.5　日期的区间 ··· 150

6.6　MySQL 8.0 中的时区 ·· 151

6.7　日期相关常用函数 ··· 152

6.7.1　adddate()与 date_sub() ·· 153

6.7.2　addtime() ··· 155

6.7.3　date()和 time() ·· 155

6.7.4　timestamp() ·· 156

6.7.5　datediff() ··· 156

6.7.6　timediff() ··· 157

6.7.7　timestampdiff() ·· 157

6.7.8　day()等提取函数 ··· 157

6.7.9　dayname() ··· 158

6.7.10　dayofweek()和 dayofyear() ··· 159

6.7.11　extract() ··· 159

6.7.12　from_unixtime() ·· 160

6.7.13　str_to_date()与 date_format() ··· 161

6.7.14　get_format() ··· 162

6.7.15　sec_to_time() ·· 163

6.8　MySQL 8.0 处理日期相关的复杂查询 ·· 164

6.8.1　张三今年多少岁 ··· 164

6.8.2　判断今年是不是闰年 ··· 165

第 7 章　SQL 对 JSON 与 XML 的查询与处理 ·· 170

7.1　MySQL 8.0 的 JSON ··· 170

7.1.1　JSON 类型的使用场景 ·· 170

7.1.2　初识 MySQL 8.0 中的 JSON 类型 ·· 171

7.2　JSON 相关常用函数 ··· 172

7.2.1　json_object() ·· 172

7.2.2　json_array() ··· 173

7.2.3　json_valid() ··· 175

7.2.4　json_contains() ·· 176

7.2.5　json_contains_path() ·· 177

7.2.6　json_extract()　178
7.2.7　json_unquote()　178
7.2.8　json_search()　178
7.2.9　"－>"符号和"－>>"符号　179
7.2.10　json_keys()　180
7.2.11　json_value()　180
7.3　MySQL 8.0 的 XML　181
7.4　XML 相关常用函数　181
7.4.1　extractvalue()　181
7.4.2　updatexml()　182

第 8 章　SQL 对结果集的查询与处理　184
8.1　MySQL 8.0 的结果集　184
8.1.1　什么是处理结果集　184
8.1.2　处理结果集的方式　184
8.2　条件判断函数　184
8.2.1　if()函数　184
8.2.2　case 关键字　185
8.3　表的展示方式　187
8.3.1　横表与纵表　187
8.3.2　将纵表读取为横表进行展示　188
8.3.3　将横表读取为纵表进行展示——union all 写法　189
8.3.4　将横表读取为纵表进行展示——max()函数写法　191
8.4　MySQL 8.0 处理结果集相关的复杂查询　192
8.4.1　将一行分割为多行　192
8.4.2　将多行合并为一行(合并为分隔符数据)　197
8.4.3　将多列合并为一列　199
8.4.4　将一列分割为多列　200

第 9 章　MySQL 的视图与临时表　203
9.1　MySQL 8.0 的视图　203
9.1.1　概念　203
9.1.2　语法　203
9.1.3　使用示例　205
9.1.4　管理　205
9.2　MySQL 8.0 的 with as 关键字　206
9.2.1　概念　206
9.2.2　语法　207
9.2.3　使用示例　207
9.3　MySQL 8.0 的临时表　209
9.3.1　概念　209

　　　9.3.2　语法 ·· 209

　　　9.3.3　使用示例 ·· 211

　　　9.3.4　临时复制表 ·· 212

　9.4　MySQL 8.0 的内存表 ·· 212

　　　9.4.1　概念 ·· 212

　　　9.4.2　MySQL 8.0 内存表和临时表的区别 ······························· 212

　　　9.4.3　语法 ·· 213

　　　9.4.4　使用示例 ·· 214

　　　9.4.5　管理 ·· 215

第 10 章　MySQL 的存储过程与预编译语句 ······································· 216

　10.1　MySQL 8.0 存储过程概念 ·· 216

　　　10.1.1　无参存储过程的创建与调用 ··· 216

　　　10.1.2　查看 MySQL 当前含有的存储过程 ································· 217

　　　10.1.3　删除存储过程 ··· 218

　　　10.1.4　体验存储过程中含有部分报错 ·· 218

　10.2　MySQL 8.0 存储过程的参数 ··· 219

　　　10.2.1　in 参数 ··· 219

　　　10.2.2　out 参数 ··· 220

　　　10.2.3　inout 参数 ·· 221

　10.3　MySQL 8.0 存储过程的控制流 ··· 223

　　　10.3.1　declare 关键字 ·· 223

　　　10.3.2　set 关键字 ·· 223

　　　10.3.3　if 关键字 ··· 224

　　　10.3.4　case 关键字 ·· 225

　　　10.3.5　while 关键字 ··· 226

　　　10.3.6　repeat 关键字 ··· 227

　　　10.3.7　leave 关键字 ·· 228

　　　10.3.8　iterate 条件语句 ·· 229

　10.4　游标 ··· 230

　　　10.4.1　SQL 中游标的概念 ··· 230

　　　10.4.2　存储过程中游标的概念 ··· 231

　10.5　MySQL 8.0 的预编译语句 ·· 233

　　　10.5.1　概念 ·· 233

　　　10.5.2　特性 ·· 233

　　　10.5.3　预编译语句与存储过程的区别 ·· 233

　　　10.5.4　创建无参预编译语句 ··· 234

　　　10.5.5　创建有参预编译语句 ··· 234

　　　10.5.6　管理及删除预编译语句 ··· 235

第 11 章　MySQL 的触发器和自定义函数 ·· 236

　11.1　MySQL 8.0 触发器概念 ·· 236

　　11.1.1　触发器特点 ··· 236

　　11.1.2　触发器语法 ··· 236

　　11.1.3　触发器示例 ··· 237

　　11.1.4　触发器管理 ··· 247

　　11.1.5　触发器的删除 ··· 247

　11.2　MySQL 8.0 自定义函数概念 ·· 247

　　11.2.1　自定义函数的优点 ·· 248

　　11.2.2　自定义函数的语法 ·· 248

　　11.2.3　自定义函数示例 ··· 248

　　11.2.4　管理及删除自定义函数 ·· 256

　11.3　signal sqlstate 抛出异常概念 ·· 257

　　11.3.1　在触发器中使用 signal 语句 ·· 257

　　11.3.2　在函数中使用 signal 语句 ··· 257

　　11.3.3　在存储过程中使用 signal 语句 ··· 258

第 12 章　MySQL 的事务与锁 ··· 259

　12.1　事务概念 ··· 259

　　12.1.1　事务的关键字 ··· 259

　　12.1.2　事务的四大特性 ··· 260

　　12.1.3　事务的保存点 savepoint ··· 260

　　12.1.4　事务在存储过程、触发器、自定义函数中的使用 ··· 261

　12.2　锁的概念 ··· 264

　　12.2.1　行级锁的概念 ··· 264

　　12.2.2　表级锁的概念 ··· 265

　　12.2.3　事务的隔离级别 ··· 266

　　12.2.4　死锁的检测与解决 ··· 272

第 13 章　MySQL 备份与复杂查询面试题 ·· 274

　13.1　备份工具 mysqldump ·· 274

　　13.1.1　使用 mysqldump 以 SQL 格式转储数据 ·· 274

　　13.1.2　重新加载 SQL 格式备份 ··· 276

　　13.1.3　使用 mysqldump 以分割文本格式转储数据 ·· 276

　　13.1.4　重新加载分隔文本格式备份 ··· 278

　　13.1.5　mysqldump 小技巧 ·· 278

　13.2　复杂查询面试题——动漫评分 ··· 281

　　13.2.1　涉及的表 ··· 281

　　13.2.2　解题步骤 ··· 282

　13.3　复杂查询面试题——查询连续出现 3 次的数字 ·· 284

　　13.3.1　涉及的表 ··· 284

　　　13.3.2　解题步骤——虚拟连接方式 ··· 285
　　　13.3.3　解题步骤——变量方式 ··· 286
　13.4　复杂查询面试题——订单退款率 ··· 287
　　　13.4.1　涉及的表 ··· 287
　　　13.4.2　解题步骤 ··· 287
附录A　SQL 语句分类 ·· 290
　A.1　MySQL 8.0 的 SQL 语句分类 ·· 290
　　　A.1.1　数据定义类语句 ··· 290
　　　A.1.2　数据操作类语句 ··· 291
　　　A.1.3　事务和锁定类语句 ·· 292
　　　A.1.4　集群复制类语句 ··· 292
　　　A.1.5　预编译类语句 ·· 292
　　　A.1.6　存储过程类语句 ··· 293
　　　A.1.7　数据库管理类语句 ·· 293
　　　A.1.8　数据库工具类语句 ·· 293
附录B　本书测试表的相关数据及结构 ·· 294
　B.1　学校系列表结构 ··· 294
　B.2　公司系列表结构 ··· 295

## 第 1 章

SQL 语句基础与精讲 select 关键字

1.1 SQL 查询语句基础

结构化查询语言(Structured Query Language,SQL)是一种用于特定领域的语言,是一种数据库查询和程序设计语言,用于存取数据及查询、更新和管理关系数据库。

1.1.1 SQL 简介

结构化查询语言是高级的非过程化编程语言。其语句不要求用户指定对数据的存放方法,也不需要用户了解具体的数据存放方式,具有完全不同底层结构的不同数据库系统,可以使用相同的结构化查询语言作为数据输入与管理的接口。结构化查询语言的语句可以嵌套,使它具有极大的灵活性和强大的功能。

所有关系数据库都支持 SQL,例如 MySQL、Oracle、SQL Server、DB2、PostgreSQL、MS Access 等。

有些数据库在标准 SQL 的基础上进行了扩展或者裁减,从而形成了不同的"方言",例如 SQL Server 使用 T-SQL,Oracle 使用 PL/SQL,MS Access 使用的 SQL 被称为 JET SQL。

1.1.2 SQL 的语句类型

MySQL 8.0 的 SQL 语句可根据使用方式的不同分为 8 种类型的语句,其中包括 Data Definition Statements(数据定义类语句)、Data Manipulation Statements (数据操作类语句)、Transactional and Locking Statements(事务和锁定类语句)、Replication Statements(集群复制类语句)、Prepared Statements(预编译类语句)、Compound Statement Syntax(存储过程类语句)、Database Administration Statements (数据库管理类语句)、Utility Statements(数据库工具类语句)。

具体每种类型中含有的语句可见本书附录 MySQL 8.0 的 SQL 语句分类,本书主要讲解与 SQL 复杂查询相关的内容,即与 Data Manipulation Statements 语句相关的内容。

1.1.3　关系数据库的组成

关系数据库管理系统(RDBMS)是一种基于 E. F. Codd 发明的关系模型的数据库管理系统(DBMS)。

在 RDBMS 中,数据被存储在一种称为表(Table)的数据库对象中,Table 和 Excel 表格类似,它们都由许多行(Row)和列(Column)构成。

每行都是一条数据记录(Record),每列都是数据的一个属性,整个表就是若干条相关数据的集合,查询到的语句为结果集(Result Set)。

1.1.4　查询语句的基本规则

本节将详细介绍输入查询的基本规则,了解如何发出 SQL 查询请求,例如请求数据库的版本号和当前日期,SQL 语句如下:

```
select version(),current_date;
```

运行后,结果集如图 1-1 所示。

```
+-----------+--------------+
| version() | current_date |
+-----------+--------------+
| 8.0.29    | 2022-10-26   |
+-----------+--------------+
1 row in set (0.00 sec)
```

图 1-1　查询语句基本规则结果集

此查询说明了关于 MySQL 的几件事:

(1)查询通常由 SQL 语句后跟分号组成。有一些例外,可以省略分号或更改分号。

(2)当发出查询时,MySQL 将其发送到服务器执行并显示结果。

(3)MySQL 以表格形式(行和列)显示查询后的输出内容。第 1 行包含列的标签,以下行是查询结果。

(4)因为通常 MySQL 返回结果集时会携带 SQL 语句耗时,但是该耗时并非 CPU 时间,并不准确,受限于许多因素,所以只能简易地对 SQL 语句的消耗时间进行观察,但不能作为绝对依据。

SQL 语句对于关键字的大小写并不敏感,例如请求数据库的版本号和当前日期,SQL 语句如下:

```
SELECT VERSION(), CURRENT_DATE;
select version(), current_date;
SeLeCt vErSiOn(), current_DATE;
```

以上 SQL 语句均可正常运行。

SQL 可以使 MySQL 作为一个简单的计算器,SQL 语句如下:

```
select 1 + 2;
```

运行后,结果集如图 1-2 所示。

若觉得列名为 1+2 过于不清晰,则可以增加别名,通过
增加别名的方式更改列名,SQL 语句如下:

```
select 1 + 2 as result;
```

运行后,结果集如图 1-3 所示。

同时可以增加计算难度,例如同时计算两组数据,SQL 语句如下:

```
select sin(pi()/4) as result_1 , (4 + 1) * 5 as result_2;
```

运行后,结果集如图 1-4 所示。

```
+-----+
| 1+2 |
+-----+
|   3 |
+-----+
1 row in set (0.00 sec)
```

图 1-2　MySQL 作为一个简单的
计算器结果集

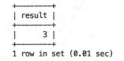

图 1-3　MySQL 作为一个简单的计算
器(增加别名)结果集

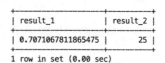

图 1-4　MySQL 作为一个简单的计算器
(增加计算难度)结果集

1.1.5　dual 虚拟表

从 1.1.4 节可以看出,select 也可以用于检索在不引用任何表的情况下计算的行。
SQL 的语句如下:

```
select 1 + 2;
```

在没有引用表的情况下,也可将 dual 指定为虚拟表名,SQL 语句如下:

```
select 1 + 2 from dual;
```

dual 纯粹是为了方便要求所有 select 语句都应包含 from 的需求。

1.1.6　数字计算符号的特殊情况

有一些"+"符号和"-"符号的特殊运算情况,例如使用"数字+null 关键字"、使用"字
符串+null 关键字"的 SQL 语句如下:

```
//1.1.6 数字计算符号的特殊情况.sql

select 1 + null;              #使用数字 1 + 关键字 null
select 1 - null;              #使用数字 1 - 关键字 null
select 'a' + null;            #使用字符串'a' + 关键字 null
select 'a' - null;            #使用字符串'a' - 关键字 null
```

```
+--------+
| 1+null |
+--------+
|  NULL  |
+--------+
1 row in set (0.07 sec)
```

图 1-5 数字或字符串＋null 的结果集

以上 SQL 分别运行后,结果集如图 1-5 所示。结果集中的 null 代表 null 关键字。也就是说在 MySQL 中"任何数据＋null 关键字",其结果皆为 null。

例如使用"1＋"字符串的 SQL 语句如下:

```
//1.1.6 数字计算符号的特殊情况.sql

select 1+ 'null';                          ＃使用数字 1+ 'null'字符串
select 1+ 'a';                             ＃使用数字 1+ 'a'字符串
select 1+ '-';                             ＃使用数字 1+ '-'字符串
select 1+ '%';                             ＃使用数字 1+ '%'字符串
select 1- 'null';                          ＃使用数字 1- 'null'字符串
select 1- 'a';                             ＃使用数字 1- 'a'字符串
select 1- '-';                             ＃使用数字 1- '-'字符串
select 1- '%';                             ＃使用数字 1- '%'字符串
```

以上 SQL 分别运行后,结果集如图 1-6 所示。也就是说在 MySQL 中的数字"＋"除了数字型字符串外的任何字符串结果皆为数字。

```
+------+
| 1+'%'|
+------+
|   1  |
+------+
1 row in set, 1 warning (0.00 sec)
```

图 1-6 1＋字符串的结果集

若在 MySQL 中使用"数字＋含有符号的数字",则仍然可以正常进行数字计算,SQL 语句如下:

```
//1.1.6 数字计算符号的特殊情况.sql

select 1+ '1.1';                           ＃返回 2.1
select 1+ '10%';                           ＃返回 11
select 1- '1.1';                           ＃返回 - 0.10000000000000009
select 1- '10%';                           ＃返回 - 9
```

更改一下"数字＋含有符号的数字"的例子,改为"＊"符号或"/"符号,有些特殊情况如下:

```
//1.1.6 数字计算符号的特殊情况.sql

select 1+ '%';                             ＃返回 1
select 1 * '%';                            ＃返回 0
select 100 * '%';                          ＃返回 0
select 1010 * '%';                         ＃返回 0
selcct 1/'%',                              ＃返回 null
select 100/'%';                            ＃返回 null
select 1010/'%';                           ＃返回 null
```

也就是说当"数字 ＊ 符号"时,结果皆为 0,但"数字/符号"时结果皆为 null。

1.2　精讲 select 关键字

本章使用了本书附录"测试表的相关数据及结构"中的学生系列表,使用其结构及数据进行实例的学习,使用前可以先将以下数据导入数据库中。

课程表中含有 tid 字段,该字段对应教师表的 id 字段。

成绩表中不含自身的主键 id,不含主键是"中间表"的一种设计方式,其成绩表(中间表)的 sid 对应学生表的主键 id,成绩表的 cid 对应课程表的主键 id。

中间表用"没有主键 id"的设计原因是,中间表自身的主键 id 较为"无用",在中间表想查看某个学生的成绩不会通过其主键 id 进行查看,而会根据学生表主键 id 进行查看。中间表性质的 table 表完全可以不设置主键 id。优化时通常给予 sid 一般索引即可。

学生表和教师表设计时只含有基础数据,不含有任何外键和关联关系,该设计方式可以使表格中的内容更加干净、简洁,关联关系等内容放置到其他中间表中。

测试表其中具体内容皆可进行自定义(表结构、内容和附录皆已上传 Gitee 和 GitHub,并且均可一键导入),其中数据可见本书附录"测试表的相关数据及结构"。

1.2.1　select 常规语法

MySQL 的 select 关键字的通俗完整语法如下:

```
//1.2 精讲 select 关键字.sql

select
    [all | distinct | distinctrow ]
    [high_priority]
    [straight_join]
    [sql_small_result] [sql_big_result] [sql_buffer_result]
    [sql_no_cache] [sql_calc_found_rows]
    select_expr [, select_expr] ...
    [into_option]
    [from table_references
        [partition partition_list]]
    [where where_condition]
    [group by {col_name | expr | position}, ... [with rollup]]
    [having where_condition]
    [window window_name as (window_spec)
        [, window_name as (window_spec)]...]
    [order by {col_name | expr | position}
        [asc | desc], ... [with rollup]]
    [limit {[offset,] row_count | row_count offset offset}]
    [into_option]
    [for { update | share }
```

```
     [of tbl_name [,tbl_name]... ]
     [nowait|skip locked]
| lock in share mode ]
[into_option]
```

注意：形容上述完整语法为通俗完整语法是因为其语法内部不包含 with as 等其他 SQL 变化内容，只是单独一个 select 关键字的查询语句。未经过其他改变，所以称为通俗完整语法。

---

select 关键字常规的语法如下：

```
select select_expr  [from table_references] [where where_condition]
```

select_expr 指要查询的列名称。每个 select_expr 都指示要检索的列。每条 SQL 语句中必须至少有一个 select_expr。

table_references 指要检索行的一个或多个表。

where 子句（也可叫 where 表达式）上含有中括号，其代表可不填，但若给定，则表示要选择行必须满足的条件。

where_condition 是一个表达式，用于计算要选择的行。若没有 where 关键字及其子句，则语句将选择所有行。

在 where 表达式中，可以使用 MySQL 支持的任何函数和运算符，但聚合（组）函数除外。

上述语法类似于下述 SQL 语句：

```
select * from student where 1 = 1;
```

通常，使用的子句必须按照语法描述中显示的顺序给出。例如 having 子句必须位于任何 group by 子句之后和任何 order by 子句之前。into 子句（若存在）可以出现在语法描述所指示的任何位置，但在给定语句中只能出现一次，不能出现在多个位置。

1.2.2 distinct 关键字

[all｜distinct｜distinctrow]关键字中含有中括号，代表其可以在编写过程中省略，并且分隔符代表这 3 个关键字只能选择一个进行使用（此概念后续相同内容略下不表），all 和 distinct 修饰符用于指定是否应该返回重复行。

all（默认值）指定应返回所有匹配行，包括重复行。

distinct 指定从结果集中删除重复的行。指定两个修饰符都是错误的。

distinctrow 是 distinct 的同义词。在 MySQL 8.0.12 及更高版本中，SQL 语句如下：

```
select distinct name from student where 1 = 1;
```

distinct 可以与使用 with rollup 的查询一起使用。with rollup 将在 1.2.8 节进行讲解。

〔high_priority〕关键字赋予 select 比更新表的语句更高的优先级。此关键字应用于非常快且必须立即完成的查询。在表新增、修改数据锁定表之前,select high_priority 的查询优先运行。high-priority 关键字仅适用于表级锁定的存储引擎,如 MyISAM、MEMORY 和 MERGE。SQL 语句如下:

```
select high-priority 1 + 2 from dual;
```

注意:high_priority 不能与属于 union 一部分的 select 语句一起使用。

1.2.3　straight_join 关键字

〔straight_join〕关键字强制优化器按照 from 子句中列出的顺序加入表。若优化器(optimizer,查询优化器,简称为优化器)以非最佳顺序加入表,则可以用它加快查询速度。straight_join 也可以在 table_references 列表中使用。SQL 语句如下:

```
select straight_join 1 + 2 from dual;
```

select 语句后续的关键字大多可叠加进行使用。SQL 语句如下:

```
select high_priority straight_join 1 + 2 from dual;
```

1.2.4　sql_result 关键字

MySQL 的 sql_result 关键字指〔sql_big_result〕、〔sql_small_result〕、〔sql_buffer_result〕共 3 个可选参数。

MySQL 的〔sql_big_result〕是一种用于优化查询结果集的 SQL 选项。〔sql_big_result〕告诉 MySQL 在返回查询结果时可以使用更大的缓冲区来存储结果集,从而减少磁盘 I/O 操作,提高查询性能。〔sql_big_result〕选项通常与 order by 子句一起使用,以便在结果集较大时按需排序。

MySQL 的〔sql_small_result〕是一种用于优化查询结果集的 SQL 选项。〔sql_small_result〕告诉 MySQL 在返回查询结果时,可以使用更小的缓冲区来存储结果集,从而减少内存使用量,提高查询性能。〔sql_small_result〕选项通常与 limit 子句一起使用,以便在结果集较小时限制结果数量。

〔sql_big_result〕和〔sql_small_result〕都可以与 group by 和 distinct 一起使用,〔sql_big_result〕和〔sql_small_result〕将优化并指定 SQL 语句的结果集很大或很小。〔sql_big_result〕和〔sql_small_result〕两个关键字与磁盘临时表和排序有关。

MySQL 的〔sql_buffer_result〕强制将结果放入临时表格中。有助于 MySQL 尽早释放表锁,特别是在需要很长时间才能将结果集发送给客户端的情况下。

此修饰符只能用于顶级 select 语句,不能用于子查询或 union 之后。SQL 语句如下:

```
select sql_buffer_result 1 + 2 from dual;
select sql_big_result 1 + 2 from dual;
select sql_small_result 1 + 2 from dual;
```

1.2.5 sql_cache 关键字

sql_cache 和 sql_no_cache 修饰符在 MySQL 8.0 之前与查询缓存一起使用。因为查询缓存在 MySQL 8.0 中被删除,所以 sql_cache 修饰符与 sql_no_cache 修饰符也被删除了。

在早期的 MySQL 版本中,查询缓存是一种高效的缓存机制,可以缓存已经执行过的查询结果,从而避免重复执行相同的查询,然而,查询缓存也存在一些问题,例如缓存的数据可能过时、缓存的空间可能会占用过多等。在 MySQL 8.0 中,查询缓存功能被移除,并被其他优化器选项所替代,以提升性能和可靠性。因为本书针对 MySQL 8.0 版本进行讲解,所以此处不对 sql_cache 进行详解,仅简单描述历史中的查询缓存机制。

1.2.6 group by 与 having 关键字

从 1.2.1 节中可以看出完整的 group by 关键字的语法如下:

```
//1.2.6 group by 与 having 关键字.sql

select
    select_expr [, select_expr] ...
        [from table_references
            [partition partition_list]]
    [where where_condition]
    [group by {col_name | expr | position}, ... [with rollup]]
    [having where_condition]
```

group by 关键字会根据一个或多个列对结果集进行分组。在列上可以使用 count()、sum()、avg()等聚合函数。

含有 group by 关键字的 select 语句仅能使用聚合函数或 group by 关键字后续追加的被分组的字段,无法使用常规字段作为结果集中的列。

group by 后续需要追加{col_name | expr | position}中的一种作为子句,即列名称、表达式、position 函数。

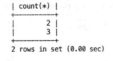

```
+----------+
| count(*) |
+----------+
|        2 |
|        3 |
+----------+
2 rows in set (0.00 sec)
```

**图 1-7 查看本校学生以性别
进行分组结果集**

使用附录的学校系列表结构,假设需求为"查看本校学生以性别进行分组",SQL 语句如下:

```
select count( * ) from student group by sex;
```

运行后,结果集如图 1-7 所示。

因为该结果中无法看出究竟哪种性别数量是两个,哪种性别数量是 3 个,所以可以优化其语句,增加结果集输出性别标志,SQL 语句如下:

```
select sex,count( * ) from student group by sex;
```

运行后,结果集如图 1-8 所示。

如此结果中,可查看性别为 1 的共有 2 人,性别为 2 的共有 3 人。该语句是 group by 使用 col_name 列名称的基本语句。

有关使用 expr 表达式和 position 函数的内容后续将进行讲解,此处仅进行初步展示其 SQL 语句如下:

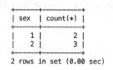

图 1-8　查看本校学生以性别进行分组(增加性别标志)结果集

```
select count( * ) from student group by POSITION("1" IN "12345");
select count( * ) from score as s group by s.score > 95;
```

having 关键字相当于针对 group by 分组后数据的一次过滤,最终形成结果集,比方说上述需求中的"查看本校学生以性别进行分组"更改为"只看性别为 1 的人数",则 SQL 语句如下:

```
select sex,count( * ) from student group by sex having sex = 1;
#上下等价
select sex,count( * ) from student where sex = 1 group by sex;
```

运行后,结果集如图 1-9 所示。

```
+-----+----------+
| sex | count(*) |
+-----+----------+
|  1  |     2    |
+-----+----------+
1 row in set (0.01 sec)
```

图 1-9　只看性别为 1 的人数结果集

上述两个 SQL 语句可以返回相同的结果集,在 SQL 编程中这是很正常的现象。SQL 调优的一部分内容就是通过性能更高的 SQL 语句替代性能低的 SQL 语句。

group by 所分组的数据是 where 子句已经筛选过的结果,而 having 关键字筛选的数据是 group by 分组后的数据。

having 子句与 where 子句一样,用于指定选择条件。where 子句用于指定选择列表中列的条件,但不能引用聚合函数。

having 子句用于指定组的条件,通常由 group by 子句构成。查询结果仅包括满足 having 条件的组,若不存在 group by,则所有行隐式形成一个聚合组。

having 子句几乎最后应用,即在项目发送到客户端之前。limit 在 having 之后应用。

1.2.7　order by 关键字

order by 关键字用于根据一个或者多个字段对结果集进行排序,可以是降序,也可以是升序。在默认情况下,大部分数据库将查询结果按照升序排序。

从 1.2.1 节中可以看出完整的 order by 关键字的语法如下:

```
//1.2.7 order by 关键字.sql

select
    select_expr [, select_expr] ...
        [from table_references
            [partition partition_list]]
        [where where_condition]
        [order by {col_name | expr | position}
            [asc | desc], ... [with rollup]]
```

order by 与 group by 类似，后续需要追加{col_name | expr | position}中的一种作为子句，即列名称、表达式、position 函数。

[asc | desc]　asc 关键字表示升序，desc 关键字表示降序；若不写，则大部分数据库默认为 asc。

使用附录中的学校系列表，假设需求"查看全校成绩由高到低"，SQL 语句如下：

```
select * from score as s order by s.score desc;
```

运行后，结果集如图 1-10 所示。

使用附录中的学校系列表，假设需求为"查看全校成绩由低到高"，SQL 语句如下：

```
select * from score as s order by s.score;
-- 上下等价
select * from score as s order by s.score asc;
```

运行后，结果集如图 1-11 所示。

sid	cid	score
1	1	100
1	2	99
2	1	98
2	2	97
3	1	96
1	3	95
1	4	94
4	1	93
4	2	92
4	4	91
5	2	90

11 rows in set (0.00 sec)

图 1-10　查看全校成绩由高到低结果集

sid	cid	score
5	2	90
4	4	91
4	2	92
4	1	93
1	4	94
1	3	95
3	1	96
2	2	97
2	1	98
1	2	99
1	1	100

11 rows in set (0.00 sec)

图 1-11　查看全校成绩由低到高结果集

1.2.8　with rollup 关键字

从 1.2.1 节中可以看出完整的 group by 关键字和 order by 关键字中含有 with rollup 关键字的语法如下：

```
//1.2.8 with rollup 关键字.sql

select
    select_expr [, select_expr] ...
```

```
        [from table_references
            [partition partition_list]]
    [where where_condition]
    [group by {col_name | expr | position}, ... [with rollup]]
    [having where_condition]
    [order by {col_name | expr | position}
    [asc | desc], ... [with rollup]]
```

with rollup 关键字代表结果集的统计/总计。比方说本章 1.2.6 节中的示例"查看本校学生以性别进行分组"的结果中只含有性别为 1 的共有 2 人,性别为 2 的共有 3 人,却不含有总计数据,即总共的人数。

可以通过 with rollup 关键字进行优化,在展示"查看本校学生以性别进行分组"的结果的同时,也展示"本校所有的人数"其 SQL 语句如下:

```
select sex,count( * ) from student group by sex with rollup;
```

运行后,结果集如图 1-12 所示。

此时即可看出,结果中含有性别为 1 的共有 2 人,性别为 2 的共有 3 人,全校总人数为 5 人。

```
| sex  | count(*) |
|  1   |    2     |
|  2   |    3     |
| NULL |    5     |
3 rows in set (0.00 sec)
```

图 1-12　同时展示本校所有的
人数结果集

1.2.9　window 关键字

window 关键字通常与窗口函数配合使用,window 子句对于多个 over 子句将定义同一窗口的查询非常有用。相反可以定义窗口一次,给 window 一个名称,并引用 over 子句中的名称,即多次定义同一窗口。

在后文会逐渐讲解窗口函数,此处仅进行初步展示,其 SQL 语句如下:

```
//1.2.9 window 关键字.sql

select
  val,
  row_number()over w as 'row_number',
  rank()       over w as 'rank',
  dense_rank() over w as 'dense_rank'
from numbers
window w AS (order by val);
```

1.2.10　limit 与 offset 关键字

limit 关键字用于限定结果集返回指定的行数,在实际工作中最好保证每条查询语句都含有 limit 关键字,而不是获取所有数据之后再用 Java、Python、PHP 等语言进行遍历并去掉不符合条件的数据。limit 关键字含有以下特性:

(1) limit 关键字筛取内容在 having 关键字之后。

(2) limit 关键字与索引并无关系,SQL 语句中在不含 limit 关键字的情况下若使用全表扫描,则使用了 limit 关键字后仍然是全表扫描,反之亦然。

(3) limit 0 用于快速返回一个空集。limit 0 的响应速度非常快,可以用该方式获取 MySQL 结果集中的列。也可通过 MySQL API 获取其列的类型。

(4) 若 limit 关键字和 row_count 函数、distinct 关键字同时使用,则 MySQL 在找到 row_count 唯一行后立即停止,而不会扫描更多结果。

(5) 若 limit 关键字和 row_count 函数、order by 关键字同时使用,则 MySQL 在找到排序结果的第一 row_count 行后立即停止排序,而不是对整个结果进行排序。

limit 关键字通常含有 3 种用法,分别如表 1-1 所示。

表 1-1　limit 关键字的 3 种用法

limit 关键字编写方式	释　　义
limit A	表示从第 1 条记录开始取 A 条记录
limit A B	表示跳过 A 条数据后获取 B 条记录
limit A offset B	表示跳过 B 条记录后,获取 A 条记录

limit A 表示从第 1 条记录开始取 A 条记录,SQL 语句如下:

```
select * from student limit 2;
#上下等价
select * from student limit 0,2;
```

运行后,结果集如图 1-13 所示。

limit A B 表示跳过 A 条数据后获取 B 条记录,SQL 语句如下:

```
select * from student limit 1,2;
```

运行后,结果集如图 1-14 所示。

limit A offset B 表示跳过 B 条记录后获取 A 条记录,SQL 语句如下:

```
select * from student limit 2 OFFSET 1;
```

运行后,结果集如图 1-15 所示。

```
+----+-----+-----+------+
| id | age | sex | name |
+----+-----+-----+------+
| 1  | 21  | 1   | 张三 |
| 2  | 22  | 1   | 李四 |
+----+-----+-----+------+
2 rows in set (0.00 sec)
```

图 1-13　limit A 从第 1 条记录开始取 A 条记录结果集

```
+----+-----+-----+------+
| id | age | sex | name |
+----+-----+-----+------+
| 2  | 22  | 1   | 李四 |
| 3  | 23  | 2   | 王五 |
+----+-----+-----+------+
2 rows in set (0.00 sec)
```

图 1-14　limit A B 跳过 A 条数据后获取 B 条记录结果集

```
+----+-----+-----+------+
| id | age | sex | name |
+----+-----+-----+------+
| 2  | 22  | 1   | 李四 |
| 3  | 23  | 2   | 王五 |
+----+-----+-----+------+
2 rows in set (0.00 sec)
```

图 1-15　limit A offset B 示例结果集

1.2.11　limit 分页相关公式

MySQL 分页主要有以下几个目的。

(1) 优化查询性能:当数据量很大时,一次性查询所有数据会很慢,甚至会导致查询超时。通过分页查询,每次只需查询和显示一部分数据,这样可以大大地提高查询效率和用户体验。

（2）符合用户浏览习惯：用户在浏览数据时，通常更习惯每页显示较少的数据，然后通过页码切换浏览其他数据，分页查询可以很好地满足这种用户需求。

（3）防止数据量过大导致的问题：如果一次性将海量数据查询出来，则可能会导致网络传输缓慢、客户端显示缓慢等问题。采用分页可以避免这些问题的发生。

（4）方便数据管理：当数据总量较大时，如果不进行分页，则在插入、更新和删除数据操作时会比较慢，并且容易引起锁等待，影响并发操作。通过分页可以提高数据操作的效率。

1. 查看每页 N 条，第几页数据的公式

目前已经有成熟的公式对结果集进行分页处理，公式如下：

```
limit (curPage - 1) * pageSize,pageSize
```

curPage 是当前第几页，pageSize 是一页显示多少条记录。

使用附录中的学校系列表，假设需求"查询学生表第 2 页，每页含有两条数据"，则可直接根据上述公式进行计算，得出 curPage=2，pageSize=2，SQL 语句如下：

```
select * from student limit 2, 2;
```

运行后，结果集如图 1-16 所示。

使用附录中的学校系列表，假设需求为"查询学生表第 3 页，每页含有两条数据"，则可直接根据上述公式进行计算，得出 curPage=3，pageSize=2，SQL 语句如下：

```
select * from student limit 4, 2;
```

运行后，结果集如图 1-17 所示。

```
+----+-----+-----+------+
| id | age | sex | name |
+----+-----+-----+------+
|  3 |  23 |   2 | 王五 |
|  4 |  24 |   2 | 赵六 |
+----+-----+-----+------+
2 rows in set (0.00 sec)
```

```
+----+-----+-----+------+
| id | age | sex | name |
+----+-----+-----+------+
|  5 |  25 |   2 | 薛七 |
+----+-----+-----+------+
1 row in set (0.01 sec)
```

图 1-16　查询学生表第 2 页，每页含有
两条数据结果集

图 1-17　查询学生表第 3 页，每页含有
两条数据结果集

此时可以看出，若查看的最后一页数据不足 limit 指定的 pageSize 数目，则剩下多少条记录，结果集就返回多少条记录。

2. 查看总页数的公式

目前已经有成熟的公式对结果集进行总页数的查询，公式如下：

```
totalPageNum = totalRecord / pageSize;          ♯向上取整
```

totalPageNum 是总页数，pageSize 是一页显示多少条记录，totalRecord 是一共有的条数。

使用附录中的学校系列表，假设需求为"如果查询学生表每页含有 3 条数据，则一共有

多少总页数",其中 pageSize＝3,totalRecord 值需要根据 count()聚合函数得出,SQL 语句如下:

```
select count( * ) from student;                    #运行后,结果集返回为 5
```

可直接根据上述公式进行计算,得出 5/3 约等于 1.6,向上取整后为 2,即 totalPageNum 总页数为 2(向上取整),但最后一页数据不足。

假设共有 5 条数据,每页含有两条数据,则 5/2 等于 2.5,向上取整后为 3,即 totalPageNum 总页数为 3(向上取整),但最后一页数据不足。

3. 查看某数据在第几页的公式

目前已经有成熟的公式查询某条记录在分页中的第几页,公式如下:

```
pageNum = (dataNum + pageSize - 1) / pageSize;          #向下取整
```

pageNum 是某数据的当前页数,dataNum 是第几条数据,pageSize 是一页显示多少条记录。

假设需求为"如果查询学生表每页含有 3 条数据,则第 4 条数据在第几页",其中 dataNum＝4,pageSize＝3。可代入公式进行计算(4+3−1)/3＝2,即学生表每页含有 3 条数据,其第 4 条数据在第 2 页上。

扩大数字进行计算"如果查询学生表每页含有 100 条数据,则第 500 条数据在第几页上",其中 dataNum＝500,pageSize＝100,便可代入公式进行计算(500+100−1)/100 向下取整为 5,则说明第 500 条数据在第 5 页上。

1.2.12   for 关键字

for 在 SQL 中是较为特殊的关键字,平时查询时尽量不要使用,若将 for update 与使用页面或行锁的存储引擎一起使用,则查询检查的行将被写入锁定,直到当前事务结束。SQL 语句如下:

```
//1. 将数据库设置为手动提交
set autocommit = OFF;
//2. 查询 student 表
select * from student where id = 1 for update;
```

> **注意**:MySQL 中可以使用 SET autocommit 语句设置事务的自动提交模式,
> `set autocommit＝ON`和`set autocommit＝1`可将数据库设置为自动提交、
> `set autocommit＝OFF`和`set autocommit＝0`可将数据库设置为手动提交、
> `show variables like 'autocommit';`用于查询目前数据库提交方式、
> `show session variables like 'autocommit';`用于查询目前 Session 提交方式。

上述 SQL 执行成功后,另外使用第 2 个 MySQL 连接用户同时也将 student 学生表 id

修改为 1 的记录,第 2 个连接的用户将会持续处于等待过程中,其现象即是 MySQL 的悲观锁现象。

第 1 个用户语句的事务没有执行结束时第 2 个用户运行如下 SQL 语句。

```
update student set name = '张三 2' where id = 1;
```

其第 2 个用户的语句将如图 1-18 所示,第 2 个用户持续处于等待状态。

图 1-18　第 2 个用户无法进行修改示意图

同时可以通过 MySQL 中的 performance_schema. data_locks 锁监控表中查看当前锁的状态。SQL 语句如下:

```
select * from performance_schema.data_locks
```

运行后,结果集如图 1-19 所示。

ENGINE_LOCK_ID	ENGINE_TRANSACTION_ID	THREAD_ID	EVENT_ID	OBJECT_SCHEMA	OBJECT_NAME	PARTITION_NAME	SUBPARTITION_NAME	INDEX_NAME	OBJECT_INSTANCE_BEGIN	LOCK_TYPE
140692429770656:3587:140...	13605672	50	3425	learnsql2	student	NULL	NULL	NULL	140692331479984	TABLE
140692429770656:2526:4:27...	13605672	50	3425	learnsql2	student	NULL	NULL	PRIMARY	140692332762656	RECORD
140692429772240:3587:140...	13605671	89	15	learnsql2	student	NULL	NULL	NULL	140692331482032	TABLE
140692429772240:2526:4:27...	13605671	89	15	learnsql2	student	NULL	NULL	PRIMARY	140692332771872	RECORD

图 1-19　锁监控表结果集

图 1-19 中含有 4 个结果,4 个结果中含有两个不同的 thread_id,即当前 MySQL 含有两条不同线程在对 learnSQL2 数据库的 student 表进行修改。目前锁定了 lock_type 中的 table 表级锁及 record 行级锁。此处会意即可,本书后续会详细讲解 MySQL 中的锁。

若希望上述语句不再处于"正在运行查询"状态,则只需在第 1 个用户用`commit`提交本次事务,这样第 2 个用户就可以继续对其进行修改了。

在第 1 个用户用`commit`命令提交之后,同时也可以再次查看锁监控表。结果如图 1-20 所示。

ENGINE_LOCK_ID	ENGINE_TRANSACTION_ID	THREAD_ID	EVENT_ID	OBJECT_SCHEMA	OBJECT_NAME	PARTITION_NAME	SUBPARTITION_NAME	INDEX_NAME	OBJECT_INSTANCE_BEGIN	LOCK_TYPE	LOCK_MODE	LOCK_STATUS	LOCK

图 1-20　锁监控表结果集(因为锁被释放,所以为空)

1.3 MySQL 8.0 的内置函数与帮助

MySQL 含有自定义函数与内置函数。

自定义函数：用户通过 function 关键字自行编写的函数。

内置函数：MySQL 提供给用户的函数，即无须开发便可以直接调用的函数。

1.3.1 了解 MySQL 自带的实例库

通过 SQL 语句可以查看 MySQL 中含有哪些数据库实例。SQL 语句如下：

```
show databases;
```

MySQL 内置实例库含有 information_schema、mysql、performance_schema、sys 共 4 个内置实例库。

information_schema 实例库中主要含有 MySQL 中的元数据信息，未来自定义创建的数据库实例和表、列信息等内容。

mysql 实例库中主要含有系统管理，包括权限、用户、时区、日志、主从设置、内置文档等内容。

performance_schema 实例库中主要含有当前数据库的性能参数、监控等内容。

sys 实例库中主要含有系统视图和函数、存储过程等内容。

1.3.2 通过 MySQL 8.0 内置文档了解 MySQL 8.0 函数

MySQL 在 mysql 实例库中含有存储内置文档的相关表，其中包括 help_topic（函数信息表）、help_relation（函数关键词表和函数信息表两者之间的关系表）、help_keyword（函数关键词表）、help_category（函数类型表）。

此套文档包含函数列表、函数描述、函数示例等相关内容。通过查阅此套文档，用户可以充分理解和利用 MySQL 提供的丰富的内置函数，以简化开发流程和提高工作效率。

1. 查看 MySQL 中有哪些函数

通过 mysql 实例库中的 help_topic 函数信息表可以看到 MySQL 中含有的绝大部分函数，SQL 语句如下：

```
select * from mysql.help_topic;
select count( * ) from mysql.help_topic;
```

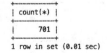

```
+----------+
| count(*) |
+----------+
|      701 |
+----------+
1 row in set (0.01 sec)
```

图 1-21 MySQL 中一共有多少函数结果集

运行后，结果集如图 1-21 所示。

可知当前数据库一共存储了 701 个函数、关键字、运算符、引擎等相关内容，MySQL 内置文档中不止存储着函数，还包含关键字、定义、比较符号等相关内容，为文字表述简单，此节中后文仅写为"函数"，以方便表达。

其中 help_topic 表中含有 help_category_id 字段,该字段对应 help_category 函数类型表的主键。

2. 查看 MySQL 的全部函数类型

通过 help_category 函数类型表可以查看 MySQL 全部类型,SQL 语句如下:

```
select * from mysql.help_category;
select count( * ) from mysql.help_category;
```

可以看到 MySQL 含有不同的分类,例如精密数学类函数、数字运算类函数、位运算类函数、空间分析类函数、加密和数据压缩类函数、杂项函数、流程控制类函数、日期类函数、字符串类函数、全文搜索类函数、转换类型类函数、XML 类函数、JSON 类函数、窗口类函数、聚合类函数、几何关系类函数、几何构造类函数、几何特性类函数等。除此之外含有 MySQL 插件、实用引擎、存储引擎等共计 53 个分类。

3. 查找函数类型中的父子关系

在 MySQL 的函数关系之间存在父子关系。例如 window functions 归属于 function,在 help_category 函数类型表中含有 parent_category_id 字段对应自身 help_category_id 主键。

通过 help_category 函数类型表可以查看究竟有多少函数含有父子关系。SQL 语句如下:

```
//1.3.2 通过 MySQL 8.0 内置文档了解 MySQL 8.0 函数:查找函数类型中的父子关系.sql

select h2.name as 父类型名称, count( * ) as 子类型数量
from mysql.help_category h1,              -- 查子类型
    mysql.help_category h2                -- 查父类型
where h2.help_category_id = h1.parent_category_id
group by h2.name;
```

运行后,结果集如图 1-22 所示。

```
| 父类型名称          | 子类型数量 |
| Contents            |      20 |
| Functions           |      21 |
| Geographic Features |       2 |
| Spatial Functions   |      10 |
4 rows in set (0.02 sec)
```

图 1-22　查询多少函数含有父子关系结果集

注意:在实际使用数据库的过程中,函数类型中的父子关系并无实际意义,此处仅了解即可。

4. 查找某函数的所属类型

通过 help_category 函数类型表和 help_topic 函数信息表查看每个函数属于哪种类型,SQL 语句如下:

```
//1.3.2 通过 MySQL 8.0 内置文档了解 MySQL 8.0 函数:查找某函数的所属类型.sql

select ht.name as 函数名称, hc.name as 类型名称
from mysql.help_topic ht,
```

```
    mysql.help_category hc
where ht.help_category_id = hc.help_category_id;
```

运行后,结果集如图 1-23 所示,仅展示部分内容。

5. 查看每种类型有多少种函数

通过 help_category 函数类型表和 help_topic 函数信息表查看每种类型含有多少函数,
SQL 语句如下:

```
//1.3.2 通过 MySQL 8.0 内置文档了解 MySQL 8.0 函数:查看每种类型有多少种函数.sql

select hc.name as 类型名称, count( * ) as 拥有函数数量
from mysql.help_topic ht,
    mysql.help_category hc
where ht.help_category_id = hc.help_category_id
group by hc.name;
```

运行后,结果集如图 1-24 所示,仅展示部分内容。

类型名称	拥有函数数量
Help Metadata	2
Data Types	35
Administration	61
Enterprise Encryption Functions	9
Language Structure	2
Geographic Features	3
MBR	1
WKT	1
Comparison Operators	20
Logical Operators	6
Flow Control Functions	4
Numeric Functions	37
Date and Time Functions	60
String Functions	60
Cast Functions and Operators	3
XML	2
Bit Functions	7
Encryption Functions	12
Locking Functions	5
Information Functions	18

图 1-23　查看每个函数属于哪种类型的结果集

类型名称	拥有函数数量
Help Metadata	2
Data Types	35
Administration	61
Enterprise Encryption Functions	9
Language Structure	2
Geographic Features	3
MBR	1
WKT	1
Comparison Operators	20
Logical Operators	6
Flow Control Functions	4
Numeric Functions	37

图 1-24　查看每种类型含有多少函数结果集

6. 查找到所需使用的函数

通过 help_topic 函数信息表可以直接查询所需要涉及的函数,假设需求为"此刻需要处理 json,需要知道与 json 相关的函数",SQL 语句如下:

```
select * from mysql.help_topic ht where ht.name like '%json%';
```

运行后,结果集中会包括函数名、函数类型主键、函数内容讲解、函数例子、函数官方讲解 URL,可直接查看,也可通过 help_category 函数类型表和 help_topic 函数信息表联合查询出更多的相关信息,SQL 语句如下:

```
//1.3.2 通过 MySQL 8.0 内置文档了解 MySQL 8.0 函数:查找到所需使用的函数.sql

select *
from mysql.help_topic ht,
```

```
    mysql.help_relation hr,
    mysql.help_keyword hk
where ht.help_topic_id = hr.help_topic_id
 and hr.help_keyword_id = hk.help_keyword_id
 and hk.name like '%json%';
```

运行后,结果集中会额外包含涉及的 help_keyword 函数关键词表的主键信息。

7. MySQL 的 help 关键字

因为在 MySQL 中为了方便 4 个帮助表的使用,所以增添了 help 关键字,用于查找所需要的函数,SQL 语句如下:

```
help '%json%'
```

运行后,结果集如图 1-25 所示,仅展示部分内容。

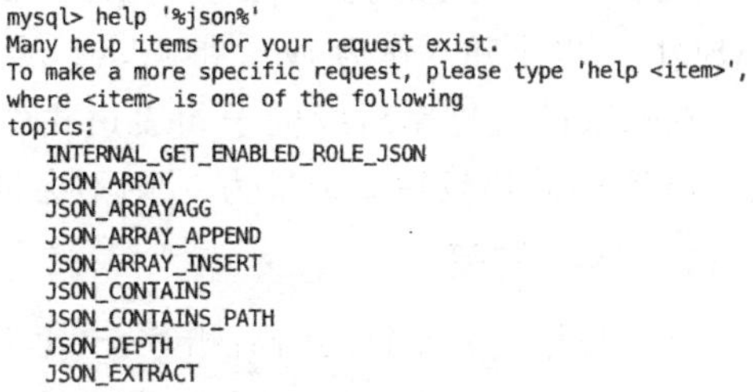

help 关键字返回的内容较少,可先通过 help 语句快速获得想要函数的名称,然后用获得的名称便可更精准地到 help_topic 函数信息表中查看。

若 help 查询不到,则可到关键词等其他帮助表进行模糊搜索。

```
mysql> help '%json%'
Many help items for your request exist.
To make a more specific request, please type 'help <item>',
where <item> is one of the following
topics:
   INTERNAL_GET_ENABLED_ROLE_JSON
   JSON_ARRAY
   JSON_ARRAYAGG
   JSON_ARRAY_APPEND
   JSON_ARRAY_INSERT
   JSON_CONTAINS
   JSON_CONTAINS_PATH
   JSON_DEPTH
   JSON_EXTRACT
```

图 1-25　查看每种类型含有多少函数结果集

1.4　条件查询

MySQL 有条件查询的主要目的在于:筛选出满足特定条件的数据结果。在查询数据时,用户通常会根据需要指定一定的条件来过滤数据,只获取匹配条件的数据。此处就需要用到 MySQL 的条件查询。

条件查询通常使用 where 子句、比较运算符、内置函数、逻辑运算符、模糊匹配、is null 与 is not null 关键字、in 与 not in 关键字等方式实现。

1.4.1　MySQL 中的比较运算符

MySQL 中一共含有 20 种不同的比较符号、关键字、函数,其统称为比较运算符 (Comparison Operators)。可通过如下 SQL 语句在 MySQL 数据库中查询比较运算符的相关知识点。

```
//1.4.1 MySQL 中的比较运算符 - 0.sql

select
    *
from
    mysql.help_topic ht
```

```
where
      ht.help_category_id = (
            select
                  hc.help_category_id
            from
                  mysql.help_category hc
            where
                  hc.name = 'Comparison Operators'
      );
```

对于表达式中的比较符号,若比较成功,则会返回 1,若比较失败,则会返回 0,在 MySQL 中以 1 和 0 作为 true 和 false。

在 where 关键字后续的子句表达式中若含有比较,where 自身则会识别表达式返回的是 1 还是 0,若比较后的结果为 0,则不会进行返回。

1. "="符号

"="符号代表比较的前后相等,SQL 语句如下:

```
//1.4.1 MySQL中的比较运算符:= 符号.sql

select 1 = 0;                              # 返回 0
select '0' = 0;                            # 返回 1
select '0.0' = 0;                          # 返回 1
select '0.01' = 0;                         # 返回 0
select '.01' = 0.01;                       # 返回 1
```

2. "<=>"符号

"<=>"符号代表 null 安全地相等。若在有"="符号的情况下,假设两个参数皆为 null 关键字,则会返回 1 而不是 null。若两个参数中的 1 个参数为 null,则返回 0 而不是 null。

"<=>"符号在两个参数中的 1 个参数为 null 时,将会返回 null。

```
//1.4.1 MySQL中的比较运算符:<=> 符号.sql

select 1 <=> 1, null <=> null, 1 <=> null;    # 返回 1, 1, 0
select 1 = 1, null = null, 1 = null;          # 返回 1, null, null
```

3. "!="符号与"<>"符号

"!="符号与"<>"符号代表比较的前后不相等,SQL 语句如下:

```
//1.4.1 MySQL中的比较运算符:!= 符号与 <> 符号.sql

select '.01' <> '0.01';                    # 返回 1
select .01 <> '0.01';                      # 返回 0
select 'zapp' <> 'zappp';                  # 返回 1
select '.01' != '0.01';                    # 返回 1
select .01 != '0.01';                      # 返回 0
select 'zapp' != 'zappp';                  # 返回 1
```

4. "<="符号

"<="符号代表前者小于或等于后者,SQL 语句如下:

```
//1.4.1 MySQL 中的比较运算符:<= 符号.sql

select 0.1 <= 2;                              # 返回 1
select 2 <= 2;                                # 返回 1
```

5. "<"符号

"<"符号代表前者小于且不等于后者,SQL 语句如下:

```
//1.4.1 MySQL 中的比较运算符:< 符号.sql

select 0.1 < 2;                               # 返回 1
select 2 < 2;                                 # 返回 0
```

6. ">="符号

">="符号代表前者大于或等于后者,SQL 语句如下:

```
//1.4.1 MySQL 中的比较运算符:>= 符号.sql

select 31 >= 2;                               # 返回 1
select 31 >= 31;                              # 返回 1
```

7. ">"符号

">"符号代表前者小于且不等于后者,SQL 语句如下:

```
//1.4.1 MySQL 中的比较运算符:> 符号.sql

select 31 > 2;                                # 返回 1
select 31 > 31;                               # 返回 0
```

8. between and 关键字

between and 关键字的语法如下:

```
expr between min and max
```

between and 关键字代表范围比较,即表达式中在需要比较的值(expr)不大于最大值(max),并且不小于最小值(min)的情况下表达式成立,即需要比较的值(expr)可以等于最大值(max)或最小值(min),SQL 语句如下:

```
//1.4.1 MySQL 中的比较运算符:between and 关键字.sql

select 2 between 1 and 3;                     # 返回 1
select 2 between 3 and 1;                     # 返回 0
select 1 between 2 and 3;                     # 返回 0
select 2 between 2 and 3;                     # 返回 1
```

```
select 3 between 2 and 3;                          # 返回 1
select 'b' between 'a' and 'c';                    # 返回 1,此处不写单引号会报错
select 2 between 2 and '3';                        # 返回 1
select 2 between 2 and 'x - 3';                    # 返回 0
select 2 between 2 and '10 - 3';                   # 返回 1
```

9. not between 关键字

not between 关键字的语法如下：

```
expr not between min and max
```

not between 关键字是 between and 关键字的反义，其余一切相同，SQL 语句如下：

```
//1.4.1 MySQL 中的比较运算符:not between 关键字.sql

select 2 not between 1 and 3;                      # 返回 0
select 2 not between 3 and 1;                      # 返回 1
select 1 not between 2 and 3;                      # 返回 1
select 2 not between 2 and 3;                      # 返回 0
select 3 not between 2 and 3;                      # 返回 0
select 'b' not between 'a' and 'c';                # 返回 0,此处不写单引号会报错
select 2 not between 2 and '3';                    # 返回 0
select 2 not between 2 and 'x - 3';                # 返回 1
select 2 not between 2 and '10 - 3';               # 返回 0
```

10. is 关键字与 unknown 关键字

is 关键字的语法如下：

```
is boolean_value
```

is 关键字将根据布尔值测试值，其中 boolean_value 可以为 true、false、unknow，SQL 语句如下：

```
//1.4.1 MySQL 中的比较运算符:is 关键字与 unknown 关键字.sql

select 1 is true;                                  # 返回 1
select 0 is false;                                 # 返回 1
select null is unknown;                            # 返回 1
select 1 is false;                                 # 返回 0
select 0 is true;                                  # 返回 0
```

unknown 关键字的 SQL 语句如下：

```
//1.4.1 MySQL 中的比较运算符:is 关键字与 unknown 关键字.sql

select null + 1;                                   # 返回 null
select null + 1 is null;                           # 返回 1
select null + 1 is unknown;                        # 返回 1
select null + null is unknown;                     # 返回 1
select null > 1;                                   # 返回 null
```

```
select null > null is null;                    #返回 1
select null > 1 is null;                        #返回 1
select null > 1 is unknown;                     #返回 1
select null > null is unknown;                  #返回 1
select null = null is true;                      #返回 0
```

unknown 关键字本质上是为除了 true 和 false 提供第 3 个返回值，用以防止 null 类型进行比较时不方便以 true 和 false 进行返回。

11. is not 关键字

is not 关键字的语法如下：

```
is not boolean_value
```

is not 关键字为 is 关键字的反义，其余一切相同，SQL 语句如下：

```
//1.4.1 MySQL 中的比较运算符:is not 关键字.sql

select 1 is not true;            #返回 0
select 0 is not false;           #返回 0
select null is not unknown;      #返回 0
select null is unknown;          #返回 1
select 1 is not false;           #返回 1
select 0 is not true;            #返回 1
```

12. is null 关键字

is null 关键字的语法如下：

```
expr is null
```

is null 关键字将会测试值是否为空，SQL 语句如下：

```
//1.4.1 MySQL 中的比较运算符:is null 关键字.sql

select 1 is null;        #返回 0
select 0 is null;        #返回 0
select null is null;     #返回 1
```

13. is not null 关键字

is not null 关键字的语法如下：

```
expr is not null
```

is null 关键字将会测试值是否为空，SQL 语句如下：

```
//1.4.1 MySQL 中的比较运算符:is not null 关键字.sql

select 1 is not null;        #返回 1
select 0 is not null;        #返回 1
select null is not null;     #返回 0
```

14. isnull()函数

isnull()函数的语法如下：

```
isnull(expr)
```

isnull()函数将会测试值是否为空。与 is null 关键字相类似，SQL语句如下：

```
//1.4.1 MySQL中的比较运算符:isnull()函数.sql

select isnull(1 + 1);              #返回 0
select isnull(1/0);                #返回 1
select isnull(null);               #返回 1
select isnull('null');             #返回 0
select isnull('null');             #返回 0
select isnull(1 + null);           #返回 #1
select isnull('');                 #返回 0
```

注意：字符串中的''代表空，空是空，空不是 null。字符串中的'null'代表'null'字符串，'null'字符串不等于 null 关键字。1＋null 运算之后仍然是 null。

---

15. coalesce()函数

coalesce()关键字用于返回列表中的第 1 个非 null 值。若没有非 null 值，则返回 null。coalesce()关键字的语法如下：

```
coalesce(value, … )
```

coalesce()的返回类型是参数的聚合类型，SQL语句如下：

```
//1.4.1 MySQL中的比较运算符:coalesce()函数.sql

select coalesce(null,1);           #返回 1
select coalesce(null,null,null);   #返回 null
```

16. greatest()函数

greatest()函数的语法如下：

```
greatest(value1,value2, … )
```

greatest()函数对于两个或多个参数返回其中的最大值，SQL语句如下：

```
//1.4.1 MySQL中的比较运算符:greatest()函数.sql

select greatest(2,0);                    #返回 2
select greatest(34.0,3.0,5.0,767.0);     #返回 767.0
select greatest('B','A','C');            #返回 'C'
```

17. in()函数

in()函数的语法如下：

```
expr in(value, … )
```

in()函数可判断需要比较的值(expr)是否在众多 value 中，SQL 语句如下：

```
//1.4.1 MySQL中的比较运算符:in()函数.sql

select 2 in(0,3,5,7);                         #返回0
select 'wefwf' in('wee','wefwf','weg');       #返回1
```

18. not in()函数

not in()函数的语法如下：

```
expr not in(value, … )
```

not in()函数为 in()函数的反义，其余一切相同，SQL 语句如下：

```
//1.4.1 MySQL中的比较运算符:not in()函数.sql

select 2 not in(0,3,5,7);                     #返回1
select 'wefwf' not in('wee','wefwf','weg');   #返回0
```

19. interval()函数

interval()函数的语法如下：

```
interval(N,N1,N2,N3, … )
```

interval()函数进行比较列表(N,N1,N2,N3 等)中的 N 位数。

该函数若 N<N1，则返回 0，若 N<N2，则返回 1，若 N<N3，则返回 2 等。若 N 为 null，则返回-1。列表值必须是 N1<N2<N3 的形式时才是正确写法，SQL 语句如下：

```
//1.4.1 MySQL中的比较运算符:interval()函数.sql

select interval(23, 1, 15, 17, 30, 44, 200);    #返回 3,当作为 N 的 23 大于 N3 的值且小于 N4
                                                 #的值时,返回 N3 位的位数 3

select interval(30, 1, 15, 17, 30, 44, 200);    #返回 4,当作为 N 的 30 等于 N4 位的值时,返回
                                                 #N4 位的位数 4

select interval(22, 23, 30, 44, 200);            #返回 0,当作为 N 的 22 小于 N1 位的值时,返回 0

select interval(2000, 23, 30, 44, 200);          #返回 4,当作为 N 的 2000 大于最大的 N4 值时,
                                                 #返回 N4 位的位数 4

select interval(2000, 100, 80, 44, 200);         #虽然此种写法含有返回值,但此为该函数的错
                                                 #乱写法,任何返回值至此皆无任何意义
```

注意：MySQL 含有 interval 关键字与 interval()函数，interval 关键字在日期运算时使用，在本书后续章节有所提及。本节所讲解的是 interval()函数。

---

20. least()函数

least()函数将返回多个参数中的最小值。least()函数的语法如下：

```
least(value1,value2,...)
```

若任何值为 null，则不进行比较而直接返回 null。

若所有参数皆为整数值，则将所有的参数作为整数进行比较。

若至少有一个值是小数，则将所有的参数作为小数进行比较。

若至少有一个值是字符串，则将所有的参数作为字符串进行比较。

least()函数的 SQL 语句如下：

```
//1.4.1 MySQL 中的比较运算符:least()函数.sql

select least(2,0);                          #0
select least(34.0,3.0,5.0,767.0);           #3.0
select least('B','A','C');                  #A
select least(2.2,0);                        #0.0
select least(null,3.0,5.0,767.0);           #null
select least(3.0,'null',5.0,767.0);         #3.0
```

1.4.2　like 关键字

MySQL 提供了标准 SQL 模式匹配及基于扩展正则表达式的模式匹配形式，类似于 UNIX 实用程序（如 vi、grep 和 sed）使用的表达式。

like 关键字是 SQL 模式匹配功能提供的关键字，SQL 模式匹配使用户可以使用下画线匹配任何单个字符，并可以使用百分号匹配任意数量的字符（包括 0 个字符）。

因为 like 关键字是 where 子句表达式中最常用的关键字，所以许多初学者认为 like 只能存在于 where 的表达式中，但其是一种错误的思想，like 关键字本身就是表达式的符号，无论在 where 子句表达式中还是在 select 的表达式中都是可以正常运行的。

like 关键字的语法如下：

```
expr like pat [ESCAPE 'escape_char']
```

当 SQL 语句使用 like 关键字时，若前后字符串可以进行匹配，则会返回 1，如不匹配，则会返回 0，SQL 语句如下：

```
select 'David!' like 'David_';
```

运行后，结果集如图 1-26 所示。

like 关键字的特性如下：

（1）like 关键字后续追加的字符串中如果含有下画线，则说明省略下画线处所代表的 1 个字符，不进行比较，其余字符比较之后均一致才会返回正确（返回 1）。

```
| 'David!' LIKE 'David_' |
|                      1 |

1 row in set (0.00 sec)
```

图 1-26 使用 like 关键字进行比较结果集

（2）like 关键字后续追加的字符串中如果含有百分号，则说明省略百分号处所代表的 N 个字符，不进行比较，其余字符比较之后均一致才会返回正确（返回 1）。

（3）like 关键字含有否定式，即 not like。

（4）like 关键字不止能匹配字符串，同时可以匹配数字、JSON、字符串表达式等相关内容。

（5）若 like 关键字后续的字符串中的百分号或者下画线使用了转义符，则此时的下画线与百分号变成了字符串，而不是 like 关键字所进行的范围匹配，SQL 语句如下：

```
//1.4.2 like 关键字.sql

select 'David!' like 'David\%';         # 返回 0，即该表达式为错误
select 'David!' like 'David\_';         # 返回 0，即该表达式为错误
select 'David_' like 'David\_';         # 返回 1，即该表达式为正确
select 'David!' like 'David_';          # 返回 1，即该表达式为正确
```

因为 like 关键字含有范围匹配的能力，所以满足该题的需求。

1.4.3　strcmp()函数

在 MySQL 的 SQL 语句中，除了等号与 like 关键字之外，还含有 strcmp()函数，该函数将使用参数的形式进行比较，与符号相似。strcmp()函数的语法如下：

```
strcmp(expr1,expr2)
```

strcmp()函数中若两个字符串或者表达式相同，则返回 0。

strcmp()函数会根据当前排序，如果其第 1 个参数小于第 2 个参数，则返回 −1。

strcmp()函数会根据当前排序，如果其第 1 个参数大于第 2 个参数，则返回 1。

strcmp()函数不含有范围匹配的能力。

strcmp()函数的 SQL 语句如下：

```
//代码位置：全书代码/1.4.3 strcmp()函数.sql

select strcmp(1,2);                     # 返回 −1
select strcmp("1","2");                 # 返回 −1
select strcmp("2","1");                 # 返回 1
select strcmp("test","test");           # 返回 0
select strcmp("test","test2");          # 返回 −1
select strcmp("test","tes");            # 返回 1
```

1.4.4　MySQL 中的正则表达式语法

正则表达式(Regular Expression)描述了一种字符串匹配的模式(Pattern),可以用来检查一个串是否含有某种子串、将匹配的子串替换或者从某个串中取出符合某个条件的子串等。

注意：在 MySQL 8.0.4 版本之前使用 Henry Spencer 正则表达式库来支持正则表达式操作。在 MySQL 8.0.4 版本之后使用 Unicode 的国际组件(ICU)来支持正则表达式操作。不同版本在进行条件查询时会有细微区别。

---

1. 正则的基本用法

MySQL 的正则表达式描述了一组字符串。最简单的正则表达式是其中没有特殊字符的正则表达式。

例如 zfx 字符串与 zfx 正则表达式进行匹配的 SQL 语句如下：

```
//1.4.4 MySQL 中的正则表达式语法.sql

select regexp_like(zfx, zfx);            # 返回 1,即正则表达式匹配成功
```

2. 正则"|"符号详解

MySQL 的正则表达式可以使用"|"符号匹配多个字符串,MySQL 将"|"符号称为交替运算符,其中任意一个字符串匹配成功,则认为正则表达式匹配成功。

例如 zfx 字符串与"hello｜zfx"正则表达式进行匹配的 SQL 语句如下：

```
//1.4.4 MySQL 中的正则表达式语法.sql

select regexp_like('zfx', 'hello|zfx');       # 返回 1,即正则表达式匹配成功
```

3. 正则"^"符号与"$"符号详解

MySQL 的正则表达式可以使用"^"符号匹配字符串的开头,同时可以选择使用"$"符号匹配字符串的结尾,SQL 语句如下：

```
//1.4.4 MySQL 中的正则表达式语法.sql

select regexp_like('zfx', '^zfx$');       # 返回 1,即正则表达式匹配成功
select regexp_like('zfx', '^zff$');       # 返回 0,即正则表达式匹配不成功
```

4. 正则符号组合详解

MySQL 的正则表达式可以同时使用任意符号进行组合使用,例如使用"|"符号、"^"符号、"$"符号,匹配前后文交替内容,SQL 语句如下：

```
//1.4.4 MySQL中的正则表达式语法.sql

select regexp_like('hellozfx', '^(hello|zfx) $');      # 返回 0,即正则表达式匹配不成功
select regexp_like('hello', '^(hello|zfx) $');         # 返回 1,即正则表达式匹配成功
select regexp_like('zfx', '^(hello|zfx) $');           # 返回 1,即正则表达式匹配成功
select regexp_like('hellozfx', '^(hello|zfx)');        # 返回 1,即正则表达式匹配成功
select regexp_like('helllozfx', '^(hello|zfx) $');     # 返回 0,即正则表达式匹配不成功
select regexp_like('helllozfx', '(hello|zfx) $');      # 返回 1,即正则表达式匹配成功
select regexp_like('hellozfxx', '^(hello|zfx) $');     # 返回 0,即正则表达式匹配不成功
```

5. 正则"＊"符号详解

MySQL 的正则表达式可以使用"＊"符号匹配多个单字符,例如"a＊"代表此处有 N 个 a(N 允许等于 0),SQL 语句如下:

```
//1.4.4 MySQL中的正则表达式语法.sql

select regexp_like('zfx', '^zf＊x');       # 返回 1,即正则表达式匹配成功
select regexp_like('zffffx', '^zf＊x');    # 返回 1,即正则表达式匹配成功
select regexp_like('zx', '^zf＊x');        # 返回 1,即正则表达式匹配成功
```

6. 正则"()＊"符号详解

MySQL 的正则表达式可以使用"()＊"符号匹配多个多字符。

例如"(ab)＊"代表此处有 N 个 ab(N 允许等于 0),SQL 语句如下:

```
//1.4.4 MySQL中的正则表达式语法.sql

select regexp_like('z','zfx＊');       # 返回 0,即正则表达式匹配不成功
select regexp_like('z','(zfx)＊');     # 返回 1,即正则表达式匹配成功
```

7. 正则"＋"符号详解

MySQL 的正则表达式可以使用"＋"符号匹配多个单字符。

例如"a＋"代表此处有 N 个 a(N 不允许等于 0),SQL 语句如下:

```
//1.4.4 MySQL中的正则表达式语法.sql

select regexp_like('zfx','zf＋x');     # 返回 1,即正则表达式匹配成功
select regexp_like('zx','zf＋x');      # 返回 0,即正则表达式匹配不成功
```

8. 正则"?"符号详解

MySQL 的正则表达式可以使用"?"符号匹配某个单字符。

例如"a?"代表此处有 0 个 a 或 1 个 a,SQL 语句如下:

```
//1.4.4 MySQL中的正则表达式语法.sql
```

```
select regexp_like('zx','^zf?x');                          #返回1,即正则表达式匹配成功
select regexp_like('zfx','^zf?x');                         #返回1,即正则表达式匹配成功
select regexp_like('zffx','^zf?x');                        #返回0,即正则表达式匹配不成功
```

9. 正则"."符号详解与 MySQL 字符串换行符

MySQL 的正则表达式可以使用"."符号匹配任意字符。若需要匹配的字符串含有换行符,则需要在 regexp_like 处额外增加入参 m,或者在整个正则表达式内增加"(?m)"修饰符。

MySQL 字符串中的换行符为"\r\",携带换行符的 SQL 语句如下:

```
//1.4.4 MySQL 中的正则表达式语法.sql

select "zhang\r\fang\r\xing"
```

图 1-27　字符串使用换行符的结果集

因为含有换行符的语句运行后通常控制台的输出会错乱,所以本次输出使用相关可视化管理工具,运行后,结果集如图 1-27 所示。

MySQL 的正则表达式使用"."符号匹配带有换行符"\r\"的字符串,SQL 语句如下:

```
//1.4.4 MySQL 中的正则表达式语法.sql

select regexp_like('zhangfangxing','^z. * $');
#返回1,即正则表达式匹配成功

select regexp_like('zhang\r\fang\r\xing','^f. * $');
#返回0,即正则表达式匹配不成功

select regexp_like('zhang\r\fang\r\xing','^f. * $', 'm');
#返回1,即正则表达式匹配成功

select regexp_like('zhang\r\fang\r\xing','(?m)^f. * $');
#返回1,即正则表达式匹配成功
```

10. 正则"[]"符号详解

MySQL 的正则表达式使用"[]"符号匹配多个字符串,因为若使用前文的方式去匹配 22 个字母,则要不断书写成 22 个字母,所以 MySQL 提供了"[]"符号进行多个字符串的范围匹配。

不过值得注意的是"[]"符号内部只要匹配 1 个字符成功,即算整个匹配成功。

例如"[a-d]"匹配的是 a、b、c、d 字符。也可写成"[^a-d]",其中"^"符号在此处代表否定,即仅不匹配 a、b、c、d 字符,SQL 语句如下:

```
//1.4.4 MySQL中的正则表达式语法.sql

select regexp_like('z', '[a-f]');          # 返回0,即正则表达式匹配不成功
select regexp_like('f', '[a-f]');          # 返回1,即正则表达式匹配成功
select regexp_like('x', '[a-f]');          # 返回0,即正则表达式匹配不成功
select regexp_like('z', '[^a-f]');         # 返回1,即正则表达式匹配成功
select regexp_like('f', '[^a-f]');         # 返回0,即正则表达式匹配不成功
select regexp_like('x', '[^a-f]');         # 返回1,即正则表达式匹配成功
```

"[]"符号自身并不区分大小写,例如"[A-Z]"或"[a-z]"匹配的是 A~Z 的所有字母,SQL 语句如下:

```
//1.4.4 MySQL中的正则表达式语法.sql

select regexp_like('a', '[A-F]');          # 返回1,即正则表达式匹配成功
select regexp_like('F', '[A-F]');          # 返回1,即正则表达式匹配成功
select regexp_like('aF', '[A-F]');         # 返回1,即正则表达式匹配成功
select regexp_like('A', '[a-f]');          # 返回1,即正则表达式匹配成功
select regexp_like('F', '[a-f]');          # 返回1,即正则表达式匹配成功
select regexp_like('af', '[A-F]');         # 返回1,即正则表达式匹配成功
```

"[]"符号通过编写范围的方式大大减少了大量需要匹配文本的压力,各种语言下的正则表达式的实现方式皆有类似写法。"[]"支持数字与小数,但是此时的数字与小数是以字符串形式进行匹配的,SQL 语句如下:

```
//1.4.4 MySQL中的正则表达式语法.sql

select regexp_like('zfx', '[1-9]');        # 返回0,即正则表达式匹配不成功
select regexp_like('2', '[19]');           # 返回0,即正则表达式匹配不成功
select regexp_like('1', '[19]');           # 返回1,即正则表达式匹配成功
select regexp_like('2', '[1-9]');          # 返回1,即正则表达式匹配成功
select regexp_like('0.13', '[1-9]');       # 返回1,即正则表达式匹配成功
select regexp_like('0.13', '[3-9]');       # 返回1,即正则表达式匹配成功
select regexp_like('0.13', '[4-9]');       # 返回0,即正则表达式匹配不成功
select regexp_like('10.1', '[1-9]');       # 返回1,即正则表达式匹配成功
select regexp_like('10.1', '[2-9]');       # 返回0,即正则表达式匹配不成功
```

"[]"符号内部可以对多个条件进行编写,SQL 语句如下:

```
//1.4.4 MySQL中的正则表达式语法.sql

select regexp_like('zfx', '[1-9a]');       # 返回0,即正则表达式匹配不成功
select regexp_like('zfx', '[1-9z]');       # 返回1,即正则表达式匹配成功
select regexp_like('zfx', '[1-9a-z]');     # 返回1,即正则表达式匹配成功
```

"[]"符号可以除范围外额外匹配某个字符,例如"[a-dX]"匹配"a/b/c/d/x/A/B/C/D/X"共 10 个字符,即除了 a~d 范围之外,额外匹配了 x 字符与 X 字符,SQL 语句如下:

```
//1.4.4 MySQL 中的正则表达式语法.sql

select regexp_like('z', '[a-dX]');
select regexp_like('X', '[a-dX]');
select regexp_like('x', '[a-dX]');
```

"[]"符号同样可以与"^"符号、"$"符号、"+"符号同时进行使用,匹配任何符合条件的字符,SQL 语句如下:

```
//1.4.4 MySQL 中的正则表达式语法.sql

select regexp_like('aXbc', '[a-dXYZ]');              #返回1,即正则表达式匹配成功
select regexp_like('aXbc', '^[a-dXYZ]$');            #返回0,即正则表达式匹配不成功
select regexp_like('aXbc', '^[a-dXYZ]+$');           #返回1,即正则表达式匹配成功
select regexp_like('aXbc', '^[^a-dXYZ]+$');          #返回0,即正则表达式匹配不成功
select regexp_like('gheis', '^[^a-dXYZ]+$');         #返回1,即正则表达式匹配成功
select regexp_like('gheisa', '^[^a-dXYZ]+$');        #返回0,即正则表达式匹配不成功
```

11. 正则 [[:character_class:]] 符号详解

MySQL 的正则表达式可以使用 [[:character_class:]] 符号匹配特殊字符,character_class 的值需要编写成如表 1-2 所示的值。

表 1-2   character_class 值释义

character_class 值	释　　义	character_class 值	释　　义
alnum	字母数字字符	lower	小写字母字符
alpha	字母字符	print	图形或空格字符
blank	空格字符	punct	标点符号字符
cntrl	控制字符	space	空间、标签、换行符和回车
digit	数字字符	upper	大写字母字符
graph	图形字符	xdigit	十六进制数字字符

使用 [[:character_class:]] 符号进行匹配的 SQL 语句如下:

```
//1.4.4 MySQL 中的正则表达式语法.sql

select regexp_like('justalnums', '[[:alnum:]]+');    #返回1,即正则表达式匹配成功
select regexp_like('!!', '[[:alnum:]]+');            #返回0,即正则表达式匹配不成功
select regexp_like('3.1', '[[:digit:]]+');           #返回1,即正则表达式匹配成功

#以下正则涉及位数,需要注意观察区别
select regexp_like('3.1', '^[[:digit:]]$');          #返回0,即正则表达式匹配不成功
select regexp_like('3.1', '^[[:digit:]][[:digit:]]$'); #返回0,即正则表达式匹配不成功
select regexp_like('3.1', '^[[:digit:]][[:punct:]][[:digit:]]$');
                                                     #返回1,即正则表达式匹配成功
select regexp_like('31', '^[[:digit:]][[:digit:]]$'); #返回1,即正则表达式匹配成功
select regexp_like('31', '^[[:digit:]]$');           #返回0,即正则表达式匹配不成功
select regexp_like('13.1', '^[[:digit:]][[:punct:]][[:digit:]]$');
                                                     #返回0,即正则表达式匹配不成功
```

12. 正则"{}"符号详解

MySQL 的正则表达式使用"{n}"和"{m,n}"符号编写更通用的正则表达式,"a{n}"正好匹配 a 的 n 个实例。"a{n,}"匹配 a 的 n 或更多实例。"a{m,n}"匹配 m 到 n 个 a 的实例,若给出了 m 和 n,则 m 必须小于或等于 n。

"{}"符号编写的表达式与上述表达式相类似。例如"a＊"可以编写成"a{0,}","a＋"可以编写成"a{1,}","a?"可以编写成"a{0,1}",SQL 语句如下:

```
//1.4.4 MySQL 中的正则表达式语法.sql

select regexp_like('zfx', '^zf＊x');          ＃返回1,即正则表达式匹配成功
select regexp_like('zfx', '^zf{0,}x');         ＃返回1,即正则表达式匹配成功

select regexp_like('zffffx', '^zf＊x');        ＃返回1,即正则表达式匹配成功
select regexp_like('zffffx', '^zf{0,}x');       ＃返回1,即正则表达式匹配成功

select regexp_like('zx', '^zf＊x');            ＃返回1,即正则表达式匹配成功
select regexp_like('zx', '^zf{0,}x');          ＃返回1,即正则表达式匹配成功

select regexp_like('zfx', 'zf＋x');            ＃返回1,即正则表达式匹配成功
select regexp_like('zfx', 'zf{1,}x');          ＃返回1,即正则表达式匹配成功

select regexp_like('zx', 'zf＋x');             ＃返回0,即正则表达式匹配不成功
select regexp_like('zx', 'zf{1,}x');           ＃返回0,即正则表达式匹配不成功

select regexp_like('zx', '^zf?x');            ＃返回1,即正则表达式匹配成功
select regexp_like('zx', '^zf{0,1}x');         ＃返回1,即正则表达式匹配成功

select regexp_like('zfx', '^zf?x');           ＃返回1,即正则表达式匹配成功
select regexp_like('zfx', '^zf{0,1}x');        ＃返回1,即正则表达式匹配成功

select regexp_like('zffx', '^zf?x');          ＃返回0,即正则表达式匹配不成功
select regexp_like('zffx', '^zf{0,1}x');       ＃返回0,即正则表达式匹配不成功

select regexp_like('abcde', 'b{1}');          ＃返回1,即正则表达式匹配成功
select regexp_like('abcde', 'b{1,}');         ＃返回1,即正则表达式匹配成功
select regexp_like('abcde', 'b{2}');          ＃返回0,即正则表达式匹配不成功
```

正则编写位数匹配,SQL 语句如下:

```
//1.4.4 MySQL 中的正则表达式语法.sql

select regexp_like('abcde', '^a[bcd]{2}e$');
＃返回0,即正则表达式匹配不成功
＃因为此语句匹配以 a 开头,后续跟随两个字符(将字符限制为 bcdBCD),最后以 e 结尾,共计匹配 4
＃个字符,所以'abcde'这 5 个字符匹配失败

select regexp_like('abcde', '^a[bcd]{3}e$');
＃返回1,即正则表达式匹配成功
```

```
#因为此语句匹配以 a 开头,后续跟随 3 个字符(将字符限制为 bcdBCD),最后以 e 结尾,共计匹配这
#5 个字符,所以'abcde' 这 5 个字符匹配成功

select regexp_like('abcde', '^a[bcd]{1,10}e$');
#返回 1,即正则表达式匹配成功
#因为此语句匹配以 a 开头,后续跟随 1~10 个字符(将字符限制为 bcdBCD),最后以 e 结尾,共计匹
#配 3~12 个字符,所以'abcde'这 5 个字符匹配成功

select regexp_like('abe', '^a[bcd]{1,10}e$');
#返回 1,即正则表达式匹配成功

select regexp_like('abbbbbbbbbbe', '^a[bcd]{1,10}e$');
#返回 1,即正则表达式匹配成功

select regexp_like('abbbbbbbbbbbe', '^a[bcd]{1,10}e$');
#返回 0,即正则表达式匹配不成功
```

注意：正则匹配的底层算法十分复杂,编程时需尽可能地将符号写全,否则结果和预计可能并不相同。例如 select regexp_like('abcde', '^a[bcd]{3}e$');语句被更改为 select regexp_like('abcde', 'a[bcd]{3}e');同样可以成功,但是尽量不要这么写。

13. 正则表达式其余函数与关键字

上述内容在使用正则表达式时使用了 MySQL 提供的 regexp_like()函数,MySQL 除了 regexp_like()函数之外还提供了许多近似的函数与关键字,如表 1-3 所示。

表 1-3　MySQL 中的各种正则表达式函数释义

正则表达式函数名称	释　义
regexp	字符串是否与正则表达式匹配
not regexp	regexp 关键字的否定式
regexp_instr()	子字符串匹配正则表达式的起始索引
regexp_like()	字符串是否与正则表达式匹配
regexp_replace()	替换与正则表达式匹配的字符串
regexp_substr()	返回与正则表达式匹配的字符串
rlike	字符串是否与正则表达式匹配

14. regexp 关键字与 not regexp 关键字

若字符串表达式与指定的正则表达式匹配,则返回 1,否则返回 0。regexp 关键字与 regexp_like()函数为同义词,其效果完全相同。not regexp 关键字为 regexp 关键字的否定式。

相关示例 SQL 语句如下：

```
//1.4.4 MySQL 中的正则表达式语法.sql

select regexp_like('zfx','zf + x');                    #返回 1,即正则表达式匹配成功
```

```
select 'zfx' regexp 'zf + x';                    ♯返回1,即正则表达式匹配成功
select 'zfx' not regexp 'zf + x';                ♯返回0,即正则表达式匹配不成功

select regexp_like('zfx', '^zf * x');            ♯返回1,即正则表达式匹配成功
select 'zfx' regexp '^zf * x';                   ♯返回1,即正则表达式匹配成功
select 'zfx' not regexp '^zf * x';               ♯返回0,即正则表达式匹配不成功

select regexp_like('zffffx', '^zf * x');         ♯返回1,即正则表达式匹配成功
select 'zffffx' regexp '^zf * x';                ♯返回1,即正则表达式匹配成功
select 'zffffx' not regexp '^zf * x';            ♯返回0,即正则表达式匹配不成功

select regexp_like('zx', '^zf * x');             ♯返回1,即正则表达式匹配成功
select 'zx' regexp '^zf * x';                    ♯返回1,即正则表达式匹配成功
select 'zx' not regexp '^zf * x';                ♯返回0,即正则表达式匹配不成功
```

15. regexp_instr()函数

regexp_instr()函数会返回字符串表达式的字符串起始索引的位置。regexp_instr()函数常用输入2~3个入参,入参1为需要解析的字符串,入参2为正则表达式或需要提取的字符串,入参3为表达式或需要提取的字符串所出现的位置,SQL语句如下:

```
//1.4.4 MySQL中的正则表达式语法.sql

select regexp_instr('dog cat dog', 'dog');
♯返回1,即匹配'dog'字符串首次出现在'dog cat dog'字符串中的第1个字符上

select regexp_instr('dog cat dog', 'dog', 2);
♯返回9,即匹配'dog'字符串第2次出现在'dog cat dog'字符串中的第9个字符上

select regexp_instr('aa aaa aaaa', 'a{2}');
♯返回1,即匹配'a{2}'正则表达式内容出现在'aa aaa aaaa'字符串的第1个字符上

select regexp_instr('aa aaa aaaa', 'a{4}');
♯返回8,即匹配'a{4}'正则表达式内容出现在'aa aaa aaaa'字符串的第8个字符上
```

16. rlike 关键字

rlike关键字返回字符串与正则是否匹配,SQL语句如下:

```
//1.4.4 MySQL中的正则表达式语法.sql

select 'dog cat dog' rlike 'dog';                ♯返回1
```

注意:regexp关键字是SQL标准函数,跨数据库兼容性好。rlike关键字是MySQL特有的函数,只能在MySQL中使用。如若当前MySQL未来可能被迁移到其他数据库(例如将MySQL迁移到Oracle),则推荐使用regexp。

## 第 2 章

子查询与连接查询

2.1 子查询

子查询(Subquery)指一条 SQL 语句中出现多条被嵌套的 select 关键字。其可以返回单个值、单个行。

返回特定类型结果的子查询通常只能在某些上下文中使用。

2.1.1 子查询的作用

子查询的作用较多,主要如下:

(1) 子查询允许结构化的查询,以便可以隔离语句的每部分。

(2) 子查询提供了执行操作的替代方式。

(3) 子查询比复杂的连接或联合更容易阅读。

对于可以使用子查询的语句类型几乎没有限制。子查询使用普通 select 可以包含的许多关键字或子句: distinct、group by、order by、limit、join、索引提示、union 构造、注释、函数等。

2.1.2 子查询作为列值

在最基础的形式中,子查询可以作为列值存在,子查询作为列值进行查询,SQL 语句如下:

```
//2.1.2 子查询作为列值.sql

#创建 t1 表,其中包含两个字段
create table t1 (s1 int, s2 char(5) not null);
#新增测试数据
insert into t1 values(100, 'abcde');
#子查询作为列值进行查询
select (select s2 from t1);
```

运行后,结果集如图 2-1 所示。

子查询也可设置别名,SQL 语句如下:

```
select (select s2 from t1) as str;
```

运行后,结果集如图 2-2 所示。

依此例子可看出,此语句中返回了具有 char 数据类型的单个值"abcde",长度为 5,其字符集与排序将根据原本的表进行定义。

子查询可以作为 null 值存在。作为 null 值测试的 SQL 语句如下:

```
select (select s2 from t1 where s1 = 111) as str;
#此情景下,上下语句等价
select (select null);
```

运行后,结果集如图 2-3 所示。

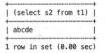

图 2-1 子查询作为列值进行　图 2-2 子查询作为列值后设置　图 2-3 子查询作为列值为空时
　　　 查询结果集　　　　　　　　　 别名进行查询结果集　　　　　　 进行查询结果集

注意:此处的 null 指 MySQL 中的空关键字,而非"null"字符串。

列举一个相对复杂的例子,此时可以再次新建 t2 表进行测试,假设使用 from 查询 t1表,列值放置在 t2 表,SQL 语句如下:

```
//2.1.2 子查询作为列值.sql

#创建 t1 表与 t2 表,其中 t1 表与之前 t1 表的结构与内容完全相同
create table t1 (s1 int, s2 char(5) not null);
create table t2 (s1 int, s2 char(5) not null);
#分别给 t1 表与 t2 表增加测试数据
insert into t1 values(100, 'abcde');
insert into t2 values(101, 'abcdd');
#from 关键字追加 t1 表,列值查询 t2 表
select (select s1 from t2) from t1;
```

运行后,结果集如图 2-4 所示。

结果显而易见,展示的是 t2 表中的数据,因为此刻的子查询已作为列值存在,所以展示的列值自然是子查询的列值,此处只是因为没有加别名及相关要素,所以才会产生此种误导入的效果,增加别名的

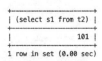

图 2-4 from 关键字追加 t1 表结果集

SQL 其意义与上述 SQL 语句类似,SQL 语句如下:

```
select (select s1 from t2) as t2S1, t1.s1 as t1S1 from t1;
```

运行后,结果集如图 2-5 所示。

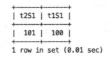

图 2-5 增加别名定义结果集

2.1.3 外层嵌套子查询

子查询作为列值只能返回仅有一行的子查询。例如 t2 表中若含有多条 s1,则会报错,
SQL 语句如下:

```
//2.1.3 外层嵌套子查询.sql

#假设下述 SQL 语句中的 t1 表中含有多条 s2
select (select s2 from t1) as str;

#报错如下所示
Subquery returns more than 1 row
```

此时可以使用外层嵌套子查询的方式进行 SQL 查询,SQL 语句如下:

```
select * from (select s2 from t1) as str;
```

2.1.4 使用子查询进行比较

子查询可作为 where 语句 where_condition 表达式使用,SQL 语句如下:

```
select * from t1 where s1 < (select s1 from t2);
```

运行后,结果集如图 2-6 所示。

同时子查询语句与正常查询语句无区别,同样可以使用函数等相关要素,SQL 语句
如下:

```
select * from t1 where s1 < (select count(s1) from t2);
```

运行后,结果集如图 2-7 所示。

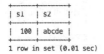

图 2-6 使用子查询进行比较结果集(1)

```
mysql> select * from t1 where s1 < (select count(s1) from t2);
Empty set (0.00 sec)
```

图 2-7 使用子查询进行比较结果集(2)

2.1.5 子查询的相关关键字

MySQL 子查询中可以使用 any、some、in、all 作为子查询的关键字,利用好关键字,可以在 MySQL 中提高语句的复杂度和功能。

1. any 关键字与 some 关键字

any 关键字与 some 关键字需要跟随在比较符之后,指满足内层查询其中任一条件的查询结果,或只要满足内层子查询中的任何一个比较条件,就返回一个结果作为外层查询的条件,SQL 语句如下:

```
//2.1.5 子查询的相关关键字.sql

select s1 from t1 where s1 < any (select s1 from t2);
#上下等价
select s1 from t1 where s1 < some (select s1 from t2);
```

运行后,结果集如图 2-8 所示。

注意:some 关键字是 any 关键字的别名,两者的用途是完全相同的。

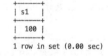

图 2-8 使用 any 所查询的
结果集

2. exists 关键字

exists 关键字指系统对子查询进行运算以判断它是否返回行,特性如下。

(1)若至少返回一行,则 exists 结果为 true,外层查询语句将执行查询。

(2)若子查询没有返回任何行,则 exists 返回的结果为 false,外层语句将不进行查询。

(3)not exists 的原理与之相反,概念类似。

exists 关键字其中含有至少一行返回数据,SQL 语句如下:

```
//2.1.5 子查询的相关关键字.sql

select s1 from t1 where exists (select s1 from t2);
#本示例中,上下等价
select s1 from t1 where exists (select null);
#本示例中,上下等价
select s1 from t1 where exists (select false);
```

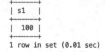

图 2-9 exists 关键字查询到的结果集

运行后,结果集如图 2-9 所示。

若子查询中无法响应其中任何一行,则外层查询不再进行查询,SQL 语句如下:

```
select s1 from t1 where exists (select s1 from t2 where s1 = '000');
```

由于 t2 表中不含有 s1 为'000'的数据,所以 exists 关键字中的

子查询无法返回任何一行数据,最终让外层语句不再进行查询。运行后结果集如图 2-10
所示。

exists 关键字也可直接进行查询,不像 any 关键字与 some 关键字只能放置在子查询
中,SQL 语句如下:

```
select exists (select s1 from t2);
```

运行后,结果集如图 2-11 所示。

```
mysql> select s1 from t1 where exists (select s1 from t2 where s1='000');
Empty set (0.01 sec)
```

图 2-10   exists 无返回的结果集

```
+--------------------------+
| exists (select s1 from t2) |
+--------------------------+
|                        1 |
+--------------------------+
1 row in set (0.01 sec)
```

图 2-11   exists 关键字查询到的结果集

注意:在 MySQL 中通常会用 1 作为 true 的标记,用 0 作为 false 的标记。

---

exists 关键字可用于创建表、删除表,可以做到"若表不存在,则不进行删除",SQL 语句
如下:

```
drop table if exists test_row_format;
```

3. in 关键字

in 关键字需要跟随在列之后,指内层查询语句返回一个数据列,该数据列里的值将用
于操作外层查询语句。

与 any 关键字、some 关键字不同的是,any 关键字、some 关键字只返回其中一条记录,
in 关键字返回的是子查询的所有记录,SQL 语句如下:

```
select s1 from t1 where s1 in (select s1 from t2);
```

运行后,结果集如图 2-12 所示。

4. all 关键字

all 关键字需要跟随在比较符号之后,若子查询返回的列中与 all 值比较为 true,则进行
返回,SQL 语句如下:

```
select * from t1 where s1 < (select s1 from t2);
#上下等价
select * from t1 where s1 < all(select s1 from t2);
```

运行后,结果集如图 2-13 所示。

```
mysql> select s1 from t1 where s1 in (select s1 from t2);
Empty set (0.00 sec)
```

图 2-12   使用 in 关键字的结果集

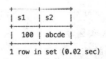

图 2-13   使用 all 关键字结果集

all 关键字通常省略，不必进行编写。此外值得注意的是 not in 关键字不能与 all 关键字进行连用，因为 all 关键字需要跟随在比较符号之后，SQL 语句如下：

```
select s1 from t1 where s1 <> all(select s1 from t2);
#上下等价
select s1 from t1 where s1 not in (select s1 from t2);
```

```
+------+
| s1   |
+------+
| 100  |
+------+
1 row in set (0.00 sec)
```

运行后，结果集如图 2-14 所示。

图 2-14　使用<> all 结果集

注意：在 MySQL 中"<>"符号的效果等同于"！="符号，代表不等于。

2.1.6　行内子查询与构造表达式

通过行内子查询可以同时比较多个字段，不需要一个字段一个字段手动地进行编写，SQL 语句如下：

```
//2.1.6 行内子查询与构造表达式.sql

#增加测试数据
insert into t1 values(100, 'abcde');
insert into t2 values(100, 'abcde');

select * from t1 where (s1,s2) = (select s1, s2 from t2 where s1 = 100);
#上下等价
select * from t1 where row(s1,s2) = (select s1, s2 from t2 where s1 = 100);
```

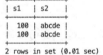

```
+------+-------+
| s1   | s2    |
+------+-------+
| 100  | abcde |
| 100  | abcde |
+------+-------+
2 rows in set (0.01 sec)
```

图 2-15　行内子查询段结果集

运行后，结果集如图 2-15 所示。

对于上述两则 SQL 语句而言，必须在子查询中增加 where 表达式并确保返回一条，否则会报如下错误：

```
Subquery returns more than 1 row
```

表达式(s1，s2)与表达式 row(s1，s2)在 MySQL 中可被称作"构造表达式"，两者是等价的，构造表达式内的字段数量与子查询中的字段数量必须相同，否则会报如下错误：

```
You have an error in your SQL syntax; check the manual that corresponds to your MySQL server
version for the right syntax to use near ') = (select s1 , s2 from t2 where s1 = 100)'at line 1
```

构造表达式用于返回两个或更多列的比较，降低难度后的 SQL 语句如下：

```
select * from t1 where (1,2) = (1,2);
#上下等价
select * from t1 where 1 = 1 and 2 = 2;
```

```
+------+-------+
| s1   | s2    |
+------+-------+
| 100  | abcde |
| 100  | abcde |
+------+-------+
2 rows in set (0.00 sec)
```

运行后，结果集如图 2-16 所示。

图 2-16　简易构造表达式结果集

2.1.7　子查询作为派生表

上述子查询内容大多数放在 where 表达式中,作为查询条件存在,但其实子查询同样可以作为派生表存在。

派生表是从 select 语句返回的虚拟表。派生表类似于临时表,但是在 select 语句中使用派生表比临时表简单得多,因为派生表不需要创建临时表的步骤。当在 select 语句的 from 子句中使用独立子查询时,便可将其称为派生表,SQL 语句如下:

```sql
//2.1.7 子查询作为派生表.sql

select
    *
from
    (select 1, 2, 3, 4) as t3 (a, b, c, d);

# 上下等价

select
    t3.a,
    t3.b,
    t3.c,
    t3.d
from
    (select 1, 2, 3, 4) as t3 (a, b, c, d);
```

```
+---+---+---+---+
| a | b | c | d |
+---+---+---+---+
| 1 | 2 | 3 | 4 |
+---+---+---+---+
1 row in set (0.00 sec)
```

图 2-17　子查询作为派生表结果集

运行后,结果集如图 2-17 所示。在此 SQL 示例中,将子查询(select 1,2,3,4)的别名设置为 t3,t3 中的值分别为 1、2、3、4,此处的 t3 被称为派生表。

在实际表中也可使用派生表,SQL 语句如下:

```sql
//2.1.7 子查询作为派生表.sql

select
    s.name,
    s.sex
from
    (select
        id,age,sex,name
    from
    student) as s;

# 上下等价

select
    name,
    sex
```

```
from
    (select
        id,age,sex,name
    from
        student) as s;
```

运行后,结果集如图 2-18 所示。

```
| name | sex |

| 张三  |    1 |
| 李四  |    1 |
| 王五  |    2 |
| 赵六  |    2 |
| 薛七  |    2 |

5 rows in set (0.00 sec)
```

图 2-18 实际表做派生表结果集(展示部分)

每个派生出来的表都必须有一个自己的别名,否则会报错,如下所示。

```
Every derived table must have its own alias
```

2.2 连接查询

连接查询也被称为联表查询、联合表查询,连接查询时需要在每个表中选择一个字段,并对这些字段的值进行比较,值相同的两条记录将被合并为一条。

2.2.1 连接查询语句

连接查询的本质就是将不同表的记录合并起来,形成一张新表。该张新表只是临时的,仅存在于本次查询期间。

数据库中的表可以通过键将彼此联合起来。一个典型的例子是,对一张表的主键和另一张表的外键进行匹配。在表中,每个主键的值都是唯一的,其目的是在不重复每张表中所有记录的情况下,将表之间的数据交叉捆绑在一起。

2.2.2 笛卡儿积

笛卡儿积又被称为笛卡儿直积,是由数学家笛卡儿提出的,用于表示集合 X 乘以集合 Y 的方式。

1. 笛卡儿积简介

在笛卡儿积中假设集合 $A=\{a, b\}$,集合 $B=\{0, 1, 2\}$,则这两个集合的笛卡儿积为 $\{(a, 0), (a, 1), (a, 2), (b, 0), (b, 1), (b, 2)\}$。笛卡儿积是一种常用的连接方式。

此刻创建 t3 和 t4 表方便展示数据库笛卡儿积算法的乘积效果,在数据库中的展示如下所示。

t3 表的数据与结构如表 2-1 所示。

t4 表的结构与数据如表 2-2 所示。

表 2-1　t3 表的结构与数据

s1	s2
11	a
12	b

表 2-2　t4 表的结构与数据

b1	b2	b3
21	c	cc
22	d	dd
23	e	ee

笛卡儿积的基本语法,SQL 语句如下:

```
select
    *
from
    t3,
    t4;
```

运行后,结果集如图 2-19 所示。

```
| s1 | s2 | b1 | b2 | b3 |
| 12 | b  | 21 | c  | cc |
| 11 | a  | 21 | c  | cc |
| 12 | b  | 22 | d  | dd |
| 11 | a  | 22 | d  | dd |
| 12 | b  | 23 | e  | ee |
| 11 | a  | 23 | e  | ee |
6 rows in set (0.15 sec)
```

图 2-19　笛卡儿积的乘积效果

从笛卡儿积的乘积效果可以看清,t3 表一共含有 2 列,t4 表一共含有 3 列,因为笛卡儿积可以保证在乘积之后任何一张表的任何数据都可以在上面展示出来,所以笛卡儿积的乘积效果表一共含有 5 列。

可以看到 t3 表中 s1=11 的列分别对应 t4 表的 3 条数据,s1=12 的列分别对应 t4 表的 3 条数据,这样即可理解原本集合如下所示。

t3 集合:{(11,a),(12,b)}。

t4 集合:{(21,c,cc),(22,d,dd),(23,e,ee)}。

笛卡儿积集合:

{(11,a,22,c,cc),(11,a,22,d,dd),(11,a,23,e,ee),(12,b,21,c,cc),(12,b,22,d,dd),(12,b,23,e,ee)}。

2. SQL 演化:确定需求

在学习 SQL 表连接时,笛卡儿积是必知必会的概念,在没有任何限定的条件下,两张表的连接必定会出现笛卡儿积,但在实际工作中此种情况的笛卡儿积是不应该出现的,笛卡儿积的结果几乎"无意义",即必须增加限定条件才能让笛卡儿积"有意义"。

使用附录(本书测试库中的学校系列表),假设需求"查询名字叫张三的学生成绩如何",该需求在查询之前需要观察一下 student 表与 score 表。

因为 studcnt 表中含有 name 字段与学生 id 字段,score 表含有 score 字段,所以初始笛卡儿积编写的 SQL 语句如下:

```
select
    *
```

```
from
    student,
    score;
```

运行后,部分结果集如图 2-20 所示(只截取其中一部分)。

虽然此时无法满足需求中的要素,但该需求本节将以"SQL 演化"的方式继续编写,由此刻"select *"最基础的笛卡儿积内容逐渐演化成需求的最终形态。

3. SQL 演化:限制名字

因为上一段语句中并不能查清楚学生张三的成绩,所以需要增加限定条件,在 where 条件表达式增加 name 字段作为限定条件的 SQL 语句如下:

```
//2.2.2 笛卡儿积.sql

select
    *
from
    student st,
    score sc
where
    st.name = '张三';
```

运行后,结果集如图 2-21 所示。

```
+----+-----+-----+------+-----+-----+-------+
| id | age | sex | name | sid | cid | score |
+----+-----+-----+------+-----+-----+-------+
|  5 |  25 |   2 | 薛七 |   1 |   1 |   100 |
|  4 |  24 |   2 | 赵六 |   1 |   1 |   100 |
|  3 |  23 |   2 | 王五 |   1 |   1 |   100 |
|  2 |  22 |   1 | 李四 |   1 |   1 |   100 |
|  1 |  21 |   1 | 张三 |   1 |   1 |   100 |
|  5 |  25 |   2 | 薛七 |   1 |   2 |    99 |
|  4 |  24 |   2 | 赵六 |   1 |   2 |    99 |
|  3 |  23 |   2 | 王五 |   1 |   2 |    99 |
|  2 |  22 |   1 | 李四 |   1 |   2 |    99 |
|  1 |  21 |   1 | 张三 |   1 |   2 |    99 |
|  5 |  25 |   2 | 薛七 |   2 |   1 |    98 |
|  4 |  24 |   2 | 赵六 |   2 |   1 |    98 |
+----+-----+-----+------+-----+-----+-------+
```

图 2-20 乘积效果(共 55 条数据,仅展示部分数据)

```
+----+-----+-----+------+-----+-----+-------+
| id | age | sex | name | sid | cid | score |
+----+-----+-----+------+-----+-----+-------+
|  1 |  21 |   1 | 张三 |   1 |   1 |   100 |
|  1 |  21 |   1 | 张三 |   1 |   2 |    99 |
|  1 |  21 |   1 | 张三 |   2 |   1 |    98 |
|  1 |  21 |   1 | 张三 |   2 |   2 |    97 |
|  1 |  21 |   1 | 张三 |   3 |   1 |    96 |
|  1 |  21 |   1 | 张三 |   1 |   3 |    95 |
|  1 |  21 |   1 | 张三 |   3 |   1 |    94 |
|  1 |  21 |   1 | 张三 |   4 |   1 |    93 |
|  1 |  21 |   1 | 张三 |   4 |   2 |    92 |
|  1 |  21 |   1 | 张三 |   4 |   4 |    91 |
|  1 |  21 |   1 | 张三 |   5 |   2 |    90 |
+----+-----+-----+------+-----+-----+-------+
11 rows in set (0.05 sec)
```

图 2-21 student 与 score 的乘积效果

仔细看此结果集,id 代表 student 表中的学生 id,sid 代表 score 表中的学生 id,张三的学生 id 为 1。

此时笛卡儿积给出最终的结果却含有张三学生 id 变成了 2、3、4、5 的情况,这些数据在实际需求中是错误的。

4. SQL 演化:限制两张表之间的关系

SQL 语句在以笛卡儿积的方式将所有数据相乘之后,提取了有关张三的数据集合。

因为按照笛卡儿积算法,student 表中含有 5 条数据,score 表中含有 11 条数据,所以最终笛卡儿积含有 55 条数据(在图 2-20 中含有 55 条数据),其生产出来的实际无效的乘积数据为 44 条。该 44 条数据皆像图 2-20 中的部分错误数据,明明学生名称为张三,但结果集中学生 id 却出现了不止为 1 的现象。

此刻应当限制 student 表的学生 id 等同于 score 表中的学生 id,这样就不会出现数据冗余的错误了,SQL 语句如下:

```
//2.2.2 笛卡儿积.sql

select
    *
from
    student st,
    score sc
where
    st.name = '张三'
and
    st.id = sc.sid;
```

运行后,结果集如图 2-22 所示。

因为此处将 student 学生表中的学生 id 与 score 表中的学生 id(sid)限制为相同,所以最终得出了正确结果。

5. SQL 演化:优化列值并取别名

此时结果难以查看,可限制出现的列值,并增加别名,即可更友好地输出数据,SQL 语句如下:

```
//2.2.2 笛卡儿积.sql

select
    st.name as 名字,
    sc.score as 成绩
from
    student st,
    score sc
where
    st.name = '张三'
and
    st.id = sc.sid;
```

运行后,结果集如图 2-23 所示。

```
+----+-----+-----+------+-----+-----+-------+
| id | age | sex | name | sid | cid | score |
+----+-----+-----+------+-----+-----+-------+
|  1 |  21 |  1  | 张三 |  1  |  1  |  100  |
|  1 |  21 |  1  | 张三 |  1  |  2  |   99  |
|  1 |  21 |  1  | 张三 |  1  |  3  |   95  |
|  1 |  21 |  1  | 张三 |  1  |  4  |   94  |
+----+-----+-----+------+-----+-----+-------+
4 rows in set (0.10 sec)
```

```
+------+------+
| 名字 | 成绩 |
+------+------+
| 张三 | 100  |
| 张三 |  99  |
| 张三 |  95  |
| 张三 |  94  |
+------+------+
4 rows in set (0.01 sec)
```

图 2-22 查询名字叫张三的学生成绩结果集　　图 2-23 优化列值与取别名后的最终结果集

注意：无论笛卡儿积还是其余连接语句都需要 2 张（或以上）表，其每张表与每张表中都需要含有相互对应的列，若两张表之间不含有对应的列，则可认为两张表之间不存在相互连接的直接关系（有时两张表之间含有关系表，两张表之间虽然没有直接关系，但是通过关系表就能获得 3 张表之间的间接关系），正如本节中的两张表皆含有学生 id 列，这样才可以进行联合查询。

6. SQL 演化：总结

总结一下，假设需求"查询名字叫张三的学生成绩如何"的 SQL 演化过程。首先需编写 student 表与 score 表的笛卡儿积结果集，在其结果集上增加 name＝'张三'的搜索条件，但结果得出了许多不属于张三的学生 id，然后使用代码 st.id＝sc.sid;（学生表的学生 id 要对应成绩表的学生 id）得出了正确结果。最后优化了列的输出内容并取了相应的别名，得出了最终如图 2-23 所示的效果。

2.2.3　交叉连接

数据库提供了 cross join 关键字，即交叉连接，其作用与笛卡儿积完全相同，可查看笛卡儿积的 SQL 语句如下：

```
select * from t1,t2;
```

cross join 关键字与上述代码等价的 SQL 语句如下：

```
select * from t1 cross join t2;
```

通用笛卡儿积增加限定条件，SQL 语句如下：

```
//2.2.3 交叉连接 cross join.sql

select
    st.name as 名字,
    sc.score as 成绩
from
    student st,
    score sc
where
    st.name = '张三'
and
    st.id = sc.sid;
```

通过 cross join 关键字增加限定条件，SQL 语句如下：

```
//2.2.3 交叉连接 cross join.sql

select
    st.name as 名字,
    sc.score as 成绩
```

```
from
    student st
cross join
    score sc
on
    st.id = sc.sid
where
    st.name = '张三';
```

此例子同样使用该条假设需求"查询名字叫张三的学生成绩如何"，cross join 关键字是笛卡儿积的另一种写法，cross join 关键字与笛卡儿积的概念完全相同，只是 SQL 写法不同，MySQL 特意设置了关键字，以方便将笛卡儿积编写得更加清楚。

2.2.4 左连接

左连接（left join）是一种常用的连接方式，从目录可以看出，连接查询语句分为多种连接查询方式，看起来很复杂，但其实 join 表达式一系列相关内容在 MySQL 中大部分是可以进行相互替换的，所有连接查询语句皆由笛卡儿积演化而来。

1. 左连接简介

笛卡儿积编写方式，SQL 语句如下：

```
select * from t1,t2 order by s1;
```

其本次输出结果等同于 left join 的 SQL 语句如下：

```
select * from t1 left join t2 on 1 = 1;
```

本例也可证实所谓的连接查询，不过是笛卡儿积的各种衍生形式，本例除了证明左连接为笛卡儿积衍生之外，无其他意义。

若左连接不含有 on 关键字，则 MySQL 会报错：

```
You have an error in your SQL syntax; check the manual that corresponds to your MySQL server
version for the right syntax to use near '' at line 1
```

在单独只有 join 关键字（不含 left 关键字）而不设置 on 关键字限制的情况下，不会出现上述错误。此处也可看出 left join 关键字与笛卡儿积最大的不同就体现在 on 后续的子句上。

左连接将返回左表（table1）中的所有记录，即使右表（table2）中没有匹配的记录也是如此。当右表中没有匹配的记录时，左连接仍然返回一行，只是该行的左表字段有值，而右表字段以 null 填充。左连接集合交叉效果如图 2-24 所示。

左连接与笛卡儿积类似，会对全部的表进行相乘，但左连接以左表为主，即左表中的所有记录都会被返回。

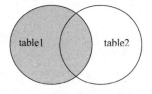

图 2-24　左连接集合交叉效果

对于左表中不包含，但右表却包含的记录，只返回左表相应的数据。

对于左表包含，但右表却不包含的记录，返回 null 值。

注意：此处并不代表左连接一定比笛卡儿积速度快，具体业务场景需要具体分析，有时笛卡儿积速度快，有时左连接速度快。

左连接特性如下：

（1）如果 table2 表中含有多条记录可以匹配到 table1 表，则返回的结果集也会生成多条新的行，返回多行时包含的 table1 字段可能是重复的。

（2）如果 table2 表中只有一条记录可以匹配到 table1 表，则返回的结果集会生成一个新的行。

（3）如果 table2 表中没有任何记录可以匹配到 table1 表，则返回的结果集中有关于 table2 的字段均为 null 值。

2. 假设需求

同样使用该条假设需求"查询名字叫张三的学生成绩如何"，此时需要使用 left join 关键字进行编写，SQL 语句如下：

```
//2.2.4 左连接 left join.sql

select
    st.name as 名字,
    sc.score as 成绩
from
    student st
left join
    score sc
on
    st.id = sc.sid
where
    st.name = '张三'
```

运行后，结果集与前文完全一致。需要注意区别 on 条件是在生成临时表时使用的条件，不管 on 中的条件是否为真都会返回左边表中的记录。

where 条件是在临时结果生成好后，再对临时结果进行过滤的条件。在 where 条件筛选时已经没有左连接的含义了，如果条件不为真就全部过滤掉。

3. 体会特性

由于上个示例中无法看到左连接中的"必须返回左边表的记录"特性，此刻可以修改一下 t5 表与 t6 表中的数据，如表 2-3 与表 2-4 所示。

表 2-3　体验特性 t5 表

s1	s2
11	a
12	b
11	a

表 2-4　体验特性 t6 表

b1	b2	b3
22	c	cc
23	d	dd
24	e	ee
11		

体验特性"必须返回左边表的记录",SQL 语句如下:

```
//2.2.4 左连接 left join.sql

select
    *
from
    t5
left join
    t6
on
    t5.s1 = t6.b1;
```

运行后,结果集如图 2-25 所示。

对比一下同等筛选语句下的笛卡儿积算法就可以很轻易地看出笛卡儿积和左连接之间的区别,SQL 语句如下:

```
//2.2.4 左连接 left join.sql

select
    *
from
    t5,
    t6
where
    t5.s1 = t6.b1;
```

运行后,结果集如图 2-26 所示。

```
+----+----+------+------+------+
| s1 | s2 | b1   | b2   | b3   |
+----+----+------+------+------+
| 11 | a  | 11   | NULL | NULL |
| 12 | b  | NULL | NULL | NULL |
| 11 | a  | 11   | NULL | NULL |
+----+----+------+------+------+
3 rows in set (0.00 sec)
```

图 2-25　体验特性结果集

```
+----+----+------+------+------+
| s1 | s2 | b1   | b2   | b3   |
+----+----+------+------+------+
| 11 | a  | 11   | NULL | NULL |
| 11 | a  | 11   | NULL | NULL |
+----+----+------+------+------+
2 rows in set (0.00 sec)
```

图 2-26　体验特性结果集

t5 表(如表 2-3 所示)中含有 s1=12 的数据,使用笛卡儿积进行编写,因为 t6 表(如表 2-4 所示)中不含有 b1=12 的列,所以笛卡儿积查询的结果集(如图 2-26 所示)最终没有展示出 s1=12 的列。

但是因为左连接中含有"必须返回左边表的记录"的特性,所以在左连接查询的结果集

（如图 2-25 所示）中可以发现，哪怕 t6 表（如表 2-4 所示）中没有关于 b1＝12 的列，并且后续也没有任何数据，但是依旧会展示出相应的数据。

4. 左连接总结

左连接使用 where 做最后筛选之前，在 on 关键字判断之后，必然将全部左表都展示出来，哪怕右表中一条数据都没有。

2.2.5　右连接

右连接（right join）是一种常用的连接方式，右连接与左连接的概念完全相反。

1. 右连接简介

右连接使用 where 做最后筛选之前，在 on 关键字判断之后，必然将全部右表都展示出来，哪怕左表中一条数据都没有。其余特性完全一致。右连接集合交叉效果如图 2-27 所示。

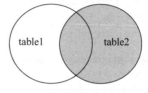

图 2-27　右连接集合交叉效果

2. 假设需求

同样使用该条假设，需求为"查询名字叫张三的学生成绩如何"，此时需要使用 right join 关键字进行编写，SQL 语句如下：

```
//2.2.5 右连接 right join.sql

select
    st.name as 名字,
    sc.score as 成绩
from
    student st
right join
    score sc
on
    st.id = sc.sid
where
    st.name = '张三';
```

可以看出右连接、左连接、连接、笛卡儿积在这一假设需求层面上，无论写法还是结果都完全相同，因为 student 学生表、score 成绩表之间的学生 id 都可一一对应，不存在有学生没成绩的情况，所以不存在左表比右表缺数据或右表比左表缺数据的情况。

3. 体验特性

此时采用 t5 表（如表 2-3 所示）与 t6 表（如表 2-4 所示）体验特性，SQL 语句如下：

```
//2.2.5 右连接 right join.sql

select
```

```
    *
from
    t5
right join
    t6
on
    t5.s1 = t6.b1;
```

运行后,结果集如图 2-28 所示。

```
+------+------+----+------+------+
| s1   | s2   | b1 | b2   | b3   |
+------+------+----+------+------+
| NULL | NULL | 22 | c    | cc   |
| NULL | NULL | 23 | d    | dd   |
| NULL | NULL | 24 | e    | ee   |
| 11   | a    | 11 | NULL | NULL |
| 11   | a    | 11 | NULL | NULL |
+------+------+----+------+------+
5 rows in set (0.01 sec)
```

图 2-28 体验特性结果集

对比一下同等筛选语句下的笛卡儿积算法体验特性的结果集(如图 2-28 所示)与左连接体验特性结果集(如图 2-25 所示)就很容易发现其中的区别。

在 t5 表(如表 2-3 所示)中含有 s1=12 的数据并没有在右连接体验特性结果集(如图 2-28 所示)中输出出来。

因为右表(t6 表,如表 2-4 所示)中不含有 s1=12 的列,而右连接是以右表为主的,所以不会对右表不含有的列进行输出。

4. 右连接总结

左连接以左表为主,左表需要输出全部相关的内容,而右连接与左连接完全相反,需要输出右表全部相关内容,若左表不存在,则不进行输出。

2.2.6 拼接

union 关键字,即拼接,用于合并两个或者多个 select 语句的结果集。

union 关键字会过滤掉两个结果集中重复的记录,只保留其中一条,也就是对两个结果集进行并集操作,此外 union 还会按照默认规则对结果集进行排序。

union all 关键字只会对结果集简单粗暴地进行合并操作,并不会过滤重复的记录,也不会进行排序。

union 与 union all 关键字在实际工作中通常会对两个结果相同的结果集进行拼接,SQL 语句如下:

```
//2.2.6 拼接 union.sql

select
    s1 as ss,
    s2 as sd
from
    t5
union
select
    b1 as ss,
    b2 as sd
from
    t6;
```

运行后,结果集如图 2-29 所示。

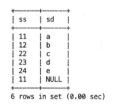

```
| ss | sd   |

| 11 | a    |
| 12 | b    |
| 22 | c    |
| 23 | d    |
| 24 | e    |
| 11 | NULL |

6 rows in set (0.00 sec)
```

图 2-29　体验特性结果集

若不是两个相同的结果集,则通常结果没有意义,拼接表的列数目必须相同,否则会报错:

The used SELECT statements have a different number of columns

2.2.7　全连接

全连接是一种常用的连接方式,将返回左表与右表全部的记录,本质上就是并集。

1. 全连接简介

全连接不像左连接以左表为主、右连接以右表为主,全连接以两张表全部数据为主。

MySQL 自身并不支持全连接的关键字,需要通过 SQL 语句模拟表达。左连接、右连接、全连接在 SQL 中又被统称为 outer join,即外连接。全连接集合交叉效果如图 2-30 所示。

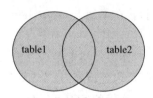

图 2-30　全连接集合交叉效果

2. 体会特性

全连接既会保证左表所有数据的完整性,又会保证右表所有数据的完整性,但 MySQL 需使用"左连接＋union 拼接＋右连接"的方式实现全连接,SQL 语句如下:

```
//2.2.7 全连接.sql

select
    *
from
    t5
left join
    t6
on
    s1 = b1
union
select
    *
from
    t5
```

```
right join
    t6
on
    s1 = b1;
```

运行后,结果集如图 2-31 所示。

```
+------+------+------+------+------+
| s1   | s2   | b1   | b2   | b3   |
+------+------+------+------+------+
| 11   | a    | 11   | NULL | NULL |
| 12   | b    | NULL | NULL | NULL |
| NULL | NULL | 22   | c    | cc   |
| NULL | NULL | 23   | d    | dd   |
| NULL | NULL | 24   | e    | ee   |
+------+------+------+------+------+
5 rows in set (0.00 sec)
```

图 2-31 体验特性结果集

从图 2-31 可以看出,左表与右表相关的数据全部被输出到结果集中了。

注意:可以将左连接、右连接、全连接这 3 种外连接方式理解为将两张表格左右拼到一起,其中先被 from 关键字追加的表即是左表。拼接表是将两张表格以上下的方式拼接到一起。

2.2.8 内连接

本章中目前已经编写了交叉连接、左连接、右连接,其本质是在 join 关键字前增加了修饰词,若在不加上 cross、left、right 的情况下,则在单独写 join 时会默认使用 inner join 关键字,即内连接。

内连接本质上是两个集合的交集,即只展示交集部分,左表与右表非交集部分都不会进行展示,内连接集合的交叉效果如图 2-32 所示。

内连接的 SQL 语句如下:

```
//2.2.8 内连接 inner join.sql

select * from t5 inner join t6 on s1 = b1;
#上下等价
select * from t5 join t6 on s1 = b1;
```

运行后,结果集如图 2-33 所示。

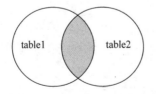

图 2-32 内连接集合交叉效果

```
+------+------+------+------+------+
| s1   | s2   | b1   | b2   | b3   |
+------+------+------+------+------+
| 11   | a    | 11   | NULL | NULL |
| 11   | a    | 11   | NULL | NULL |
+------+------+------+------+------+
2 rows in set (0.03 sec)
```

图 2-33 体验特性结果集

2.2.9 并集去交集

全连接代表并集,内连接代表交集,自然也含有并集去掉交集的效果,但该效果并不是 MySQL 直接提供的语句,而像全连接那样是经过计算得出的。并集去交集的交叉效果如

图 2-34 所示。

首先交集去并集需通过左连接求出左表不包含交集的数据,SQL 语句如下:

```
select * from t5 left join t6 on t5.s1 = t6.b1 where t6.b1 is null;
```

运行后,结果集如图 2-35 所示。

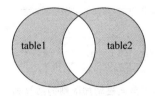

```
+----+----+------+------+------+
| s1 | s2 | b1   | b2   | b3   |
+----+----+------+------+------+
| 12 | b  | NULL | NULL | NULL |
+----+----+------+------+------+
1 row in set (0.00 sec)
```

图 2-34 并集去交集的交叉效果   图 2-35 左表不含交集的结果集

然后通过右连接求出右表不包含交集的数据,SQL 语句如下:

```
select * from t5 right join t6 on t5.s1 = t6.b1 where t5.s1 is null;
```

运行后,结果集如图 2-36 所示。

最终通过 union 拼接关键字将以上两个结果集拼接起来,SQL 语句如下:

```
select * from t5 left join t6 on t5.s1 = t6.b1 where t6.b1 is null
union
select * from t5 right join t6 on t5.s1 = t6.b1 where t5.s1 is null;
```

运行后,结果集如图 2-37 所示。

```
+------+------+----+----+----+
| s1   | s2   | b1 | b2 | b3 |
+------+------+----+----+----+
| NULL | NULL | 22 | c  | cc |
| NULL | NULL | 23 | d  | dd |
| NULL | NULL | 24 | e  | ee |
+------+------+----+----+----+
3 rows in set (0.00 sec)
```

```
+------+------+------+------+------+
| s1   | s2   | b1   | b2   | b3   |
+------+------+------+------+------+
| 12   | b    | NULL | NULL | NULL |
| NULL | NULL | 22   | c    | cc   |
| NULL | NULL | 23   | d    | dd   |
| NULL | NULL | 24   | e    | ee   |
+------+------+------+------+------+
4 rows in set (0.02 sec)
```

图 2-36 右表不包含交集的结果集   图 2-37 并集去交集的最终结果集

2.2.10 自连接

自连接是一种常用的特殊的连接方式,前文中的左连接、右连接、全连接皆属于外连接形式,即 table1 与 table2 两张表进行左右拼接,而自连接是 table1 与 table1 自身左右拼接,将原本的一张表假定为两张表进行左右拼接。

自连接(self join)的 SQL 语句如下:

```
select * from t5 as table1,t6 as table2;
```

运行后,结果集如图 2-38 所示。

自连接也可通过 where 关键字增加限制表达式,SQL 语句如下:

```
select * from t5 as table1,t5 as table2 where table1.s1 > table2.s1;
```

运行后,结果集如图 2-39 所示。

```
+----+----+----+------+------+
| s1 | s2 | b1 | b2   | b3   |
+----+----+----+------+------+
| 11 | a  | 22 | c    | cc   |
| 12 | b  | 22 | c    | cc   |
| 11 | a  | 22 | c    | cc   |
| 11 | a  | 23 | d    | dd   |
| 12 | b  | 23 | d    | dd   |
| 11 | a  | 23 | d    | dd   |
| 11 | a  | 24 | e    | ee   |
| 12 | b  | 24 | e    | ee   |
| 11 | a  | 24 | e    | ee   |
| 11 | a  | 11 | NULL | NULL |
| 12 | b  | 11 | NULL | NULL |
| 11 | a  | 11 | NULL | NULL |
+----+----+----+------+------+
12 rows in set (0.00 sec)
```

图 2-38 自连接的结果集

```
+----+----+----+----+
| s1 | s2 | s1 | s2 |
+----+----+----+----+
| 12 | b  | 11 | a  |
| 12 | b  | 11 | a  |
+----+----+----+----+
2 rows in set (0.00 sec)
```

图 2-39 自连接增加限制的结果集

第 3 章

CHAPTER 3

MySQL 元数据相关查询

3.1 show 关键字

在本书的第 1 章中介绍了 show databases 语句,show databases 可以读取 MySQL 服务器当前包含的所有数据库。例如可以使用 use 语句选择一个数据库,然后使用 show tables 语句查看当前数据库包含的所有表。

3.1.1 show 关键字查看某实例库中含有的表

show 关键字主要用于查询 MySQL 服务器相关的信息,SQL 语句如下:

```
//3.1.1 show 关键字查看某实例库中含有的表.sql

show databases;      ♯ 展示所有的实例库
use learnSQL;         ♯ 进入 learnSQL 实例库
show tables;          ♯ 展示 learnSQL 实例库中所有的表
```

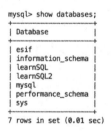

图 3-1 查看实例库中表的结果集

运行后,结果如图 3-1 所示。

show 关键字可以查询许多关于数据库、表、线程、状态等的实用信息,若要对 MySQL 有一个整体的了解,则掌握 show 命令是必不可少的。

展开来讲 show 命令可以查询许多 MySQL 服务器的信息,示例如下:

```
//3.1.1 show 关键字查看某实例库中含有的表.sql

show databases;                       -- 显示所有数据库
show tables;                          -- 显示数据表
show columns from table_name;         -- 显示数据表的属性
show index from table_name;           -- 显示数据表的索引
show triggers;                        -- 显示触发器
show status;                          -- 显示服务器状态
show variables;                       -- 显示服务器配置变量
```

```
show processlist;                            -- 显示服务器当前运行的线程
show grants;                                 -- 显示授权
show errors;                                 -- 显示最近的错误消息
```

3.1.2　show 关键字查看表结构

使用 show 关键字可以直接展示某张表的相关列信息，SQL 语句如下：

```
show columns from student;
# 上下等价
desc student;
```

运行后，结果如图 3-2 所示。

```
+-------+--------------+------+-----+---------+----------------+
| Field | Type         | Null | Key | Default | Extra          |
+-------+--------------+------+-----+---------+----------------+
| id    | int unsigned | NO   | PRI | NULL    | auto_increment |
| age   | int          | YES  |     | NULL    |                |
| sex   | int          | YES  |     | NULL    |                |
| name  | varchar(20)  | YES  |     | NULL    |                |
+-------+--------------+------+-----+---------+----------------+
4 rows in set (0.01 sec)
```

图 3-2　表结构结果集

3.1.3　show 关键字查看 binlog 日志

binlog 日志是 MySQL 中保留增、删、改内容的日志，也是 MySQL 主从同步最重要的日志，show 关键字可直接查看 binlog 日志目录，SQL 语句如下：

```
show binary logs
```

运行后，结果如图 3-3 所示。

```
+---------------+-----------+-----------+
| Log_name      | File_size | Encrypted |
+---------------+-----------+-----------+
| binlog.000013 |     11748 | No        |
| binlog.000014 |     35589 | No        |
| binlog.000015 |  47243898 | No        |
| binlog.000016 |     22178 | No        |
| binlog.000017 |      2673 | No        |
+---------------+-----------+-----------+
5 rows in set (0.01 sec)
```

图 3-3　binlog 日志状态结果集

3.1.4　show 关键字查看相关创建语句信息

在使用 MySQL 创建相关实例库、表、视图、存储过程、函数等内容之后，皆可使用 show 语句查询其初始创建语句，以方便用户进行导入、导出等相关操作。

1. 查看实例库的创建语句

```
show create database learnSQL2;
```

运行后,结果如图 3-4 所示。

```
+----------+----------------+
| Database | Create Database |
+----------+----------------+
| learnSQL2 | CREATE DATABASE `learnSQL2` /*!40100 DEFAULT CHARACTER SET utf8mb4 COLLATE utf8mb4_0900_ai_ci */ /*!80016 DEFAULT ENCRYPTION='N' */ |
+----------+----------------+
1 row in set (0.00 sec)
```

图 3-4　查看实例库创建语句的结果集

2. 查看表的创建语句

```
show create table student;
```

运行后,结果如图 3-5 所示。

```
+---------+-------------+
| Table   | Create Table |
+---------+-------------+
| student | CREATE TABLE `student` (
  `id` int unsigned NOT NULL AUTO_INCREMENT COMMENT '学生表主键id',
  `age` int DEFAULT NULL COMMENT '年龄',
  `sex` int DEFAULT NULL COMMENT '性别',
  `name` varchar(20) DEFAULT NULL COMMENT '学生名称',
  PRIMARY KEY (`id`)
) ENGINE=InnoDB AUTO_INCREMENT=6 DEFAULT CHARSET=utf8mb4 COLLATE=utf8mb4_0900_ai_ci
1 row in set (0.00 sec)
```

图 3-5　查看表创建语句的结果集

如图 3-5 所示的内容在查看时会有所困难,所以可以在 SQL 语句中增加\G 进行分行,SQL 语句如下:

```
show create table student\G;
```

运行后,结果如图 3-6 所示。

```
mysql> show create table student\G;
*************************** 1. row ***************************
       Table: student
Create Table: CREATE TABLE `student` (
  `id` int unsigned NOT NULL AUTO_INCREMENT COMMENT '学生表主键id',
  `age` int DEFAULT NULL COMMENT '年龄',
  `sex` int DEFAULT NULL COMMENT '性别',
  `name` varchar(20) DEFAULT NULL COMMENT '学生名称',
  PRIMARY KEY (`id`)
) ENGINE=InnoDB AUTO_INCREMENT=6 DEFAULT CHARSET=utf8mb4 COLLATE=utf8mb4_0900_ai_ci
1 row in set (0.00 sec)

ERROR:
No query specified
```

图 3-6　查看表的创建语句分行的结果集

3.1.5　show 关键字查看 MySQL 支持哪些引擎

show 关键字可以展示当前 MySQL 版本支持哪些引擎,SQL 语句如下:

```
show engines;
#上下等价
select * from information_schema.engines;
```

运行后,结果如图 3-7 所示。

```
| Engine             | Support | Comment                                                        | Transactions | XA   | Savepoints |
| ARCHIVE            | YES     | Archive storage engine                                        | NO           | NO   | NO         |
| BLACKHOLE          | YES     | /dev/null storage engine (anything you write to it disappears)| NO           | NO   | NO         |
| MRG_MYISAM         | YES     | Collection of identical MyISAM tables                         | NO           | NO   | NO         |
| FEDERATED          | NO      | Federated MySQL storage engine                                | NULL         | NULL | NULL       |
| MyISAM             | YES     | MyISAM storage engine                                         | NO           | NO   | NO         |
| PERFORMANCE_SCHEMA | YES     | Performance Schema                                            | NO           | NO   | NO         |
| InnoDB             | DEFAULT | Supports transactions, row-level locking, and foreign keys    | YES          | YES  | YES        |
| MEMORY             | YES     | Hash based, stored in memory, useful for temporary tables     | NO           | NO   | NO         |
| CSV                | YES     | CSV storage engine                                            | NO           | NO   | NO         |
9 rows in set (0.01 sec)
```

图 3-7　查看 SQL 版本支持引擎的结果集

3.2　数据库的系统变量元数据与 set 关键字

用户可以使用 set 关键字将用户自定义的变量存储至 MySQL 中。

3.2.1　set 关键字用于用户自定义变量

set 关键字的语法如下:

```
SET @var_name = expr [, @var_name = expr] …
```

@var_name 处可以输入用户自定义的变量名称,其中可包括字母、数字及字符组成。

"="赋予符号可以更改为":=",两种是等价的。":="赋予符号是为了有别于 where 子句中的等号,所以在 set 关键字用于用户自定义变量时更推荐使用此赋予符号。

在赋予符号之后的 expr 表达式内可以使用数字、字符串或表达式。

在 MySQL 的 SQL 语句中,通常以";"作为一句话的结尾。用户自定义变量之后,set 关键字需要结尾,后续 select 语句需要再次结尾,SQL 语句如下:

```
//3.2.1 set 关键字用于用户自定义变量.sql

set @v1 = '41';
set @v2 = '41'+6;
set @v3 = @v2 - @v1;
select @v1, @v2, @v3;
#上下等价
set @v4 := '41';
set @v5 := '41'+6;
set @v6 := @v2 - @v1;
select @v4, @v5, @v6;
```

分别执行上述 4 条语句,运行后的效果如图 3-8 所示。

此处展示的效果类似于其他语言中的数据变量的定义与调用,在 MySQL 的查询中也经常可以用到,set 关键字的表达式的写法如下:

```
set @v1 = (select sal from emp limit 1);
select @v1;
```

在 set 关键字的表达式中只能返回 1 行 1 列,并用括号包围表达式才能经过校验。运行后,效果如图 3-9 所示。

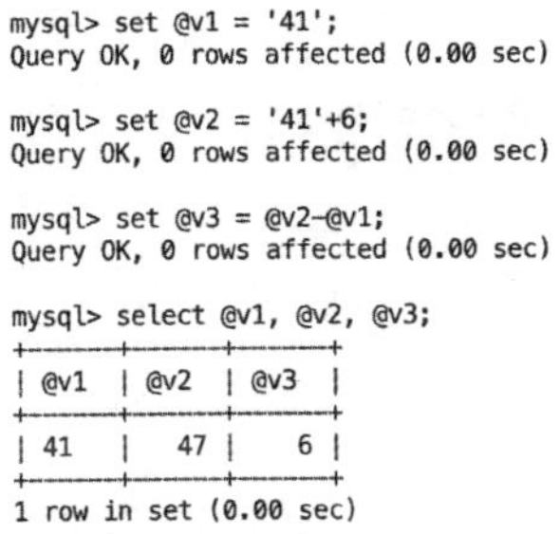

```
mysql> set @v1 = '41';
Query OK, 0 rows affected (0.00 sec)

mysql> set @v2 = '41'+6;
Query OK, 0 rows affected (0.00 sec)

mysql> set @v3 = @v2-@v1;                    mysql> set @v1 = (select sal from emp limit 1);
Query OK, 0 rows affected (0.00 sec)         Query OK, 0 rows affected (0.01 sec)

mysql> select @v1, @v2, @v3;                 mysql> select @v1;
+------+------+------+                        +------+
| @v1  | @v2  | @v3  |                        | @v1  |
+------+------+------+                        +------+
| 41   | 47   | 6    |                        | 800  |
+------+------+------+                        +------+
1 row in set (0.00 sec)                      1 row in set (0.01 sec)
```

图 3-8　set 自定义变量效果　　　　图 3-9　set 关键字的表达式的运行效果

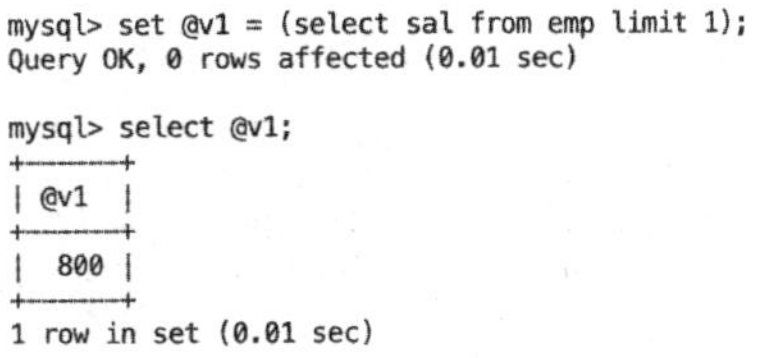

set 关键字的表达式写法若含有多列,则报错如下:

```
Operand should contain 1 column(s)
```

set 关键字的表达式写法若含有多行,则报错如下:

```
Subquery returns more than 1 row
```

3.2.2　set 关键字用于环境变量

MySQL 中含有许多系统变量(也可称为环境变量),系统变量是 MySQL 运行所需的重要元数据。

部分 MySQL 的系统变量由 MySQL 的配置文件(my.ini 文件或者 my.cnf 文件)进行配置和管理,部分 MySQL 的系统变量存储在 MySQL 缓存中。

当需要修改由配置文件配置的系统变量时,需要重启 MySQL 服务才能执行成功。若在配置文件中不含有任何系统变量的设置,则 MySQL 在启动时将以默认的方式对其进行设置。

show 关键字可以展示当前 MySQL 全部的系统变量,SQL 语句如下:

```
show variables;
```

服务器维护着两种系统变量,即全局变量(Global Variables)和会话变量(Session Variables)。全局变量影响 MySQL 服务的整体运行方式,而会话变量仅影响当前具体客户端连接的操作。

每个客户端成功连接服务器后都会产生与之对应的会话(Session)。会话期间 MySQL 服务实例会在服务器内存中生成与该会话对应的会话变量,会话变量的初始值是全局变量值的复制。

show 关键字可以展示当前 MySQL 全局的系统变量,SQL 语句如下:

```
show global variables;
```

show 关键字可以展示 MySQL 当前会话的系统变量。当前会话的系统变量指本次打开的 MySQL 会话中的系统变量,若关闭本次会话后重新打开,则一些之前被设置为当前会话级的系统变量会变回全局的系统变量,SQL 语句如下:

```
show session variables;
```

在 MySQL 中通常使用两种方式修改 MySQL 相关的系统变量:

(1) 修改 MySQL 的配置文件(my. ini 文件或者 my. cnf 文件)。

(2) 通过 set 关键字进行设置。

通过 set 关键字修改全局变量的 SQL 语句如下:

```
set global innodb_file_per_table = on;
#上下等价
set @@global. innodb_file_per_table = ON;
```

通过 set 关键字修改会话变量的 SQL 语句如下:

```
set @@session. pseudo_thread_id = 5;
#上下等价
set session pseudo_thread_id = 5;
```

在 MySQL 中通常以"@"符号作为用户自行设置的变量,以"@@"符号作为系统变量。在用户的 set 关键字的语句没有指定是全局变量还是会话变量的情况下,默认将设置为会话变量,SQL 语句如下:

```
set @@ sort_buffer_size = 50000;
```

无论是 MySQL 的会话变量还是 MySQL 的全局变量,重启 MySQL 之后都会恢复为默认配置。

在 MySQL 的配置文件(my. ini 文件或者 my. cnf 文件)的[mysqld]配置内编写 MySQL 的系统变量可以保证 MySQL 重启之后,该系统变量仍然有效。MySQL 配置文件的示例如下:

```
//3.2.2 set 关键字用于环境变量.sql

[mysqld]
port = 3306
basedir = /home/zhangfangxing/mysql/base
datadir = /home/zhangfangxing/mysql/data
max_connections = 100
query_cache_size = 0
table_cache = 256
tmp_table_size = 35M
thread_cache_size = 8
key_buffer_size = 55M
```

```
read_rnd_buffer_size = 256K
sort_buffer_size = 256K
```

MySQL 配置文件的变量释义如表 3-1 所示。

表 3-1　配置文件变量释义

变 量 名 称	释　义
port	MySQL 监听的端口号
basedir	MySQL 安装路径
datadir	MySQL 数据的存储位置
max_connections	允许同时访问 MySQL 服务器的最大连接数，其中一个连接是保留的，留给管理员专用
query_cache_size	查询时的缓存大小，缓存中可以存储以前通过 SELECT 语句查询过的信息，再次查询时就可以直接从缓存中取出信息，可以改善查询效率
table_open_cache	所有进程打开表的总数
tmp_table_size	内存中每个临时表允许的最大缓存大小
thread_cache_size	缓存的最大线程数
key_buffer_size	关键词的缓存大小
read_rnd_buffer_size	将排序后的数据存入该缓存的大小
sort_buffer_size	用于排序的缓存大小

以上数据只是 MySQL 变量中的一小部分，皆可通过 MySQL 的 show 关键字进行查询，SQL 语句如下：

```
//3.2.2 set 关键字用于环境变量.sql

show variables where variable_name = 'port';
show variables where variable_name = 'basedir';
show variables where variable_name = 'datadir';
show variables where variable_name = 'max_connections';
show variables where variable_name = 'tmp_table_size';
show variables where variable_name = 'thread_cache_size';
show variables where variable_name = 'key_buffer_size';
show variables where variable_name = 'sort_buffer_size';
```

3.2.3　sql_mode 变量

MySQL 中的 sql_mode 为 SQL 语句校验变量，也是 MySQL 8.0 中最需要重视的变量之一，该变量可为空值，默认值如下：

```
//3.2.3 sql_mode 变量.sql

show variables where variable_name = 'sql_mode';
-- 返回
-- only_full_group_by,strict_trans_tables,no_zero_in_date,no_zero_date,error_for_division_
by_zero,no_engine_substitution
```

在 sql_mode 的设置下，MySQL 允许执行部分非法语句。

为了保证 SQL 语句的正确性，生产数据库与测试数据库的 sql_mode 值必须保证相同，否则会出现一条 SQL 语句在测试环境下可正常执行，但在生产情况下却没法正常执行的现象。

only_full_group_by：在该校验模式下将影响 SQL 语句中 group by 子句的编写方式。若在 select 中的列没有在 group by 的子句中出现，则该 SQL 是不合法的。此校验强行要求列在 group by 子句中标识出来。此校验是 MySQL 8.0.0 默认自带的校验，由于此校验是 MySQL 后期追加的校验，因此很多低版本 MySQL 的 SQL 语句无法跟高版本兼容，建议数据库部署时删掉此校验。

no_auto_value_on_zero：在该校验模式下将影响自增长列的插入。默认设置下插入 0 或 null 代表生成下一个自增长值。设置该值后可插入值为 0，但是会导致数据混乱的问题，建议数据库部署时删掉此校验。

strict_trans_tables：在该校验模式下，若一个值不能插入一个事务表中，则中断当前的操作，对非事务表不做限制。

no_zero_in_date：在该校验模式下，不允许日期和月份为 0。

no_zero_date：在该校验模式下，插入零日期会抛出错误而不是警告。

error_for_division_by_zero：在该校验模式下，在 insert 或 update 过程中，若数据被删除，则产生错误而非警告。

no_auto_create_user：在该校验模式下，禁止使用 MySQL 的 grant 命令创建密码为空的用户。

no_engine_substitution：在该校验模式下，若需要的存储引擎被禁用或未编译，则会抛出错误。当不设置此值时用默认的存储引擎替代并抛出一个异常。

pipes_as_concat：在该校验模式下，将"||"符号视为字符串的连接操作符而非或运算符，和字符串的拼接函数 concat() 相类似。此校验模式主要为了兼容 Oracle 的 SQL 语句。

ansi_quotes：在该校验模式下，不能用双引号来引用字符串，双引号将被解释为识别符。

3.2.4　根据用户自定义变量增加列的行号

在日常编写 SQL 的过程中，若在 MySQL 5 版本上期望在结果集中增加列的行号，则需要使用用户自定义变量。后文会提到在 MySQL 8.0 版本之后可直接使用窗口函数 row_number() 解决此问题。

查询公司表，SQL 语句如下：

```
select e.ename,e.job from emp e;
```

运行后,结果集如图 3-10 所示。

使用 set 关键字设置用户自定义变量增加结果集行号,SQL 语句如下:

```
#将用户自定义变量 rownum 设置为 0
set @rownum : = 0;
#编写 SQL 语句增加行号查询
select @rownum: = @rownum + 1, e. ename, e. job from emp e;
```

运行后,结果集如图 3-11 所示。

```
+--------+--------+
| ename  | job    |
+--------+--------+
| 张三   | 店员   |
| 李四   | 售货员 |
| 王五   | 售货员 |
| 赵六   | 经理   |
| 薛七   | 售货员 |
| 陈八   | 经理   |
| 吴九   | 经理   |
| 寅十一 | 文员   |
| 王十二 | 总经理 |
| 黄十三 | 售货员 |
| 毛十四 | 店员   |
| 陈十五 | 店员   |
| 张十六 | 文员   |
| 刘十七 | 店员   |
+--------+--------+
14 rows in set (0.26 sec)
```

图 3-10 EMP 表的结果集

```
+--------------------+--------+--------+
| @rownum:=@rownum+1 | ename  | job    |
+--------------------+--------+--------+
|                  1 | 张三   | 店员   |
|                  2 | 李四   | 售货员 |
|                  3 | 王五   | 售货员 |
|                  4 | 赵六   | 经理   |
|                  5 | 薛七   | 售货员 |
|                  6 | 陈八   | 经理   |
|                  7 | 吴九   | 经理   |
|                  8 | 寅十一 | 文员   |
|                  9 | 王十二 | 总经理 |
|                 10 | 黄十三 | 售货员 |
|                 11 | 毛十四 | 店员   |
|                 12 | 陈十五 | 店员   |
|                 13 | 张十六 | 文员   |
|                 14 | 刘十七 | 店员   |
+--------------------+--------+--------+
14 rows in set, 1 warning (0.00 sec)
```

图 3-11 EMP 表增加序号的结果集

关于此语句需要注意以下内容:

(1) 因为以上 SQL 含有两个分号("；"符号),所以其为两句 SQL 语句,第一句设置了 rownum 变量,第二句根据 rownum 变量进行查询。

(2) 因为 SQL 的 select 本身含有指针的特性,即新的一行被扫描之后,SQL 相当于重新查看一次该行的所有列,所以可以在新一行的列中让 rownum 重新赋予新的值,新的值为 rownum+1。本质上 rownum 只是利用了 SQL 语言的指针特性,与循环类似。

(3) 用户变量不会在 SQL 语句结束后自行重置,若再次运行此 SQL 语句且不重置用户变量,则 SQL 执行结果如图 3-12 所示。

```
+--------------------+--------+--------+
| @rownum:=@rownum+1 | ename  | job    |
+--------------------+--------+--------+
|                 15 | 张三   | 店员   |
|                 16 | 李四   | 售货员 |
|                 17 | 王五   | 售货员 |
|                 18 | 赵六   | 经理   |
|                 19 | 薛七   | 售货员 |
|                 20 | 陈八   | 经理   |
|                 21 | 吴九   | 文员   |
|                 22 | 寅十一 | 文员   |
|                 23 | 王十二 | 总经理 |
|                 24 | 黄十三 | 售货员 |
|                 25 | 毛十四 | 店员   |
|                 26 | 陈十五 | 店员   |
|                 27 | 张十六 | 文员   |
|                 28 | 刘十七 | 店员   |
+--------------------+--------+--------+
14 rows in set, 1 warning (0.00 sec)
```

图 3-12 不重置变量的结果

若希望在将两条语句整合成一条语句时仅使用一句 SQL 在 emp 表增加序号,则可以不使用 set 关键字而使用用户变量,SQL 语句如下:

```
//3.2.4 根据用户自定义变量增加列的行号.sql

select
    (@myrow := @myrow + 1) AS line,
    e. ename,
    e. job
from
    ( select ename, job from emp ) e,
```

```
    ( select @myrow : = 0 ) r;

 -- 以上 SQL 在 FROM 处隐性地将用户变量设置为 0,所以可以在列处直接调用
 -- FROM 关键字只执行一次,但是 SELECT 关键字将执行 N 次
```

运行后,结果集如图 3-13 所示。

```
| line | ename    | job    |
|    1 | 张三     | 店员   |
|    2 | 李四     | 售货员 |
|    3 | 王五     | 售货员 |
|    4 | 赵六     | 经理   |
|    5 | 薛七     | 售货员 |
|    6 | 陈八     | 经理   |
|    7 | 吴九     | 经理   |
|    8 | 寅十一   | 文员   |
|    9 | 王十二   | 总经理 |
|   10 | 黄十三   | 售货员 |
|   11 | 毛十四   | 店员   |
|   12 | 陈十五   | 店员   |
|   13 | 张十六   | 文员   |
|   14 | 刘十七   | 店员   |
14 rows in set, 2 warnings (0.12 sec)
```

图 3-13　仅使用一句 SQL 在 emp 表增加序号的结果集

3.3　表的元数据

计算机编程语言中常常含有通用的概念,例如在 Java 中有 Class 类用于获取对类的定义,以及有 Method 类用于获取函数的定义。

Java 程序员可以通过 Class 类的 getClass() 函数获取类的反射,类的反射中会包含类名、引用包名等相关定义类信息,这些信息可被看作 Java 的元数据。

MySQL 元数据是关于数据库本身的数据,用于描述数据库的结构和属性。

3.3.1　表的元数据查询

前文提到过 MySQL 依靠 information 实例库存储 MySQL 有关库和表的信息,例如 information_schema.tables 表存储针对表的定义,包括表的名称、表的总行数、表的创建时间、表的最后修改时间等相关内容。

依靠 information_schema.table_constraints 表存储针对表的约束进行查询。

后续在学习 MySQL 调优的过程中要学会详细查看 information_schema 实例库存储的各个表,information_schema 实例库中部分涉及 MySQL 调优的表如表 3-2 所示。

表 3-2　information_schema 实例库中部分涉及 MySQL 调优的表

information_schema 中部分涉及调优的表	主要存储内容
files	存储表空间数据的文件
innodb_buffer_page	InnoDB 缓冲池中的页面
innodb_buffer_page_lru	InnoDB 缓冲池中页面的 LRU 排序

续表

information_schema 中部分涉及调优的表	主要存储内容
innodb_buffer_pool_stats	InnoDB 缓冲池统计
innodb_cmp	压缩 InnoDB 表相关的操作的状态
innodb_cmp_per_index	压缩 InnoDB 表和索引相关的操作状态
innodb_cmp_per_index_reset	压缩 InnoDB 表和索引相关的操作状态
innodb_cmp_reset	压缩 InnoDB 表相关的操作的状态
innodb_cmpmem	InnoDB 缓冲池中压缩页面的状态
innodb_cmpmem_reset	InnoDB 缓冲池中压缩页面的状态
innodb_ft_config	InnoDB 表全文本索引和相关处理的元数据
innodb_metrics	InnoDB 性能信息
innodb_trx	活跃的 InnoDB 事务信息
innodb_temp_table_info	关于活动用户创建的 InnoDB 临时表的信息
innodb_sys_indexes	InnoDB 索引元数据
optimizer_trace	优化器跟踪活动生成的信息
partitions	表格分区信息
processlist	有关当前执行线程的信息
statistics	表索引统计

在实际工作中若只是想知道简单的信息,则只需使用 show 关键字,毕竟 show 关键字运行后所查询的仍然是 information_schema 实例库中的众多表,其中包括了 information_schema.tables 和 information_schema.engines 等。

关键字的出现其实并不意外,例如 show 类关键字帮助简化查询元数据、新增数据库时使用的 create 关键字、删除数据库时使用的 drop 关键字,本质上都是在操纵 information_schema 实例库下的各个表。

因为元数据表互相之间的关系过于复杂,无法达到让人在其中快速地做出对表的 DLL 操作,所以出现了众多简化操作的关键字,用于辅助日常工作。

不过一旦涉及了数据库性能的优化,仍然需要数据库管理员对 MySQL 基础的各个表有足够的了解,尤其是 MySQL 的 information_schema 实例库中的 InnoDB 引擎系列表、information_schema 实例库中的线程池系列表、information_schema 实例库中的连接控制表等重要性能指标表,能够快速地定位数据查询缓慢、数据库内存占用过高、大数据量无法导出或迁移等问题。

MySQL 查看表的元数据的 SQL 语句如下:

```
//3.3.1 表的元数据查询.sql

select
    table_name as 表名称,
    table_rows as 表总行数,
    create_time as 表创建时间,
    update_time as 表最后修改时间,
```

```
        table_collation as 表排序规则,
        engine as 表引擎
from
        information_schema.tables
where
        table_schema = 'learnSQL2';
```

运行后,结果集如图 3-14 所示。

```
| 表名称    | 表总行数 | 表创建时间           | 表最后修改时间         | 表排序规则          | 表引擎  |
| course  |        4 | 2022-10-15 14:21:41 | NULL                | utf8mb4_0900_ai_ci | InnoDB |
| score   |       11 | 2022-10-15 14:24:07 | NULL                | utf8mb4_0900_ai_ci | InnoDB |
| student |        5 | 2022-10-15 14:21:28 | 2022-10-22 22:53:13 | utf8mb4_0900_ai_ci | InnoDB |
| t1      |        3 | 2022-10-20 22:29:06 | 2022-10-23 16:58:09 | utf8mb4_0900_ai_ci | InnoDB |
| t2      |        4 | 2022-10-27 16:45:12 | NULL                | utf8mb4_0900_ai_ci | InnoDB |
| teacher |        5 | 2022-10-15 14:21:18 | NULL                | utf8mb4_0900_ai_ci | InnoDB |
| tt      |        1 | 2022-10-22 17:01:23 | 2022-10-22 17:03:51 | utf8mb4_0900_ai_ci | InnoDB |
```

图 3-14　查看表元数据的结果集

在 information_schema 实例库中的 tables 表中,除了图 3-14 中展示的数据之外,存储着有关于用户自行创建的表的其他元数据内容,tables 表的字段释义如表 3-3 所示。

表 3-3　information_schema. tables 表的字段释义

列　　值	释　　义
table_catalog	数据表登记目录
table_schema	数据表所属的数据库名
table_name	表名称
table_type	表类型[system view│base table]
engine	表引擎[MyISAM│CSV│InnoDB]
version	版本
row_format	行格式[DEFAULT │ FIXED │ DYNAMIC │ COMPRESSED │ REDUNDANT │ COMPACT]
table_rows	表总行数
avg_row_length	平均长度
data_length	数据长度
max_data_length	最大数据长度
index_length	索引长度
data_free	空间碎片
auto_increment	做自增主键的自动增量当前值
create_time	表创建时间
update_time	表最后修改时间
check_time	表的检查时间
table_collation	表排序规则
checksum	校验和
create_options	创建选项
table_comment	表的注释、备注

base table 为基础表,是用户在 create table 时所创建的实体表,称为 base 表,也可称为基表。

system view 为用户在 create view 时所创建的视图。

注意:view 视图不仅在此处有存储,后文会继续提到在 information_schmea. view 表中也有相应存储。

3.3.2　表信息中的 row_format 字段

MySQL 中 row_format(行格式)用于设置表的行存储格式。存储格式决定了其物理存储方式。物理存储方式会影响 DML(数据库操纵)与 DQL(数据库查询)的性能。

1. 行格式简述

InnoDB 引擎支持 4 种行格式,分别为 redundant(冗余型行格式)、compact(紧凑型行格式)、dynamic(动态型行格式)和 compressed(压缩型行格式),其 4 种行格式简明释义如表 3-4 所示。

表 3-4　InnoDB 中 4 种行格式的简明释义

行　格　式	是否紧凑存储	是否可变长度存储	大索引前缀支持	是否支持压缩	支持的表空间
redundant	否	否	否	否	系统、通用、独立表空间
compact	是	否	否	否	系统、通用、独立表空间
dynamic	是	是	是	否	系统、通用、独立表空间
compressed	是	是	是	是	通用、独立表空间

redundant 行格式兼容 MySQL 旧版的特性,与 redundant 行格式相比,compact 行格式减少了 20% 的存储空间,但代价是增加了某些操作时的 CPU 占用率。若服务器的压力来自缓存命中率或者磁盘 IO 限制,则 compact 的行格式读取速度会更快。若查询压力来自 CPU,则使用 compact 的行格式时速度会更慢。

dynamic 行格式提供了与 compact 行格式相同的存储特性,但为大型的可变长列(例如 varchar、varbinary、blob 和 text 等类型)增强了存储性能,并支持大型的索引键前缀。dynamic 行格式最多支持 3072 字节的索引前缀。

所谓大型索引键前缀指的是给 text 文本等大型字符串设置的索引,该索引所需存储空间同样较大。

compressed 行格式提供了与 dynamic 行格式相同的存储特性和功能,但增加了对表和对索引数据的压缩支持。

目前 MySQL 8.0 推荐使用 dynamic 动态行格式和 compressed 压缩行格式。

在表设计上,若一张表里面不存在 varchar、varbinary、blob 和 text 等相关变形字段,则该表被称为静态表,每条记录所占用的字节一样。静态表的优点是读取快,缺点是浪费额外一部分空间。

若一张表里面存在 varchar、varbinary、blob 和 text 等相关变形字段,则该表被称为动态表,该表的 row_format 是 dynamic,其每条记录所占用的字节均是动态的。

因为动态表的优点是节省空间,所以搜索查询量大的表一般以空间来换取时间,即被设计成静态表。缺点是增加读取的时间开销。

2. 查询默认行格式

MySQL 8.0 默认行格式为 dynamic,可通过 show 关键字进行查看,SQL 语句如下:

```
show variables like 'innodb_default_row_format';
#上下等价
select @@innodb_default_row_format;
```

运行后,结果集如图 3-15 所示。

```
+--------------------------+---------+
| Variable_name            | Value   |
+--------------------------+---------+
| innodb_default_row_format | dynamic |
+--------------------------+---------+
1 row in set (0.01 sec)
```

图 3-15 查看 MySQL 8.0 的默认行格式结果集

3. 修改默认行格式

修改默认行格式,SQL 语句如下:

```
set global innodb_default_row_format = DYNAMIC;
```

运行后,结果如下:

```
Query OK, 0 rows affected (0.01 sec)
```

4. 修改默认行格式的注意事项

因为 compressed 行格式所支持的表空间不同,所以不能将 compressed 设置为默认行格式,只能在 create table 和 alter table 语句中出现。

若强行将 compressed 行格式设置为 MySQL 默认变量,则报错如下:

```
ERROR 1231 (42000): Variable 'innodb_default_row_format' can't be set to the value of 'COMPRESSED'
```

行格式在互相转换时可能会出现更改类型的问题,例如当将 fixed 格式转换为 dynamic 格式时可能会将字段的 char 类型转换成 varchar 类型。

当将 dynamic 行格式转换成 fixed 行格式时可能将字段的 varchar 类型转换成 char 类型。

建议在初始化表设置行格式之后,尽量不要对其进行修改,强行修改可能对已存储的数据造成不可逆的损害。

5. 创建表时设置行格式

创建表时,同样可以单独给某张表设置行存储格式,SQL 语句如下:

```
create table test_row_format(
    T1 varchar(255),
    T2 INT
)row_format = COMPRESSED;
```

运行后,结果如下:

```
Query OK, 0 rows affected (0.01 sec)
```

创建表后,可查看当前表的存储格式,可参考 3.3.1 节,也可使用如下 SQL 语句:

```
show table status where name = 'test_row_format';
```

6. 修改表的行格式

使用 alter table 语句修改表的行格式,SQL 语句如下:

```
alter table test_row_format row_format = dynamic;
```

运行后,结果如下:

```
Query OK, 0 rows affected (0.02 sec)
Records: 0   Duplicates: 0   Warnings: 0
```

7. 修改表追加字段时设置行格式

使用 alter table 语句创建新列,SQL 语句如下:

```
alter table test_row_format add column(T3 int), row_format = dynamic;
```

运行后,结果如下:

```
Query OK, 0 rows affected (0.02 sec)
Records: 0   Duplicates: 0   Warnings: 0
```

8. 其他相关注意事项

redundant 行格式和 compact 行格式支持 767 字节的最大索引前缀长度,而 dynamic 行格式和 compressed 行格式支持 3072 字节的最大索引前缀长度。简而言之,dynamic 行格式和 compressed 行格式对大字段的索引支持力度要大于 redundant 行格式和 compact 行格式。

compressed 行格式的表空间支持力度不如其他 3 种,若一定要修改行格式,则需先确定好所有已存在数据的表空间、索引最大长度等方面内容皆兼容两种行格式,在此前提下才能进行转换。

在 MySQL 集群复制的环境下,若 InnoDB 的 row_format 变量在主服务器上被设置为 dynamic 行格式,并且在从服务器上被设置为 compact 行格式,则某些 DDL(数据库定义)语句在主服务器上成功,但在从服务器上可能失败。

因为 MySQL 集群复制的环境必须保证,所以主服务器节点 master 和从服务器节点 slave 的 row_format 要保持一致。

除了 DDL 语句之外,导入不同的数据、不同的数据结构都有异常的风险。届时各节点数据结构不统一、数据不统一将极难对数据库进行处理和维护,所以初始化时一定要检查是否一致。

3.3.3 表信息中的 data_free 字段

data_free 字段释义：每当 MySQL 数据库使用 delete 语句删除一行内容时，在 MySQL 底层中该段空间就会被留空，而在一段时间内的大量删除操作会使留空的空间变得比存储列表内容所使用的空间更大。

若进行新的插入操作，则 MySQL 将尝试利用留空的区域，但仍然无法将其彻底占用，所以此刻可使用 optimize 关键字或 alter table 关键字对其进行优化。

3.3.4 MySQL 各表占用磁盘空间计算方式

MySQL 占用磁盘空间为 information_schema.tables 表中 Data_length 数据长度＋Index_length 索引长度，具体公式如下：

```
(data_length + index_length ) /1024 /1024 = 磁盘占用空间(MB)
```

在实际工作中查询 MySQL 某库实际占用空间的 SQL 语句如下：

```
//3.3.4 MySQL 各表占用磁盘空间计算方式.sql

select
    table_name,
    table_rows,
    data_length + index_length as length,
    concat(round((data_length + index_length)/1024/1024,2),'mb') as data
from
    information_schema.tables
where
    table_schema = 'esif'
order by
    length desc
```

上述 SQL 的具体函数后文均会有逐步解答，在此只展示一下语句。为了体现出效果，笔者在自身公司测试环境下查询公司的 esif 实例库，运行后，结果集如图 3-16 所示。

TABLE_NAME	TABLE_ROWS	length	DATA
mm_material_task_log	906746	26353860608	25133.00MB
ec_data_records	10866836	3371302912	3215.13MB
qm_check_result	3770065	1447231488	1380.19MB
qce_flow	71084	1410722752	1353.95MD
mm_technology_paramvalue	2696087	1024737280	977.27MB
im_inspectplan_dt	2069014	900857856	859.13MB
mm_alarm_exception_log	11427	767049728	731.52MB
qce_message	621297	736673792	702.55MB
mm_temhum_record	8977688	712867840	679.84MB
qce_flow_copy1	28345	657260544	626.81MB

图 3-16 查看 MySQL 各表占用磁盘空间的结果集

以 MySQL 各表占用磁盘空间计算方式进行演化,自然可以继续写出"查看 MySQL 各库占用磁盘空间计算方式""MySQL 单个库占用磁盘空间计算方式""MySQL 所有库占用磁盘空间计算方式"等相关内容。

注意：不要直接修改 information_schema. tables 表。

3.3.5　利用 optimize 关键字优化空间碎片

optimize 关键字使用的前提是需要开启数据库安全模式及 old_alter_table 系统变量。old_alter_table 参数代表服务器不会使用处理 alter table 操作的优化方法。

optimize 关键字和 alter table 操作的本质都是 MySQL 数据库会先锁定某张表,然后对该表进行复制,再迅速将之前的表删除,对第 2 张表进行改名。

简而言之,程序员可以通过 alter table 的操作优化方法复制基表,复制出来新的基表自然不含空间碎片。

optimize 关键字的原理与 alter table 的原理类似,在官网的表述中若 optimize table table. name 命令执行失败,则可尝试执行 alter table tests engine= 'innodb';命令。

查询系统变量中的 old_alter_table 参数,SQL 语句如下：

```
show variables like '%old_alter_table%'
```

运行后,结果集如图 3-17 所示。

因为 MySQL 系统变量中的 old_alter_table 并未开启,所以可以使用 MySQL 中的 set 关键字设置数据库的临时变量,开启 old_alter_table 参数的 SQL 语句如下：

```
set @@old_alter_table = ON;
```

运行后,结果如下：

```
Query OK, 0 rows affected (0.01 sec)
```

再次查询 old_alter_table 参数,结果集如图 3-18 所示。

```
+----------------+-------+
| Variable_name  | Value |
+----------------+-------+
| old_alter_table| OFF   |
+----------------+-------+
```

图 3-17　查看 old_alter_table 参数是否开启的结果集

```
+----------------+-------+
| Variable_name  | Value |
+----------------+-------+
| old_alter_table| ON    |
+----------------+-------+
1 row in set (0.03 sec)
```

图 3-18　再次查看 old_alter_table 参数是否开启的结果集

查看 tt 表的相关信息的 SQL 语句如下：

```
//3.3.5 利用 optimize 关键字优化空间碎片.sql

select
    table_name as 表名称,
```

```
        table_rows as 表总行数,
        create_time as 表创建时间,
        update_time as 表最后修改时间,
        table_collation as 表排序规则,
        engine as 表引擎,
        data_free as 空间碎片
from
        information_schema.tables
where
        table_schema = 'learnSQL2'
        and
        table_name = 'tt';
```

运行后,结果集如图 3-19 所示。

```
| 表名称 | 表总行数 | 表创建时间           | 表最后修改时间        | 表排序规则          | 表引擎   | 空间碎片 |
| tt    |        1 | 2022-10-22 17:01:23 | 2022-10-22 17:03:51 | utf8mb4_0900_ai_ci | InnoDB |        0 |
```

图 3-19 insert 之后的 tt 表相关数据的结果集

可以看到单纯使用 insert 关键字,无论新增了多少数据都不会产生空间碎片,在 insert
大量数据之后可直接进行删除。删除 tt 表的 SQL 语句如下:

```
delete from tt;
```

运行后,结果如下:

```
Query OK, 1 row affected (0.37 sec)
```

为了方便测试,虽然 tt 表只插入了 1 条数据,但是用的是 longtext 数据类型,该条数据
中的内容特别多,删除 tt 表全部的新增数据之后,再次执行查看 tt 表的相关信息的 SQL 语
句,结果集如图 3-20 所示。

```
| 表名称 | 表总行数 | 表创建时间           | 表最后修改时间        | 表排序规则          | 表引擎   | 空间碎片   |
| tt    |        0 | 2022-10-22 17:01:23 | 2022-10-28 10:02:32 | utf8mb4_0900_ai_ci | InnoDB | 24117248 |
```

图 3-20 删除之后的 tt 表相关数据的结果集

此时可观察到 tt 表中含有大量的空间碎片。使用 optimize 关键字对表空间碎片进行
优化,SQL 语句如下:

```
optimize table tt;
```

运行后,结果集如图 3-21 所示。

```
| Table       | Op       | Msg_type | Msg_text                                                            |
| learnsql2.tt | optimize | note     | Table does not support optimize, doing recreate + analyze instead |
| learnsql2.tt | optimize | status   | OK                                                                  |
2 rows in set (0.05 sec)
```

图 3-21 运行 optimize 关键字的结果集

此处出现了提示 Table does not support optimize，doing recreate ＋ analyze instead，提醒用户该表不支持优化，而应执行重新创建＋分析。该提示属于提示/警告的类型，不属于报错，再次执行查看 tt 表的相关信息的 SQL 语句，运行后结果集如图 3-22 所示。

表名称	表总行数	表创建时间	表最后修改时间	表排序规则	表引擎	空间碎片
tt	0	2022-10-28 10:03:56	NULL	utf8mb4_0900_ai_ci	InnoDB	0

1 row in set (0.01 sec)

图 3-22　优化之后 tt 表相关数据的结果集

可看到最终 tt 表的空间碎片归零了。整体运行过程如图 3-23 所示。

表名称	表总行数	表创建时间	表最后修改时间	表排序规则	表引擎	空间碎片
tt	1	2022-10-22 17:01:23	2022-10-22 17:03:51	utf8mb4_0900_ai_ci	InnoDB	0

1 row in set (0.00 sec)

```
mysql> delete from tt;
Query OK, 1 row affected (0.37 sec)

mysql> select    table_name as 表名称,  table_rows as 表总行数,       create_time as 表创建时间,       update_time as 表最后修改时间,
m  information_schema.tables   where    table_schema = 'learnSQL2' and table_name = 'tt';
```

表名称	表总行数	表创建时间	表最后修改时间	表排序规则	表引擎	空间碎片
tt	0	2022-10-22 17:01:23	2022-10-28 10:02:32	utf8mb4_0900_ai_ci	InnoDB	24117248

1 row in set (0.00 sec)

```
mysql> optimize table tt;
```

Table	Op	Msg_type	Msg_text
learnsql2.tt	optimize	note	Table does not support optimize, doing recreate + analyze instead
learnsql2.tt	optimize	status	OK

2 rows in set (0.05 sec)

```
mysql> select    table_name as 表名称,  table_rows as 表总行数,       create_time as 表创建时间,       update_time as 表最后修改时间,
m  information_schema.tables   where    table_schema = 'learnSQL2' and table_name = 'tt';
```

表名称	表总行数	表创建时间	表最后修改时间	表排序规则	表引擎	空间碎片
tt	0	2022-10-28 10:03:56	NULL	utf8mb4_0900_ai_ci	InnoDB	0

1 row in set (0.01 sec)

图 3-23　整体运行过程

若该数据库为 MySQL 导入的 data 文件夹或者导入的数据库文件，则可能会导致 optimize 关键字执行时失败，该空间碎片可能永久无法删除或每次只能删除额外的一部分，例如空间碎片 50 000＋时只能删除其中 10 000＋的碎片。

在进行实际操作时，可先查看 MySQL 的 data 文件夹大小，删除后可发现该文件夹明显缩小了。

3.3.6　查看表中的约束

MySQL 查看表的相关约束的 SQL 语句如下：

```
//3.3.6 查看表中的约束.sql

select
    tc.constraint_catalog as 约束所属的目录,
```

```
        tc.table_schema as 约束所属的数据库名称,
        tc.table_name as 表的名称,
        constraint_type as 约束类型
from
        information_schema.table_constraints tc
where
        tc.constraint_schema = 'learnSQL2';
```

运行后,结果集如图 3-24 所示。

约束所属的目录	约束所属的数据库名称	表的名称	约束类型
def	learnSQL2	course	PRIMARY KEY
def	learnSQL2	dept	PRIMARY KEY
def	learnSQL2	emp	PRIMARY KEY
def	learnSQL2	student	PRIMARY KEY
def	learnSQL2	teacher	PRIMARY KEY
def	learnSQL2	test_regexp	PRIMARY KEY
def	learnSQL2	tt	PRIMARY KEY

7 rows in set (0.00 sec)

图 3-24   查看表的相关约束结果集

MySQL 在 information_schema.table_constraints 表中存储了表的相关约束信息,此信息可通过 show 关键字便捷地进行查找。

例如使用如下 show 关键字的 SQL 语句可以查询 dept 表中的约束,SQL 语句如下:

```
show index from dept;
```

运行后,结果集如图 3-25 所示。

Table	Non_unique	Key_name	Seq_in_index	Column_name	Collation	Cardinality	Sub_part	Packed	Null	Index_type	Comment	Index_comment	Visible	Expression
dept	0	PRIMARY	1	deptno	A	4	NULL	NULL		BTREE			YES	NULL

1 row in set (0.01 sec)

图 3-25   查看 dept 表中约束的结果集

show 关键字在展示不清时,可以使用\G 语句进行输出,SQL 语句如下:

```
show index from dept \G;
```

运行后,结果集如图 3-26 所示。

```
*************************** 1. row ***************************
        Table: dept
   Non_unique: 0
     Key_name: PRIMARY
 Seq_in_index: 1
  Column_name: deptno
    Collation: A
  Cardinality: 4
     Sub_part: NULL
       Packed: NULL
         Null:
   Index_type: BTREE
      Comment:
Index_comment:
      Visible: YES
   Expression: NULL
1 row in set (0.00 sec)
```

图 3-26   分行输出的结果集

针对 show index 字段的释义如表 3-5 所示。

表 3-5　show index 的字段释义

列　值	释　义
table	表名称
non_unique	若索引不能包含重复项,则为 0,若可以包含重复项,则为 1
key_name	索引的名称。若索引是主键,则名称始终为 primary
seq_in_index	索引中的列序号,以 1 开头
column_name	列的名称
collation	在索引中对列进行排序。可以有值 a(升序)或 null(未排序)
cardinality	估计索引中唯一值的数量,但是该值不一定准确
sub_part	索引前缀。若列仅部分索引,则为索引字符的数量; 若整个列已索引,则为 null
packed	指示按键的包装方式。若不是,则为 null
null	若列可能含有 null 值,则输出 yes;若不含 null 值,则输出 ''
index_type	使用的索引方法(btree、fulltext、hash、rtree)
comment	有关其自身列中未描述的索引的信息,例如若索引被禁用,则返回 disabled
index_comment	创建索引时,使用 comment 属性为索引提供的任何注释

3.4　列的元数据

MySQL 查看列的元数据,SQL 语句如下:

```
//3.4 列的元数据.sql

select
    c.table_name as 所属表名称,
    c.column_name as 列的名称,
    c.column_default as 列的默认值,
    c.is_nullable as 是否可空,
    c.data_type as 数据类型,
    c.column_type as 列的数据类型,
    c.column_key as 索引类型,
    c.column_comment as 列的注释
from
    information_schema.columns c
where
    c.table_name = 'dept';               #此例子查询的 dept 表中的列数据
```

运行后,结果集如图 3-27 所示。

在 MySQL 中含有普通索引 index、默认约束 default、唯一约束 unique、检查约束 check、非空约束 not null、主键约束 primary key、外键约束 foreign key。

所属表名称	列的名称	列的默认值	是否可空	数据类型	列的数据类型	索引类型	列的注释
dept	deptno	NULL	NO	int	int unsigned	PRI	部门编号
dept	dname	NULL	YES	varchar	varchar(255)		部门名称
dept	loc	NULL	YES	varchar	varchar(255)		部门地点
dept	deptno	NULL	NO	int	int unsigned	PRI	部门编号
dept	dname	NULL	YES	varchar	varchar(255)		部门名称
dept	loc	NULL	YES	varchar	varchar(255)		部门地点

6 rows in set (0.01 sec)

图 3-27　查看列元数据的结果集

在 column_key 索引类型字段中,若 column_key 为空,则该列要么没有索引,要么仅作为多列非唯一索引中的辅助列进行索引。

若 column_key 是 pri,则该列是 primary key 或多列 primary key 中的列之一。

若 column_key 是 uni,则该列是 unique 索引的第 1 列。unique 索引允许多个 null 值,但可以通过检查 null 列来判断该列是否允许 null。

若 column_key 是 mul,则该列是非唯一索引的第 1 列,其中允许在列中多次出现给定值。

若多个 column_key 值适用于表的给定列,则 column_key 将按 pri、uni、mul 的顺序显示具有最高优先级的值。

若 unique 索引不能包含 null 值,并且表中没有 primary key,则可以将其显示为 pri。

若几列形成复合 unique 索引,则 unique 索引可能会显示为 mul。

3.5　用户权限的元数据

MySQL 依靠 mysql.user 表查询用户权限的元数据。因为 mysql.user 表中含有的列过多,所以本节分批对其进行讲解。

除了 mysql.user 表存储着用户的相关权限信息之外,procs_priv 表存储着存储过程和存储函数的操作权限,db 表存储着实例库的操作权限,mysql.tables_priv 表存储着对表操作的权限,mysql.columns_priv 表存储着对列操作的权限。

3.5.1　查询当前 MySQL 中含有哪些用户

通过 mysql.user 表可查询当前 MySQL 中含有哪些用户,SQL 语句如下:

```
//3.5.1 查询当前 MySQL 中含有哪些用户.sql

select
    u.host as 地址,
    u.user as 用户名,
    u.plugin as 密码加密方式,
    u.authentication_string as 被加密后的密码
from
    mysql.user u;
```

运行后,结果集如图 3-28 所示。

```
+-----------+-----------------+---------------------+-----------------------------------------------------------------+
| 地址      | 用户名          | 密码加密方式        | 被加密后的密码                                                  |
+-----------+-----------------+---------------------+-----------------------------------------------------------------+
| localhost | mysql.infoschema | caching_sha2_password | $A$005$THISISACOMBINATIONOFINVALIDSALTANDPASSWORDTHATMUSTNEVERBRBEUSED |
| localhost | mysql.session   | caching_sha2_password | $A$005$THISISACOMBINATIONOFINVALIDSALTANDPASSWORDTHATMUSTNEVERBRBEUSED |
| localhost | mysql.sys       | caching_sha2_password | $A$005$THISISACOMBINATIONOFINVALIDSALTANDPASSWORDTHATMUSTNEVERBRBEUSED |
| localhost | root            | mysql_native_password | *92DAC818B0794C0F6D0A633B39F132F5D8D0398C                        |
+-----------+-----------------+---------------------+-----------------------------------------------------------------+
4 rows in set (0.00 sec)
```

图 3-28 当前 MySQL 用户的结果集

host 地址指该用户被授权访问的地址。此处的 localhost 代表只有 localhost 地址的人才能登录该账户。若此处被写成 192.168.1.1,则代表只有 IP 地址为 192.168.1.1 的人才能登录该账户。若此处被写成 0.0.0.0,则代表任意 IP 地址的人都可以登录该账户。

MySQL 数据库在创建时默认含有 4 个用户,分别是 mysql.infoschema、mysql.session、mysql.sys、root。root 为最高权限的管理员,其余 3 种用户是 MySQL 防止元数据被轻易篡改而默认创建的用户。

mysql.session 用户用于内部访问服务器,由于该用户已被锁定客户端,所以无法连接,通过 mysql.session 用户可以查看 MySQL 数据库中正在运行的所有进程。

在实际工作中有将 root 账户删除的做法,因为 root 账户权限过大,所以被入侵服务器时首先会通过 root 账户进行扫描。解决方案为将 root 账户删除或重命名,并建立一个特权账户进行管理,删除 root 账户是一种常见的数据库安全运维方式。

MySQL 版本不同,密码的加密方式也不同。MySQL 8.0 调整了账号认证方式,把 caching_sha2_password 插件认证方式作为默认首选,这就导致很多需要使用密码登录的客户端登录 MySQL 8.0 时发生错误,此时,需要将 caching_sha2_password 加密插件改成 mysql_native_password 加密插件,这样客户就可正常使用了,SQL 语句如下:

```
ALTER USER 'root'@'%' IDENTIFIED WITH mysql_native_password BY 'root123';
```

有关于 user 的 plugin 加密插件不用过多关注,通常只有 MySQL 第 1 次登录时,或者第 1 次创建账号时需要注意一下。

在连接错误或者登录错误时都会含有加密插件错误的提示,根据提示可自行查询或更改。

3.5.2 用户的操作权限

通过 mysql.user 表可查询当前 MySQL 中用户含有哪些权限,SQL 语句如下:

```
select * from mysql.user;
```

查看用户权限中列的释义如表 3-6 所示。

表 3-6　查看用户权限中列的释义表

列　　值	字段类型	是否为空	默认值	说　　明
select_priv	enum('N','Y')	NO	N	是否可通过 SELECT 命令查询数据
insert_priv	enum('N','Y')	NO	N	是否可通过 INSERT 命令插入数据
update_priv	enum('N','Y')	NO	N	是否可通过 UPDATE 命令修改现有数据
delete_priv	enum('N','Y')	NO	N	是否可通过 DELETE 命令删除现有数据
create_priv	enum('N','Y')	NO	N	是否可创建新的数据库和表
drop_priv	enum('N','Y')	NO	N	是否可删除现有的数据库和表
grant_priv	enum('N','Y')	NO	N	是否可将自己的权限再授予其他用户
references_priv	enum('N','Y')	NO	N	是否可创建外键约束
index_priv	enum('N','Y')	NO	N	是否可对索引进行增、删、改操作
alter_priv	enum('N','Y')	NO	N	是否可重命名和修改表结构
execute_priv	enum('N','Y')	NO	N	是否可执行存储过程
repl_client_priv	enum('N','Y')	NO	N	是否可复制从服务器和主服务器的位置
create_view_priv	enum('N','Y')	NO	N	是否可创建视图
show_view_priv	enum('N','Y')	NO	N	是否可查看视图
event_priv	enum('N','Y')	NO	N	是否可创建、修改和删除事件
trigger_priv	enum('N','Y')	NO	N	是否可创建和删除触发器
……	……	……	……	……
				MySQL 8.0 的 user 表共 51 个参数,涉及账户的权限、安全、资源控制等内容

3.5.3　表的操作权限

在 mysql.tables_priv 表中存储着对表操作的权限,查询 mysql.tables_priv 表的语句如下:

```
select * from mysql.tables_priv;
```

运行后,结果集如图 3-29 所示。

```
+-----------+-------+--------------+------------+---------------+---------------------+------------+-------------+
| Host      | Db    | User         | Table_name | Grantor       | Timestamp           | Table_priv | Column_priv |
+-----------+-------+--------------+------------+---------------+---------------------+------------+-------------+
| localhost | mysql | mysql.session | user       | boot@         | 2022-06-23 12:52:38 | Select     |             |
| localhost | sys   | mysql.sys    | sys_config | root@localhost | 2022-06-23 12:52:38 | Select     |             |
+-----------+-------+--------------+------------+---------------+---------------------+------------+-------------+
2 rows in set (0.07 sec)
```

图 3-29　表权限的查询结果

mysql.tables_priv 表的字段说明如表 3-7 所示。

表 3-7　mysql.tables_priv 表的字段说明

列　值	释　义
host	主机名
db	数据库实例
user	账户
table_name	表名
grantor	哪个账户授予的权限
timestamp	授权时间
table_priv	table_name 库中的哪张表
column_priv	table_priv 表的所有列被赋予了哪些权限

3.5.4　列的操作权限

在 mysql.columns_priv 表中存储着对列操作的权限。查询 mysql.columns_priv 表的语句如下：

```
select * from mysql.columns_priv;
```

mysql.columns_priv 表的字段说明如表 3-8 所示。

表 3-8　mysql.columns_priv 表的字段说明

列　值	释　义
host	主机名
db	数据库实例
user	账户
table_name	表名
column_name	列名
timestamp	授权时间
column_priv	table_priv 表的 column_name 列被赋予了哪些权限

## 第 4 章

SQL 字符串的查询与处理

4.1　MySQL 8.0 中的字符串

字符指类字形单位或符号,包括字母、数字、运算符号、标点符号和其他符号,以及一些功能性符号。字符是电子计算机或无线电通信中字母、数字、符号的统称,其是数据结构中最小的数据存取单位,通常由 8 个二进制位(一字节)来表示一个字符。

4.1.1　字符、字符集与字符串

MySQL 中含有的字符串数据类型为 char、varchar、binary、varbinary、blob、longblob、longtext、tinyblob、tinytext、mediomblob、mediumtext、text、enum、set。

字符是计算机中经常用的二进制编码形式,也是计算机中最常用的信息形式。

字符串是字符的数组,字符串的内容通常可随意变化,并且可以任意提取字符串中的某一位进行展示。

字符集指规定字符的编码格式称作编码规范,以二进制形式存储字符,例如 ASCII 码在 1967 年第 1 次以规范标准的类型发表,字符集以二进制的方式进行记录字符,例如字符集中的 01000001 为大写字母 A,01100001 为小写字母 a,ASCII 码从 00000000 到 01111111 包括大小写字母、阿拉伯数字、常用标点等一共 128 个字符。

在过去一个字符集代表一份编码规则,中文、德语、英语、拉丁文都会含有对应自己文字的编码规则。对于中文 128 个字符完全不够用后,1980 年国家颁布《信息交换用汉字编码字符集-基本集 GB 2312—1980》其中涵盖了 6763 种常用简体汉字及一些标点、符号、数字、拉丁字母等。

GB 2312 与 ASCII 码的区别是,因为 GB 2312 使用两个 Byte(16 个 bit)存储一个字符,而 ASCII 码使用 1 字节(Byte)即 8 比特(bit)存储一个字符,所以 ASCII 码存储的上限为 256 个字符,而 GB2312 的上限为 65 536 个字符。

GB 2312 能涵盖的汉字较少,只存储了 6763 个汉字,后续微软推出了 GBK 作为拓展的字符集,其中增加了繁体汉字等相关内容,也是国内早期流行时间最久的字符集。

因为全世界各地字符集越来越多,所以最终世界各国协作开发了 Unicode,即统一码,这是计算机科学领域中的业界标准,包括字符集、编码方案等。Unicode 是为了解决传统的字符编码方案的局限而产生的,为每种语言中的每个字符设定了统一且唯一的二进制编码,以满足跨语言、跨平台进行文本转换、处理的要求。

在 Unicode 中汉字的"字"对应的数字是 23 383。在 Unicode 中,有很多方式将数字 23 383 表示成程序中的数据,包括但不限于 UTF-8、UTF-16、UTF-32 等转换格式/方式。

UTF 是 Unicode Transformation Format 的缩写,可以翻译成 Unicode 字符集转换格式,即怎样将 Unicode 定义的数字转换成程序数据。通常 Unicode 字符集转换格式也可被称作字符集或编码,例如 UTF-8 字符集、UTF-8 编码皆可。

国内使用最多的是 UTF-8 字符集,UTF-8 以字节为单位对 Unicode 进行编码。在 UTF-8 字符集中,一个英文字符占用一字节的存储空间,一个中文(含繁体)占用三字节的存储空间。

目前 MySQL 默认使用 utf8mb4 字符集,MySQL 在 5.5.3 版之后增加了 utf8mb4 的字符集,mb4 是 most Bytes 4 的意思,专门用来兼容四字节的 Unicode。utf8mb4 是 UTF-8 的超集,UTF-8 若想转换成 utf8mb4,则可直接进行转换,utf8mb4 兼容 UTF-8 字符集。为了节省空间,一般情况下使用 UTF-8。

因为随着互联网的发展,产生了许多新类型的字符,utf8mb4 扩展了许多新的字符内容,其中包括 emoji 表情(四字节存储)等新兴内容,所以设计数据库时若允许用户使用特殊符号,则最好使用 utf8mb4 编码来存储,这样可使数据库有更好的兼容性,但是此种设计会导致耗费更多的存储空间。

4.1.2 字符集与排序

MySQL 包括字符集支持,能够使用各种字符集存储数据,并根据各种排序进行比较。默认的 MySQL 服务器字符集和排序规则是 utf8mb4 和 utf8mb4_0900_ai_ci,但可以在服务器、系统、数据库、表、列和字符串文字级别指定字符集。

字符集数量较多,其目的是使某些字符集支持某些国家的语言,例如中国、俄罗斯等不同语言。

因为语言需要进行排序,所以衍生出多种不同的排序规则,例如"中文可以用笔画数进行排序""中文可以用汉语拼音首字母进行排序",其中可以理解 utf8mb4 代表中文,utf8mb4_0900_ai_ci 代表中文的一种排序规则。当然目前仅限于以此种方式进行理解,目前中文并没有太多可直观感受到的排序能力。

1. MySQL 支持的字符集

查看当前 MySQL 数据库支持的字符集的 SQL 语句如下:

```
show character set;
```

运行后,结果集如图 4-1 所示(仅展示部分内容)。

```
+----------+------------------------+--------------------+--------+
| Charset  | Description            | Default collation  | Maxlen |
+----------+------------------------+--------------------+--------+
| armscii8 | ARMSCII-8 Armenian     | armscii8_general_ci|      1 |
| ascii    | US ASCII               | ascii_general_ci   |      1 |
| big5     | Big5 Traditional Chinese| big5_chinese_ci   |      2 |
| binary   | Binary pseudo charset  | binary             |      1 |
| cp1250   | Windows Central European| cp1250_general_ci |      1 |
| cp1251   | Windows Cyrillic       | cp1251_general_ci  |      1 |
| cp1256   | Windows Arabic         | cp1256_general_ci  |      1 |
| cp1257   | Windows Baltic         | cp1257_general_ci  |      1 |
```

图 4-1　当前 MySQL 数据库支持的字符集（部分）

图 4-1 中的字段释义如表 4-1 所示。

表 4-1　character set 的字段释义

字　　段	释　　义	字　　段	释　　义
Charset	结果集名称	Default collation	默认排序规则
Description	结果集注释	Maxlen	最大字节数

通过如下 SQL 语句可查看当前 MySQL 数据库支持的排序规则。

```
♯查看数据库全部支持的排序规则
show collation;
♯仅查看数据库支持的有关 UTF-8 的排序规则
show collation where charset like 'utf8%';
```

运行后，结果集如图 4-2 所示（仅展示部分内容）。

```
+---------------------+---------+-----+---------+----------+---------+---------------+
| Collation           | Charset | Id  | Default | Compiled | Sortlen | Pad_attribute |
+---------------------+---------+-----+---------+----------+---------+---------------+
| utf8mb4_0900_ai_ci  | utf8mb4 | 255 | Yes     | Yes      |       0 | NO PAD        |
| utf8mb4_0900_as_ci  | utf8mb4 | 305 |         | Yes      |       0 | NO PAD        |
| utf8mb4_0900_as_cs  | utf8mb4 | 278 |         | Yes      |       0 | NO PAD        |
| utf8mb4_0900_bin    | utf8mb4 | 309 |         | Yes      |       1 | NO PAD        |
| utf8mb4_bin         | utf8mb4 |  46 |         | Yes      |       1 | PAD SPACE     |
| utf8mb4_croatian_ci | utf8mb4 | 245 |         | Yes      |       8 | PAD SPACE     |
| utf8mb4_cs_0900_ai_ci| utf8mb4| 266 |         | Yes      |       0 | NO PAD        |
| utf8mb4_cs_0900_as_cs| utf8mb4| 289 |         | Yes      |       0 | NO PAD        |
| utf8mb4_czech_ci    | utf8mb4 | 234 |         | Yes      |       8 | PAD SPACE     |
| utf8mb4_danish_ci   | utf8mb4 | 235 |         | Yes      |       8 | PAD SPACE     |
| utf8mb4_da_0900_ai_ci| utf8mb4| 267 |         | Yes      |       0 | NO PAD        |
| utf8mb4_da_0900_as_cs| utf8mb4| 290 |         | Yes      |       0 | NO PAD        |
| utf8mb4_de_pb_0900_ai_ci| utf8mb4|256|       | Yes      |       0 | NO PAD        |
| utf8mb4_de_pb_0900_as_cs| utf8mb4|279|       | Yes      |       0 | NO PAD        |
| utf8mb4_eo_0900_ai_ci| utf8mb4| 273 |         | Yes      |       0 | NO PAD        |
| utf8mb4_eo_0900_as_cs| utf8mb4| 296 |         | Yes      |       0 | NO PAD        |
```

图 4-2　仅查看数据库支持的有关 UTF-8 的排序规则的结果集

图 4-2 中的字段释义如表 4-2 所示。

表 4-2　collation 的字段释义

字　　段	释　　义
Collation	排序规则
Character Set	字符集（文中很多地方也用 Charset 一词，Character Set 与之相同）
Compiled	是否将字符集编译到服务器中
Sortlen	字符串进行排序所需的内存量

MySQL 支持多种 Charset 字符集。每种 Charset 字符集最少含有一种 Collation 排序规则,并且每种 Charset 字符集会含有一个默认的 Collation 排序规则。每两个 Charset 字符集之间都不存在相同的 Collation 排序规则。

可以看到每种 Collation 排序规则的结尾都带有后缀,其中包括_ai、_as、_ci、_cs、_ks、_bin,具体含义如下:

(1) _ai 代表 Accent-insensitive,为不区分重音。

(2) _as 代表 Accent-sensitive,为区分重音。

(3) _ci 代表 Case-insensitive,为不区分大小写。

(4) _cs 代表 Case-sensitive,为区分大小写。

(5) _ks 代表 Kana-sensitive,为片假名敏感。

(6) _bin 代表 Binary,为二进制排序,即字节的排序。

注意:_bin 结尾的二进制排序规则与创建字段类型中的 binary、varbinary 和 blob 数据类型是完全不同的两回事。二进制字段类型的字符串是字节的序列,这些字节的数字值决定了比较和排序顺序。对于二进制排序,比较和排序基于数字字节值。非二进制字符串是字符序列,可能是多字节。非二进制字符串的排序定义了用于比较和排序的字符值的顺序。对于_bin 排序,此排序基于数字字符代码值,类似于二进制字符串的排序,除了字符代码值可能是多字节。

简而言之,国内在大部分情况下使用 utf8 或 utf8mb4 字符集,以 utf8 为例,会有许多种不同的排序方式,

假设需要针对 role 表的 role_remarks 角色释义字段进行 order by 排序,因为 role_remarks 角色释义字段为 varchar(255)类型,所以排序规则将以设定的字符集排序规则进行 order by 排序。

字符集排序规则包括管理 select 查询之后默认的排序。从 MySQL 8.0 版本开始 group by 分组不含有隐式排序,在 MySQL 8.0 版本以前程序员通常会编写 order by null 代码来抑制 group by 分组后的隐式排序。未来则不需要了,因为 order by null 的 Bug 很多,所以继 MySQL 8.0 版本之后,官方建议最好给 group by 分组后的 SQL 语句提供 order by 子句。

utf8mb4 是 utf8 的超集,理论上所有 utf8 字符集的数据都可以无缝衔接地升级到 utf8mb4 字符集。随着互联网的发展,产生了许多新类型的字符,例如 emoji 类的符号,该字符的出现不在基本多平面的 Unicode 字符中,导致无法在 MySQL 中使用 utf8 存储,MySQL 于是对 utf8 字符进行了扩展,增加了 utf8mb4 编码。

在实际工作中尤其要注意服务器、系统、数据库、表的字符集最好保持一致,否则容易出现字符集异常。通常只需修改列的字符集排序规则,并且针对 Collation 字符集排序规则除了对 order by 排序之外,也会影响 distinct(去重)、Sub Query(子查询)、Inner Query(内查

询)及 group by(分组)、大于小于或等于条件等 SQL 语句或函数的执行结果。

2. 查看服务器、系统的字符集

查看整个服务器、系统、数据库的字符集的 SQL 语句如下：

```
show variables like '%character%';
```

运行后,结果集如图 4-3 所示。

```
+--------------------------+--------------------------------------------------+
| Variable_name            | Value                                            |
+--------------------------+--------------------------------------------------+
| character_set_client     | utf8mb4                                          |
| character_set_connection | utf8mb4                                          |
| character_set_database   | utf8mb4                                          |
| character_set_filesystem | binary                                           |
| character_set_results    | utf8mb4                                          |
| character_set_server     | utf8mb4                                          |
| character_set_system     | utf8mb3                                          |
| character_sets_dir       | /usr/local/Cellar/mysql/8.0.29/share/mysql/charsets/ |
+--------------------------+--------------------------------------------------+
```

图 4-3   查看当前服务器字符集的结果集

图 4-2 中的字段释义如表 4-3 所示。

表 4-3   show variables like '%character%' 的字段释义

字　　段	释　　义
Variable_name	系统变量名称
Value	系统变量值

图 4-3 中的具体内容释义如表 4-4 所示。

表 4-4   show variables like '%character%' 具体内容释义

系统变量名称	释　　义
character_set_client	客户端使用的字符集
character_set_connection	连接数据库时的字符集,若程序中没有指明连接数据库使用的字符集类型,则按照 character_set_connection 字符集进行设置
character_set_database	用于设置默认创建数据库的编码格式,若在创建数据库时没有设置编码格式,则按照 character_set_database 进行设置
character_set_filesystem	文件系统的编码格式
character_set_results	数据库给客户端返回时使用的编码格式,若 SQL 语句没有具体指明返回的编码格式,则使用服务器默认的编码格式 character_set_results
character_set_server	服务器安装时指定的默认编码格式,其变量建议由系统自行管理,不要人为定义,人为定义有可能会对数据库造成不可逆的损害
character_set_system	数据库系统使用的编码格式,用于存储系统元数据的编码格式,不要人为进行设置,人为设置有可能会对数据库造成不可逆的损害
character_sets_dir	字符集用于安装的目录

3. 查看数据库实例的字符集

数据库的字符集属于数据库元数据范畴之内的数据,存储在 information_schema 中,本书 1.3.1 节有所提及,查询数据库实例的字符集的 SQL 语句如下：

```
select
    schema_name as 数据库实例名称,
    default_character_set_name as 字符集
from
    information_schema.schemata;
```

运行后,结果集如图 4-4 所示。

4. 查看表的相关信息

通过 show 关键字同样可以查询表的相关信息,与
information_schema.tables 表展示的内容相类似,SQL 语
句如下:

```
#查看 learnSQL 库下全部表的相关信息
show table status from learnSQL;
#查看 learnSQL 库下'teacher'表的相关信息
show table status from learnSQL like 'teacher';
```

数据库实例名称	字符集
mysql	utf8mb4
information_schema	utf8mb3
performance_schema	utf8mb4
sys	utf8mb4
esif	utf8mb4
learnSQL	utf8mb3
learnSQL2	utf8mb4

图 4-4 查看数据库实例字符集的
结果集

注意:对于 MySQL 数据库来讲,数据库实例、表、字段分别可能存在不同的字符集,以
上内容含有查看数据库实例和表的结果集,字段的结果集的查询方式可参考 3.3 节。

5. 创建表时设置字符集排序

在 SQL 的 create 语句中可以通过 character set 关键字指定字符集,SQL 语句如下:

```
create table t(
    c1 varchar(20) character set utf8mb4,
    c2 text character set latin1 collate latin1_general_cs
);
```

运行后,结果如下:

```
Query OK, 0 rows affected (0.01 sec)
```

如此就可以将某列单独规定为某一字符集,而不用将整张表都规定为某一字符集。此
表用于创建一个名为 c1 的列,其字符集为 utf8mb4,该字符集默认排序,此表还用于创建一
个名为 c2 的列,该列具有 latin1 的字符集和区分大小写的排序(_cs)。

6. 修改表时设置字符集与字符集排序规则

在 SQL 的 alter 语句中通过 character set 关键字指定字符集,通过 collate 关键字指定
排序规则,修改表时设置字符集与字符集排序规则的 SQL 语句如下:

```
#修改数据库字符集排序
alter database learnSQL character set utf8mb4;

#修改表的字符集及排序规则
alter table t2 convert to character set utf8mb4 collate utf8mb4_0900as_ci;
```

运行后,结果如下:

```
Query OK, 0 rows affected (0.01 sec)
```

7. charset 关键字和 convert 关键字

charset 关键字可以返回字符串参数的字符集,SQL 语句如下:

```
select charset('abc');
```

运行后,结果集如图 4-5 所示。

convert 关键字可以对语句字符集进行转换,其语法格式如下:

```
convert(expr using transcoding_name)
```

expr 为指定的字符串,using 为关键字(固定写法)。

transcoding_name 指字符集名称。

使用 convert 关键字对'abc'字符串进行转化后,可再使用 charset 关键字返回字符串格式,其 SQL 语句如下:

```
select charset(convert('abc' using latin1));
```

运行后,结果集如图 4-6 所示。

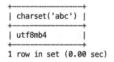

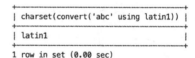

图 4-5　charset('abc')的结果集　　　图 4-6　charset(convert('abc' using latin1))的结果集

8. 中文排序

中文排序可将 utf8mb4 字符集改成 GBK 字符集,GB 2312—80 是国家颁布的字符集,GBK 编码是在 GB 2312—80 标准基础上的内码扩展规范,使用了双字节编码方案。

GBK 编码范围从 8140 至 FEFE(剔除 xx7F),共 23 940 个码位,共收录了 21 003 个汉字,完全兼容 GB 2312—80 标准,支持国际标准 ISO/IEC 10646-1 和国家标准 GB 13000-1 中的全部中日韩汉字,并包含了 BIG5 编码中的所有汉字。

GBK 编码方案于 1995 年 10 月制定,1995 年 12 月正式发布,中文版的 Windows 95、Windows 98、Windows NT 及 Windows 2000、Windows XP、Windows 7 等都支持 GBK 编码方案。

使用 GBK 进行中文排序的 SQL 语句如下:

```
select * from teacher order by convert(name using gbk) asc;
```

运行后,结果集如图 4-7 所示。

teacher 表中 name 字段原本的字符集为 utf8mb4,其排序规则为 utf8mb4_0900_ai_ci,若不通过 GBK 的 gbk_chinese_ci 排序规则而直接进行排序,则 SQL 语句如下:

```
select * from teacher order by name asc;
```

运行后,结果集如图 4-8 所示。

```
+----+--------+
| id | name   |
+----+--------+
|  4 | 李老师  |
|  2 | 钱老师  |
|  3 | 孙老师  |
|  1 | 赵老师  |
|  5 | 周老师  |
+----+--------+
5 rows in set (0.00 sec)
```

```
+----+--------+
| id | name   |
+----+--------+
|  5 | 周老师  |
|  3 | 孙老师  |
|  4 | 李老师  |
|  1 | 赵老师  |
|  2 | 钱老师  |
+----+--------+
5 rows in set (0.00 sec)
```

图 4-7　gbk_chinese_ci 的中文排序的结果集　　图 4-8　utf8mb4_0900_ai_ci 的中文排序的结果集

4.1.3　字符串各数据类型的存储空间

MySQL 的字符串各数据类型所需的具体存储空间如表 4-5 所示。

表 4-5　字符串类型存储空间要求

数 据 类 型	需要的存储空间
char(M)	M×w 字节,0≤M≤255,其中 w 是字符集中最大长度字符所需的字节数
binary(M)	M Bytes, 0≤M≤255
varchar(M)、varbinary(M)	L+1 Bytes 列值需要 0～255 字节,若值可能需要超过 255 字节,则为 L+2 字节
tinyblob、tinytext	L+1 Bytes, where L<28
blob、text	L+2 Bytes, where L<216
mediomblob、mediumtext	L+3 Bytes, where L<224
longblob、longtext	L+4 Bytes, where L<232
enum('value1','value2',…)	1 或 2 字节,具体取决于枚举值的数量(最多 65 535 个值)
set('value1','value2',…)	1、2、3、4 或 8 字节,具体取决于集合成员的数量(最多 64 个成员)

M 表示非二进制字符串类型的字符和二进制字符串类型字节的声明列长。L 表示给定字符串值的实际长度(以字节为单位)。

varchar、varbinary、blob 及 text 类型是可变长度的类型。对于每种类型存储需求取决于列值的实际长度、列的最大可能长度、列使用的字符集等因素。

对于字符、字符串列(char、varchar 和 text 类型)的定义,MySQL 以字符单位解释长度规范。对于二进制字符串列(binary、varbinary 和 blob 类型)的定义,MySQL 以字节单位解释长度规范。

字节(Byte)是计量单位,表示数据量的多少,是计算机信息技术用于计量存储容量的一种计量单位,通常情况下一字节等于八位。字符(Character)是计算机中使用的字母、数字、字和符号,例如 'A'、'B'、'$'、'&' 等。一般在英文状态下一个字母或字符占用一字节,一个汉字用两字节表示。

在实际工作中,像男、女等固定标识符的字符串通常使用 char(M)类型,较长句子通常使用 varchar(M)类型,更长的文章等内容通常使用 text 类型或 longtext 类型,二进制内容通常被存储为 blob 类型。

4.1.4　char 类型与 varchar 类型

char 类型与 varchar 类型相似,但存储和检索的方式不同,char 类型与 varchar 类型在最大长度和存储空间方面也存在差异。

创建表时将字段设置为 char 类型的 SQL 语句如下:

```
create table test_char(t1 char(5));
```

创建表时将字段设置为 varchar 类型的 SQL 语句如下:

```
create table test_varchar(t1 varchar(5));
```

分别向 test_char 和 test_varchar 两张表添加测试数据,SQL 语句如下:

```
insert into test_char values('ab   ');
insert into test_varchar values('ab   ');
#注:ab 之后含有 3 个空格
```

除上述写法之外 insert 还有以下两种写法,与上述语句等价的 SQL 语句如下:

```
insert into test_char set t1 = 'ab   ';
insert into test_char(t1) values('ab   ');
```

多列 insert 语句的编写方式如下:

```
//4.1.4 char 类型与 varchar 类型.sql

#以普通方式插入多列
insert into test_varchar4 values('ab   ','33');
#以 set 方式插入多列,SQL 语句如下
insert into test_varchar4 set t1 = 1, t2 = 3;
#以字段与值对比方式插入多列
insert into test_varchar4(t1,t2) values('ab   ','44');
```

上述 insert 语句均是等价的,此处仅为了展示不同 insert 关键字的使用方法。本书测试只在 test_char 与 test_varchar 的每张表新增了一条 t1 = 'ab   '的数据,然后使用 length()函数查询两个字段分别所存储的文字个数,SQL 语句如下:

```
select length(t1) from test_char;
select length(t1) from test_varchar;
```

运行后,使用 length()函数查询 char 类型文字个数的结果集如图 4-9 所示,使用 length()函数查询 varchar 类型文字个数的结果集如图 4-10 所示。

在本例中可以很明显地看出,char 类型只存储了两个文字,即 char 类型会省略空格不进行存储,而 varchar 类型则会将空格视为字符串中的文字。上述测试为 char 与 varchar

```
+-----------+
| length(t1) |
+-----------+
|         2 |
+-----------+
1 row in set (0.00 sec)
```

```
+-----------+
| length(t1) |
+-----------+
|         5 |
+-----------+
1 row in set (0.00 sec)
```

图4-9　char类型中所存储文字个数的结果集　　图4-10　varchar类型中所存储文字个数的结果集

的存储内容上的差异。

以 varchar(5) 与 char(5) 的类型为例,表 4-6 中通过显示将各种字符串值存储到 char(4) 和 varchar(5) 列中的结果,说明了 char 和 varchar 之间所需存储空间的差异。

表4-6　char与varchar的存储差异

存储的字符串	char 所需空间	varchar 所需空间
''	5 字节	1 字节
'ab'	5 字节	3 字节
'abcde'	5 字节	6 字节

4.1.5　varchar 类型的长度误区

在过往程序中,很容易见到 varchar 类型被设置为 varchar(255),即将 varchar 类型的长度指定为 255,但实际上 varchar 长度的最大范围可被设置为 65 535 字节,即 16 383 字符长度。

varchar 长度的最大范围可被设置为 65 535 字节,其原因是 MySQL 对行大小进行了限制,最大行大小被限制为 65 535 字节。无论存储引擎如何,该限制都是强制执行的,即使存储引擎可能支持更大的行。

字符长度被计算为 16 383 的原因是 MySQL 中 varchar 的最大长度范围为 65 535 字节,因为 utf8mb4 将一个汉字占用 4 字节作为一个字符,所以最大可将 varchar 设置为 65 535/4 即 16 383 个字符。

创建 utf8mb4 字符集下 varchar 类型指定字符长度为 16 383 的 SQL 语句如下:

```
create table test_varchar2(t1 varchar(16383));
```

当超过该字符单位时将报错如下:

```
ERROR 1074 (42000): Column length too big for column 't1' (max = 16383); use BLOB or
TEXT instead
```

若要替换掉 utf8mb4 并更改为其他类型,则 varchar 字符长度会动态地进行变化。创建 latin1 字符集下 varchar 类型指定字符长度为 32 766 的 SQL 语句如下:

```
create table test_varchar3(t1 varchar(32766))ENGINE = InnoDB CHARACTER SET latin1;
```

此时 SQL 语句即可运行成功,基于此 SQL 语句可看出 varchar 的最大字符长度是根据字符集的不同而变动的,并非固定为 255、16 383。需要针对字符集中一个字符占用几字节进行计算,而 MySQL 最大字节长度是不变的,单个字符串的最大字节长度仅受限于

65 535。

　　"老程序员"将 varchar 习惯性地设置为 255 的原因是 InnoDB 引擎的索引限制,若需要建立 InnoDB 引擎的索引(此处指单个索引,不包含组合索引),则单个字段不能超过 767 字节,同时当达到该字节数时 MySQL 会进行警告,当达到单个索引的字节上限时不会报错。

　　使用 utf8 编码的情况下 255×3＝765 字节,因为在 varchar 指定 255 长度时刚刚好为 InnoDB 引擎设置索引的临界点,所以"老程序员"将 varchar 指定为 255 长度是一种"不会犯错"的举动。

　　以上 utf8 编码与 utf8mb4 稍有区别,即 utf8 编码只支持 3 字节为 1 个字符,而 utf8mb4 在支持 3 字节为 1 个字符的同时又支持 4 字节为 1 个字符。不过习惯上以字节作为 MySQL 单行存储单位进行思考,这样就可以减少出现单行被 MySQL 限制的问题了。

　　当超过 utf8 字符集与 utf8mb4 字符集设置的 varchar 类型并指定 255 以上字符作为字段时索引只会取前 767 字节作为索引(255 个字符),因为后续跟随的内容会被舍弃,所以查询效率上会有明显差异。

　　除索引之外,MySQL 推荐使用 utf8 字符集与 utf8mb4 字符集使用 varchar 作为类型并指定 255 字符的原因是:"若超出 255 个字符,则 varchar 会隐式地被转换为其他类型",此时查询该表相关信息仍然会被展示为 varchar 类型,但其实会进行隐式更改。

　　例如大于 varchar(255)但小于 varchar(500)时会被隐式地转换为 tinytext 类型;大于 varchar(500)但小于 varchar(20000)时会被隐式地转换为 text 类型;大于 varchar(20000)时会被隐式地转换为 mediumtext 类型。

4.1.6　binary 类型与 varbinary 类型

1. 初步讲解

　　binary 类型与 varbinary 类型用于存储二进制的字符串,也可称为字节类型字符串。char 类型与 varbinary 类型为字符类型的字符串。

　　存储内容的不同意味着 binary 类型与 varbinary 类型有二进制的字符集(binary)和排序规则,比较和排序将基于值中字节的数字值。

　　binary 类型与 varbinary 类型所允许的最大长度与 char 和 varchar 相同,只是 binary 和 varbinary 的长度以字节而不是字符来衡量。

　　创建 binary 类型的表,SQL 语句如下:

```
create table test_binary(t1 binary(3));
```

　　使用 insert 关键字添加 binary 类型字段的数据,SQL 语句如下:

```
insert into test_binary values('a');
```

　　查询 binary 类型字段的数据,SQL 语句如下:

```
select * from test_binary;
```

运行后,结果集如图 4-11 所示。

binary 类型的特性会自动填充字节,达到指定长度。示例中创建了 test_binary 表,并将 t1 字段设置为 binary 类型,将长度指定为 3。

因为此情况下只新增了 'a' 单一的字符,所以 binary 类型会自动填充 '\0' 直到达到指定长度。使用 SQL 语句可查看当前 t1 字段的填充情况,SQL 语句如下:

```
select t1 = 'a\0\0', t1 = 'a\0',t1 = 'a'  from test_binary;
```

运行后,结果集如图 4-12 所示。

此后删除 test_binary 表中的数据,并添加 'abc' 字符,再进行查询,SQL 语句如下:

```
# 删除 test_binary 表中的数据
delete from test_binary;
# 将 abc 字符添加到 test_binary 表
insert into test_binary values('abc');
# 判断 test_binary 表中的数据是否等于 abc
select t1 = 'abc' from test_binary;
```

运行后,查询结果集如图 4-13 所示。

```
+----------+
| t1       |
+----------+
| 0x610000 |
+----------+
1 row in set (0.00 sec)
```

图 4-11 查询 binary 类型字段的数据的结果集

```
+--------------+----------+---------+
| t1 = 'a\0\0' | t1='a\0' | t1='a'  |
+--------------+----------+---------+
|            1 |        0 |       0 |
+--------------+----------+---------+
1 row in set (0.00 sec)
```

图 4-12 查询 binary 类型填充情况的结果集

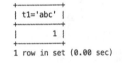

```
+----------+
| t1='abc' |
+----------+
|        1 |
+----------+
1 row in set (0.00 sec)
```

图 4-13 判断 test_binary 表中的数据是否等于 abc 的结果集

2. hex() 函数与 unhex() 函数

hex() 函数用来把字符串或者数字转换为十六进制,hex() 函数的语法如下:

```
hex(str);
hex(N);
```

hex() 函数的特性如下:

对于字符串参数 str,hex() 函数返回 str 的十六进制字符串,其中 str 中的每个字符的每字节都被转换为两个十六进制数字。此操作的逆操作由 unhex() 函数执行。

对于数字参数 N,hex() 函数返回一个十六进制字符串,用来表示数字参数 N。该值被视为长数字类型(bigint)。该方式等同于使用 conv(N,10,16)。此操作的逆操作由 conv(N,16,10) 函数执行。

对于参数 null,hex() 函数返回 null。针对 hex() 函数与 unhex() 函数的中文字符串测试,SQL 语句如下:

```
select
    convert(unhex(hex('你好')) using utf8mb4),
    convert(hex('你好') using utf8mb4);
```

运行后,结果集如图 4-14 所示。

convert(UNHEX(HEX('你好')) using utf8mb4)	convert(HEX('你好') using utf8mb4)
你好	E4BDA0E5A5BD

1 row in set (0.00 sec)

图 4-14　针对 hex() 函数与 unhex() 函数的中文字符串测试的结果集

注意:此测试规定了 utf8mb4 字符集,若不进行规定,则无法展示出相应效果,即 hex() 函数转换后的中文无法使用 unhex() 函数转换回来。可自行测试不规定字符集的效果。

针对 hex() 函数与 unhex() 函数的数字测试,SQL 语句如下:

```
select
      hex(123),
      unhex(hex(123),16,10);
```

运行后,结果集如图 4-15 所示。

HEX(123)	CONV(HEX(123),16,10)
7B	123

1 row in set (0.00 sec)

图 4-15　针对 hex() 函数与 unhex() 函数的数字测试的结果集

针对 hex() 函数与 unhex() 函数的 null 值测试,SQL 语句如下:

```
select hex(null),unhex(hex(null));
```

运行后,结果集如图 4-16 所示。

3. bin() 函数

bin() 函数用来把数字转换为二进制,bin() 函数的语法如下:

```
bin(N);
```

bin() 函数用来返回 N 的二进制值的字符串表示形式,其中 N 是 longlong(bigint)编号,相当于 conv(N,10,2)。此操作的逆操作由 conv(N,2,10)函数执行,SQL 语句如下:

```
select bin(123),conv(123,10,2),conv(1111011,2,10);
```

运行后,结果集如图 4-17 所示。

HEX(NULL)	UNHEX(HEX(NULL))
NULL	NULL

1 row in set (0.00 sec)

图 4-16　针对 hex() 函数与 unhex() 函数的 null 值测试的结果集

bin(123)	conv(123,10,2)	conv(1111011,2,10)
1111011	1111011	123

1 row in set (0.00 sec)

图 4-17　bin() 函数运用示例的结果集

4. binary() 函数

binary() 函数用来把字符转换为二进制。binary() 函数的语法如下:

```
BINARY(str);
```

字符串转换为二进制的 SQL 语句如下：

```
select binary("你好张方兴");
```

运行后，结果集如图 4-18 所示。

5. cast()函数

cast()函数是 MySQL 数据转换中最强大的函数，也是最常用的函数，cast()函数的语法如下：

```
+------------------------------------+
| binary("你好张方兴")                 |
+------------------------------------+
| 0xE4BDA0E5A5BDE5BCA0E696B9E585B4   |
+------------------------------------+
1 row in set, 1 warning (0.01 sec)
```

图 4-18　binary()函数运用示例的结果集

```
CAST(expr AS type [ARRAY])
```

其语法中 expr 指"类型＋所需要转换的内容"或者只写所需转换的内容，AS 为固定写法，type 指要转换的 MySQL 中的数据类型。建议编写 expr 时都编写上转换内容的类型，以免转换时出现转换类型的相关异常。

cast()函数可将任何类型的值转换为具有指定类型的值。目标类型可以是以下类型之一：binary、char、date、datetime、time、decimal、signed、unsigned。

cast()函数通常用于返回具有指定类型的值，以便在 where、join、having 子句中进行比较。

cast()函数在生成 varbinary 数据类型的字符串时除非表达式 expr 为空（长度为 0），其结果类型为 binary(0)。

若给定了可选长度 N，则 binary(N)会使转换时所使用的参数不超过 N 字节。小于 N 字节的值用 0x00 字节填充，长度为 N。

若提供或计算的长度大于内部阈值，则结果类型为 blob。若长度仍然太长，则结果类型为 longblob。

cast()函数调用，SQL 语句如下：

```
select cast("你好" as binary);
```

运行后，结果集如图 4-19 所示。

cast()函数是"万能转换函数"，也是最常用的转换数据类型的函数，其他转换函数所转换后获取的内容并无不同，SQL 语句如下：

```
select cast("你好" as binary) = (select binary("你好"));
```

运行后，结果集如图 4-20 所示。

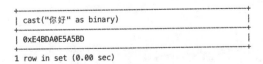

```
+----------------------+
| cast("你好" as binary) |
+----------------------+
| 0xE4BDA0E5A5BD       |
+----------------------+
1 row in set (0.00 sec)
```

图 4-19　cast()函数将数据转换为 binary 的结果集

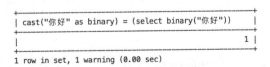

```
+-------------------------------------------------+
| cast("你好" as binary) = (select binary("你好")) |
+-------------------------------------------------+
|                                               1 |
+-------------------------------------------------+
1 row in set, 1 warning (0.00 sec)
```

图 4-20　cast()函数与 binary()函数比较内容的结果集

同时 cast()函数还会将不符合数据类型的数据强行转换成符合数据类型,SQL 语句如下:

```
select cast("1979aaa" as year);
```

运行后,结果集如图 4-21 所示。

不要过度依赖 cast()函数的数据强转能力,因为 cast()函数的数据强转只以数据近似值作为基础,所以有时会出现不确定性,SQL 语句如下:

```
select cast(66.35 as year), cast(66.50 as year);
```

运行后,结果集如图 4-22 所示。

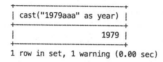

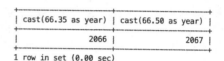

图 4-21　cast()函数强转数据的结果集　　　图 4-22　cast()函数强转数据不确定的结果集

如上述例子的结果集所示,因为 cast()函数最终将 66.35 转换成了 2066 年而不是 1966年,所以不能过度依赖 cast()函数的数据强转特性。

6. 二进制内存储读取中文字符串

创建新的二进制表后分别将"你好"和"方兴"两个字符串存储到二进制变量中,最后将字符串提取并展示出来,SQL 语句如下:

```
//4.1.6 binary 类型与 varbinary 类型.sql

#创建表
create table test_binary2(t1 binary(15));

#将'你好'字符串添加到二进制表
insert into test_binary2 set t1 = binary("你好");
#将'方兴'字符串添加到二进制表
insert into test_binary2 set t1 = binary("方兴");

#读取 test_binary2 二进制表中的数据
select cast(binary t1 as char) from test_binary2;
```

运行读取 test_binary2 二进制表中的数据后,结果集如图 4-23 所示。

```
+-----------------------+
| cast(binary t1 as char) |
+-----------------------+
| 方兴                  |
| 你好                  |
+-----------------------+
2 rows in set, 1 warning (0.00 sec)
```

图 4-23　读取 test_binary2 二进制表中的数据的结果集

4.1.7　blob 类型与 text 类型

blob 是一个大型的二进制数据类型,可以容纳可变数量的数据。4 种 blob 类型是 tinyblob、blob、mediumblob 和 longblob。这 4 种 blob 的特性除了存储内容上限不同之外,其他特性均相同。

text 是一个大型的字符类型,可以容纳可变数量的数据。text 同样含有 4 种类型,分别是 tinytext、text、mediumtext 和 longtext。

可以把 blob 看作前文提到的 binary 类型与 varbinary 类型的更大号版本。

可以把 text 看作前文提到的 char 类型与 varchar 类型的更大号版本。

4.1.8　enmu 类型

enmu 为枚举类型,MySQL 的 enmu 类型与 Java 中的 enmu 类型有些类似,在创建 N 个枚举值之后,该字段只能挑选 N 个枚举值中的一个作为该字段的内容,

枚举值必须是引号字符串文字。创建 enmu 枚举类型测试表,SQL 语句如下:

```
//4.1.8 enmu 类型.sql

#创建表
create table test_enmu(
    id VARCHAR(40),
    my_enmu ENUM('enmu1', 'enmu2', 'enmu3', 'enmu4', 'enmu5')
);

#添加数据
insert into test_enmu(id, my_enmu) values('1','enmu1'), ('2','enmu2');

#读取数据
select * from test_enmu;
```

运行读取 test_enmu 表中的数据后,结果集如图 4-24 所示。

```
+------+---------+
| id   | my_enmu |
+------+---------+
| 1    | enmu1   |
| 2    | enmu2   |
+------+---------+
2 rows in set (0.00 sec)
```

图 4-24　读取 test_enmu 表中的数据的结果集

若添加了不属于其枚举范围的值,则报错如下:

```
#添加不属于枚举范围的枚举值
insert into test_enmu(id, my_enmu) VALUES('3','enmu100');

#添加后的报错
ERROR 1265 (01000): Data truncated for column 'my_enmu' at row 1
```

4.1.9　set 类型

　　set 是一个字符串对象,可以具有 0 个或多个值,每个值都必须从创建表时指定的允许值列表中选择。

　　set 由多个集合成员组成的 set 列值指定为以逗号分隔的成员,逗号仅作为分隔,set 的实际值本身不包含逗号。

　　set 列最多可以有 64 个不同的成员。

　　简而言之,set 类型类似于 enmu 类型的数组方式,创建有关 set 字段类型的表,SQL 语句如下:

```
create table test_set(t1 set('one', 'two', 'three', 'four'));
```

　　此时添加 test_set 表中 t1 字段只能编写为'one'、'two'、'three'、'four'中的一个或多个,SQL 语句如下:

```
//4.1.9 set 类型.sql

#添加相关数据
insert into test_set(t1) values("one");
insert into test_set(t1) values("one,two")

#查询相关数据
select * from test_set;
```

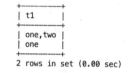

图 4-25　查询 set 相关数据的结果集

　　运行后,查询相关数据的结果集如图 4-25 所示。

　　set 数据类型需要注意许多事项,如下所示。

　　(1) 在通过语句 insert into 添加相关数据时"one,two"不能有空格,若有空格,则会报错。其报错与输入非 set 内部数据时的报错相同,报错内容如下:

```
//4.1.9 set 类型.sql

#发生报错的 SQL 语句 1
insert into test_set(t1) values("oneb,twoa");
#发生报错的 SQL 语句 2(one 后增加了一个空格)
insert into test_set(t1) values("one ,two");

#报错内容
ERROR 1265 (01000): Data truncated for column 't1' at row 1
```

　　(2) 若未来多写几个枚举变量,则依旧以逗号作为分隔符往后写。

　　(3) 若 insert into 添加相关数据时为"three,three",则数据库只录入一个,SQL 语句如下:

```
insert into test_set(t1) values("three,three");
```

运行后,查询表中有关"three,three"数据内容的结果集如图 4-26 所示。

(4) 虽然在字段内容的最后位置增加空格不会报错,但是尽可能不要写成如此不规范的情况,SQL 语句如下:

```
insert into test_set(t1) values("one,four ");          #four 后增加了一个空格
```

运行后,查询表中有关于"one,four "数据内容的结果集如图 4-27 所示。

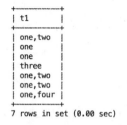

图 4-26　查询"three,three"的结果集　　　图 4-27　查询"one,four"的结果集

4.2　字符串相关常用函数

MySQL 中一共含有 60 种不同的字符串常用函数(String Functions)。可通过如下 SQL 语句在 MySQL 数据库中查询字符串常用函数的相关知识点。

```
//4.2 字符串相关常用函数.sql

select
    *
from
    mysql.help_topic ht
where
    ht.help_category_id = (
        select
            hc.help_category_id
        from
            mysql.help_category hc
        where
            hc.name = 'String Functions'
    );
```

4.2.1　concat()函数(多列拼接)

concat()函数是 MySQL 中的多列拼接字符串函数,最终返回一个字符串,通过 concat()函数可以将 N 个字符串拼接成 1 个字符串,concat()函数的语法如下:

```
concat(str1,str2,...)
```

concat()函数返回连接参数所产生的字符串。也许有一个或多个参数；若所有参数都是非二进制字符串，则结果是一个非二进制字符串；若参数包括任何二进制字符串，则结果是二进制字符串（自动转换数据类型）；若任何参数为 null，则 concat()将返回 null。

concat()函数拼接字符串的 SQL 语句如下：

```
select concat('你好', '张方兴', '!');
```

运行后，结果集如图 4-28 所示。

concat()函数拼接数字的 SQL 语句如下：

```
select concat(14.2,1.11);
```

运行后，结果集如图 4-29 所示。

```
+----------------------------+          +----------------------+
| concat('你好', '张方兴', '!') |          | concat(14.2,1.11)    |
+----------------------------+          +----------------------+
| 你好张方兴!                  |          | 14.21.11             |
+----------------------------+          +----------------------+
1 row in set (0.00 sec)                 1 row in set (0.00 sec)
```

图 4-28　concat()函数拼接字符串的结果集　　　图 4-29　concat()函数拼接数字的结果集

如图 4-29 所示，concat()函数拼接数字时会自行将数字转换成字符串，然后进行拼接。

concat()函数拼接 null 的 SQL 示例语句如下：

```
select concat('你好', '张方兴', null);
```

运行后，结果集如图 4-30 所示。

concat()函数拼接时，如果任何参数含有 null 关键字，则整体皆为 null。此处要注意区分 null 值与 null 字符串之间的区别。

concat()函数拼接 null 字符串的 SQL 示例语句如下：

```
select concat('你好', '张方兴', 'null');
```

运行后，结果集如图 4-31 所示。

```
+----------------------------------+          +------------------------------------+
| concat('你好', '张方兴', NULL)      |          | concat('你好', '张方兴', 'NULL')     |
+----------------------------------+          +------------------------------------+
| NULL                             |          | 你好张方兴NULL                       |
+----------------------------------+          +------------------------------------+
1 row in set (0.01 sec)                       1 row in set (0.00 sec)
```

图 4-30　concat()函数拼接 null 值的结果集　　　图 4-31　concat()函数拼接 null 字符串的结果集

若不使用 concat()函数，则可将两组引用字符串放置到一起，也可直接进行拼接，SQL 语句如下：

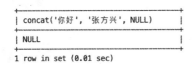

```
select '你好''张方兴''null';              # 返回 '你好张方兴 null'
```

之所以返回结果与使用 concat()函数方式的执行结果相同，是因为 MySQL 会自动将引用字符串变成数字类型（但此处切记使用加号），SQL 语句如下：

```
select '2' + '2';                              #返回 4
select 2 + '2';                                #返回 4
select 2 + 2;                                  #返回 4
```

执行后,执行结果如图 4-32 所示。

```
mysql> select 2+2;
+------+
| 2+2  |
+------+
|    4 |
+------+
1 row in set (0.00 sec)

mysql> select '2' + '2';
+-----------+
| '2' + '2' |
+-----------+
|         4 |
+-----------+
1 row in set (0.00 sec)
```

图 4-32 相关结果集

4.2.2 group_concat()函数(多行拼接)

group_concat()函数是 MySQL 中的多行拼接字符串函数,最终返回一个字符串,可对多行进行合并,类似 concat()函数。

合并过程中可以对其进行排序,并且可以增加自定义的分隔符。

group_concat()函数的语法如下:

```
//4.2.2 group_concat() 函数(多行拼接).sql

GROUP_CONCAT([DISTINCT] expr [,expr ...]
            [ORDER BY {unsigned_integer | col_name | expr}
                [ASC | DESC] [,col_name ...]]
            [SEPARATOR str_val])
```

创建一个测试 group_concat()函数的表,SQL 语句如下:

```
//4.2.2 group_concat() 函数(多行拼接).sql

create table test_group_concat (
    v char
);
insert into test_group_concat(v) values('A'),('B'),('C'),('B');
```

初步使用 group_concat()函数,SQL 语句如下:

```
//4.2.2 group_concat() 函数(多行拼接).sql

select
    group_concat(
        v
      separator ' - ')
```

```
from
    test_group_concat;
#返回 A-B-C-B
```

group_concat()函数可以增加去重关键字,SQL语句如下:

```
//4.2.2 group_concat() 函数(多行拼接).sql

select
    group_concat(
        distinct v
        separator '-')
from
    test_group_concat;
#返回 A-B-C
```

group_concat()函数可以增加排序关键字,SQL语句如下:

```
//4.2.2 group_concat() 函数(多行拼接).sql

select
    group_concat(
        distinct v
        order by v desc
        separator '-')
from
    test_group_concat;
#返回 C-B-A
```

group_concat()函数可以自定义分隔符,SQL语句如下:

```
//4.2.2 group_concat() 函数(多行拼接).sql

select
    group_concat(
        distinct v
        order by v desc
        separator ';')
from
    test_group_concat;
#返回 C;B;A
```

注意:group_concat()函数既属于聚合函数(Aggregate Functions and Modifiers),也属于窗口函数(Window Functions)。后文中会提到聚合函数与窗口函数的概念。

4.2.3 replace()函数

replace()函数是 MySQL 中字符串替换函数,经过 replace()函数会返回被替换后的字符串。replace()函数的语法如下：

```
replace(str,from_str,to_str)
```

str 为当前要被替换的字符串，from 为要替换 str 字符串中的哪个字符，to_str 为要被替换成什么。replace()函数的 SQL 语句如下：

```
//4.2.3 replace() 函数.sql

select replace('www.mysql.com', 'w', 'Ww');        #返回 WwWwWw.mysql.com
select replace('www.mysql.com', 'w', '');          #返回 .mysql.com
select replace('www.mysql.com', '.', '');          #返回 wwwmysqlcom
```

4.2.4 regexp_substr()函数

regexp_substr()函数是 MySQL 中以正则方式进行截取字符串的函数；经过 regexp_substr()函数进行正则匹配的字符串，只会返回其正则包含的部分。regexp_substr()函数的语法如下：

```
regexp_substr(expr,pat[,pos[,occurrence[,match_type]]])
```

expr 为指定的字符串，pos 为表达式中开始搜索的位置，可为空，默认值为 1。regexp_substr()函数的示例 SQL 语句如下：

```
//4.2.4 regexp_substr() 函数.sql

select regexp_substr('abc def ghi', '[a-b]+');          #返回 ab
select regexp_substr('abc def ghi', '[a-c]+');          #返回 abc
select regexp_substr('abc def ghi', '[a-d]+');          #返回 abc
select regexp_substr('abc def ghi', '[a-d]+', '2');     #返回 bc
select regexp_substr('abc def ghi', '[a-d]+', '3');     #返回 c
select regexp_substr('abc def ghi', '[a-d]+', '4');     #返回 d
```

4.2.5 substr()函数与 substring()函数

substr()函数是 MySQL 中截取字符串的函数，可以只提取字符串中的一部分。

substr()函数和 substring()函数是同义函数，编写方式和结果完全相同。substr()函数和 substring()函数的语法如下：

```
//4.2.5 substr() 函数与 substring() 函数.sql

SUBSTRING(str,pos)
SUBSTRING(str FROM pos)
SUBSTRING(str,pos,len)
SUBSTRING(str FROM pos FOR len)
```

str 指需要被拆分的字符串，pos 与 len 指截取字符串从 pos 参数位置到 len 参数的位置。

若没有 len 参数,则从 pos 参数截取到最后。若没有 pos 参数,则从开头截取到 len 参数的位置。

substr()函数和 substring()函数的 SQL 语句如下:

```
//4.2.5 substr() 函数与 substring() 函数.sql

select substring('Quadratically',5);                    # 返回'ratically'
select substring('foobarbar' FROM 4);                   # 返回'barbar'
select substring('Quadratically',5,6);                  # 返回'ratica'
select substring('Sakila', −3);                         # 返回'ila'
select substring('Sakila', −5, 3);                      # 返回 'aki'
select substring('Sakila' FROM −4 FOR 2);               # 返回'ki'

select substr('Quadratically',5);                       # 返回'ratically'
select substr('foobarbar' FROM 4);                      # 返回'barbar'
select substr('Quadratically',5,6);                     # 返回'ratica'
select substr('Sakila', −3);                            # 返回'ila'
select substr('Sakila', −5, 3);                         # 返回 'aki'
select substr('Sakila' FROM −4 FOR 2);                  # 返回'ki'
```

4.2.6　substring_index()函数

substring_index()函数是 MySQL 中截取字符串的函数,可以只提取字符串中的一部分。substring_index()函数的语法如下:

```
substring_index(str,delim,count)
```

str 为需要被截取的字符串。delim 为分隔符,以 delim 中的字符进行截取。count 为从第 count 个 delim 字符进行截取,其 SQL 语句如下:

```
//4.2.6 substring_index() 函数.sql

select substring_index('www.mysql.com', '.', 1);        # 返回 www
select substring_index('www.mysql.com', '.', 2);        # 返回 www.mysql
select substring_index('www.mysql.com', '.', 3);        # 返回 www.mysql.com
select substring_index('www.mysql.com', '.', −1);       # 返回 com
select substring_index('www.mysql.com', '.', −2);       # 返回 mysql.com
select substring_index('www.mysql.com', '.', −3);       # 返回 www.mysql.com
```

4.2.7　instr()函数与 locate()函数

instr()函数将返回第 1 个出现的匹配字符串的位置。instr()函数与 locate()函数是近义函数,其执行效果完全相同,只是两个参数被调换了位置。locate()函数的语法如下:

```
LOCATE(substr,str)
LOCATE(substr,str,pos)
```

str 指要被匹配的字符串,substr 指需要匹配的字符串内容。返回的结果为 substr 字符串在 str 字符串中的位置。

pos 指返回从位置 pos 开始的字符串 str 中子字符串 substra 第 1 次出现的位置。instr()函数的语法如下:

```
instr(str,substr)
```

SQL 语句如下:

```
//4.2.7 instr() 函数与 locate() 函数.sql

select instr('foobarbar', 'bar');          # 返回 4
select instr('xbar', 'foobar');            # 返回 0

select locate('bar', 'foobarbar');         # 返回 4
select locate('xbar', 'foobar');           # 返回 0
select locate('bar', 'foobarbar', 5);      # 返回 7
```

4.2.8　length()函数

length()函数将返回字符串的长度,SQL 语句如下:

```
select length('text');                     # 返回 4
```

4.2.9　reverse()函数

reverse()函数将返回字符串的反向输出,SQL 语句如下:

```
select reverse('abc');                     # 返回 cba
```

4.2.10　right()函数与 left()函数

right()函数将得到字符串右侧几位的字符串,left()函数与 right()为反义函数,执行效果相反,SQL 语句如下:

```
select right('foobarbar', 4);              # 返回 rbar
select left('foobarbar', 4);               # 返回 foob
```

4.2.11　rpad()函数

rpad()函数将填充字符串。rpad()函数的语法如下:

```
rpad(str,len,padstr)
```

str 指要被填充的字符串,len 指将 str 填充至几位,padstr 指填充内容,SQL 语句如下:

```
select rpad('hi',5,'?');                    #返回 hi???
select rpad('hi',1,'?');                    #返回 h
```

4.2.12　space()函数

space()函数将会返回 N 个空格字符组成的字符串,SQL 语句如下:

```
select space(6);                            #返回 '      '
```

4.2.13　trim()、rtrim()、ltrim()函数

MySQL 中有 3 种常用的删除字符串空格的方式,分别为 trim()删除前后空格、rtrim()删除字符串结尾空格、ltrim()删除字符串起始空格。

rtrim()函数将会返回删除尾随空格字符的字符串,SQL 语句如下:

```
select rtrim('zfx      ');                  #返回 'zfx'
```

ltrim()函数将会返回删除起始空格字符的字符串,SQL 语句如下:

```
select ltrim('      zfx');                  #返回 'zfx'
```

trim()函数在实际工作中通常用于删除字符串前后的空格,也可删除部分选定内容。trim()函数的语法如下:

```
trim([{BOTH | LEADING | TRAILING} [remstr] FROM] str)
trim([remstr FROM] str)
```

remstr 为要被删除的字符串内容。trim()函数将返回删除所有 remstr 前缀或后缀的字符串 str。remstr 是可选的,若没有指定,则会删除空格。

{both | leading | trailing}为说明符,三者选其一,若没有编写任何说明符,则默认为 both。leading 为字符串头部,trailing 为字符串结尾,both 为字符串头部及结尾。

trim()函数的 SQL 语句如下:

```
select trim('  bar   ');                    #返回 bar
select trim(LEADING 'x' FROM 'xxxbarxxx');  #返回 'barxxx'
select trim(BOTH 'x' FROM 'xxxbarxxx');     #返回 'bar'
select trim(TRAILING 'xyz' FROM 'barxxyz'); #返回 'barx'
```

4.2.14　upper()函数与 lower()函数

upper()函数将会把字符串中的内容全部改为大写。lower()函数将会把字符串中的内容全部改为小写,SQL 语句如下:

```
select upper('zfx');                        #返回 ZFX
select upper('ZFX');                        #返回 ZFX
select lower('zfx');                        #返回 zfx
select lower('ZFX');                        #返回 zfx
```

4.2.15　repeat()函数

repeat()函数将会返回由字符串 str 重复 count 次组成的字符串。若 count 小于 1,则返回一个空字符串。若 str 或 count 为 null,则返回 null,SQL 语句如下:

```
select repeat('MySQL', 3);                    # 返回 MySQLMySQLMySQL
```

4.2.16　insert()函数

insert()函数与 insert 关键字完全无关,只是名称相同而已。

insert()函数与前文中的 concat()函数和 replace()函数类似,用于拼接或者替换字符串。insert()函数的语法如下:

```
insert(str,pos,len,newstr)
```

str 指需要进行修改的字符串,从位置 pos 开始到 len 个字符均被字符串 newstr 替换,最后返回被替换后的字符串。

len 参数以 pos 参数计算长度,而不是根据字符串开头进行计算。若 pos 不在字符串长度内,则返回原始字符串。

若 len 为 0,则只插入 newstr 字符串到 str 字符串的 pos 位置即可,不会删除 str 字符串中的内容。

若 len 超过 str 的最大长度,则会删除 str(一部分) + newstr 之后的内容。

若任何参数为 null 关键字,则返回 null。

SQL 语句如下:

```
//4.2.16 insert() 函数.sql

select insert('zfxasd', 3, 4, 'What');        # 返回 'zfWhat'
select insert('zfxasd', -1, 4, 'What');       # 返回 'zfxasd'
select insert('zfxasd', 3, 100, 'What');      # 返回 'zfWhat'
select insert('zfxasd', 2, 2, 'What');        # 返回 'zWhatasd'
select insert('zfxasd', 2, 0, 'What');        # 返回 'zWhatfxasd'
select insert('zfxasd', 2, 0, '');            # 返回 'zfxasd'
```

4.2.17　elt()函数

elt()函数将会返回字符串集合中的某个,SQL 语句如下:

```
select elt(1, 'Aa', 'Bb', 'Cc', 'Dd');        # 返回 'Aa'
select elt(4, 'Aa', 'Bb', 'Cc', 'Dd');        # 返回 'Dd'
```

4.2.18　concat_ws()函数

concat_ws()函数是 concat()函数的变种形态,全称应为 Concatenate With Separator。concat_ws()负责以分隔符方式拼接多个字符串。concat_ws()函数中第 1 个参数需要输入分隔符,后续可以增加 N 个字符串进行拼接,SQL 语句如下:

```
select concat_ws(',','First name','Second name','Last Name');
♯上述语句返回 'First name,Second name,Last Name'

select concat_ws(',','First name',null,'Last Name');
♯上述语句返回 'First name,Last Name'
```

4.3　MySQL 8.0 处理字符串相关的复杂查询

以下为有关 MySQL 处理字符串相关的复杂查询与详解。

4.3.1　查询总经理名称并增加单引号

1. 问题

使用附录(本书测试库中的公司系列表),查询总经理名称,并为原本总经理名称王十二增加单引号,展示为'王十二',或增加双引号,展示为"王十二"。

增加单引号前的结果集如图 4-33 所示。增加单引号后的查询结果集应如图 4-34 所示。

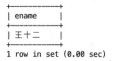

图 4-33　查询总经理名称并增加单引号之前的结果集

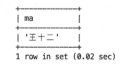

图 4-34　查询总经理名称并增加单引号之后的结果集

2. 解题思路

原本的字符串增加了单引号,此处的陷阱是看起来是"增加单引号",其实所谓"增加"某些字符串的内容,实际上只是拼接字符串。

MySQL 拼接字符串依靠的是 concat()函数,如 3.2.4 节所示。依靠此函数可在结果集的字符串中拼接任意内容。

3. SQL 演化

首先求出公司系列表中总经理的名字,SQL 语句如下:

```
select  emp.ename  from  emp  where  job = '总经理'
```

其次使用 concat()函数为总经理王十二的名字拼接单引号,SQL 语句如下:

```
//4.3.1 查询总经理名称并增加单引号.sql

select
  concat ('''',
          (select emp.ename from emp where job = '总经理'),
          '''')
as
  name;
```

运行后,其报错如下:

```
//4.3.1 查询总经理名称并增加单引号.sql

ERROR 1064 (42000): You have an error in your SQL syntax; check the manual that corresponds to
your MySQL server version for the right syntax to use near ''),''')' at line 1
```

该报错提示此处含有语法错误,此错误为 SQL 格式错误。因为 MySQL 中的转义符为'或者\,所以应当增加转义符,即将```更换成````或`\``,SQL 语句如下:

```
//4.3.1 查询总经理名称并增加单引号.sql

select concat ('''',
               (select emp.ename from emp where job = '总经理'),
               '''') as ma;
#上下等价
select concat ('\'',
               (select emp.ename from emp where job = '总经理'),
               '\'') as ma;

#上述 SQL 皆是拼接子句的展示,也可更换写法,即直接在本语句上进行拼接
#不使用子句的方式,SQL 语句如下
#上下等价
select
  concat ('''',emp.ename,'''') ma;
from
  emp
where
  job = '总经理';
#上下等价
select
  concat ('/'',emp.ename,'/'') ma;
from
  emp
where
  job = '总经理';
```

以上 4 种写法的结果集皆相同。

5min

4.3.2　将数字数据和字符数据分开

1. 问题

如果使用的是同时存储了数量和度量数据(或货币符号的遗留数据),例如在列中存储100km、40pounds,而不是将数量和单位分开存储在不同列中,则如何将其中的数据和单位分为两列进行展示?

在同一列中同时存储了数字数据和字符数据在 SQL 中是极为常见的情况,此刻需要对字符串进行拆分。

创建测试表的 SQL 语句如下:

```
//4.3.2 将数字数据和字符数据分开.sql

# 创建 test_regexp 测试表
CREATE TABLE `test_regexp` (
  `id` int unsigned NOT null AUTO_INCREMENT,
  `distance` varchar(255) DEFAULT null COMMENT '距离',
  PRIMARY KEY (`id`)
) ENGINE = InnoDB AUTO_INCREMENT = 7 DEFAULT CHARSET = utf8mb4 COLLATE = utf8mb4_0900_ai_ci;

# 填充相关测试数据
INSERT INTO `test_regexp` (`id`, `distance`) VALUES (1, '100KM'), (2, '200Km'), (3, '300km'),
(4, '500'), (5, '1000mile');

# 注意,为了测试效果,上述 KM 单位大小写均不同
```

拆分之前的查询结果集如图 4-35 所示。拆分之后的查询结果集应如图 4-36 所示。

```
+----+----------+
| id | distance |
+----+----------+
|  1 | 100KM    |
|  2 | 200Km    |
|  3 | 300km    |
|  4 | 500      |
|  5 | 1000mile |
+----+----------+
5 rows in set (0.00 sec)
```

```
+----+------+------+
| id | 距离 | 单位 |
+----+------+------+
|  1 | 100  | km   |
|  2 | 200  | km   |
|  3 | 300  | km   |
|  5 | 1000 | mile |
|  4 | 500  |      |
+----+------+------+
5 rows in set (0.00 sec)
```

图 4-35　将数字数据和字符数据分开之前　　　图 4-36　将数字数据和字符数据分开之后

2. 解题思路

此题一共有两个难点。第一点是字符串的拆分,其本质是字符的替换。以 Java、Python 等其他语言为例,字符串的拆分十分容易,通常是将某个字符的其中一部分更换为空格,这样便可达到字符串被拆开的效果。

例如字符串"你好张方兴.com",将字符串中的".com"更换为空格之后,字符串应当展示为"你好张方兴",此刻就有了单位被拆掉了的感觉。

第 2 个难点是单位的统一,在单位统一的情况下,直接对单位进行拆分更加方便,但此刻单位为 Km、KM、km、mile,甚至还有空单位的情况。直接拆分肯定无法达到最终要求。

此时便需要一套可以进行范围匹配的功能。

3. SQL演化

查询出有关 km 相关的数据(不区分大小写),作为基础语句1,SQL语句如下:

```
//4.3.2 将数字数据和字符数据分开.sql

select
    distance
from
    test_regexp
where
    distance regexp 'km $';
```

运行后,结果集如图 4-37 所示。

对基础语句1的SQL语句结果集中的km进行特殊处理,之后分别将'km'、'Km'、'KM'都设置为空,首先将'km'设置为空,作为基础语句2,SQL语句如下:

```
//4.3.2 将数字数据和字符数据分开.sql

select
    replace(distance, 'km', '')
from
    test_regexp
where
    distance regexp 'km $';
```

运行后,结果集如图 4-38 所示。

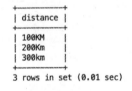

```
+----------+
| distance |
+----------+
| 100KM    |
| 200Km    |
| 300km    |
+----------+
3 rows in set (0.01 sec)
```

图 4-37   基础语句 1 的结果集

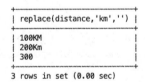

```
+-------------------------+
| replace(distance,'km','')|
+-------------------------+
| 100KM                   |
| 200Km                   |
| 300                     |
+-------------------------+
3 rows in set (0.00 sec)
```

图 4-38   基础语句 2 的结果集

在基础语句2的基础上,对 Km 进行特殊处理,将 Km 设置为空,作为基础语句3,SQL语句如下:

```
//4.3.2 将数字数据和字符数据分开.sql

select
    replace(replace(distance, 'km', ''), 'Km', '')
from
    test_regexp
where
    distance regexp 'km $';
```

运行后,结果集如图 4-39 所示。

```
+-----------------------------------------------+
| replace(replace(distance,'km',''),'Km','') |
+-----------------------------------------------+
| 100KM                                         |
| 200                                           |
| 300                                           |
+-----------------------------------------------+
3 rows in set (0.00 sec)
```

图 4-39　基础语句 3 的结果集

基础语句 3 上已经将 km 与 Km 两个单位置为空了,此时再将 KM 设置为空,即可获得只含数字而不含单位的相关数据。作为基础语句 4,SQL 语句如下:

```sql
//4.3.2 将数字数据和字符数据分开.sql

select
    replace(
        replace(replace(distance, 'km', ''), 'Km', ''),
        'KM',
        ''
    )
from
    test_regexp
where
    distance regexp 'km $';
```

基础语句 4 中只含有 km 相关的数字,并不含 km 单位的相关数据,此时需要在 km 的基础上,增加 KM 列,这样即可获得数字、单位的两位结果集。作为临时结果 1,SQL 语句如下:

```sql
//4.3.2 将数字数据和字符数据分开.sql

select
    replace(
        replace(replace(distance, 'km', ''), 'Km', ''),
        'KM',
        ''
    ) as 数字,
    'KM' as 单位
from
    test_regexp
where
    distance regexp 'km $';
```

```
+--------+--------+
| 数字   | 单位   |
+--------+--------+
| 100    | KM     |
| 200    | KM     |
| 300    | KM     |
+--------+--------+
3 rows in set (0.00 sec)
```

图 4-40　临时结果 1 的结果集

运行后,结果集如图 4-40 所示。

前文中分别将原本的 km、Km、KM 通过 replace()函数进行替换,只更换了单位部分,保留了其中的数据,最后增加了单位列。临时结果 1 已经整理好了,数字和单位已经分离,目前不需要针对临时结果 1 进行修改。

此时需要查询出有关 mile 的数据(不区分大小写),作为基础语句 5,SQL 语句如下:

```
//4.3.2 将数字数据和字符数据分开.sql

select
    distance
from
    test_regexp
where
    distance regexp 'mile $';
```

运行后,结果集如图 4-41 所示。

通过 replace()函数将基础语句 5 结果集中的 mile 更换为空,作为基础语句 6,SQL 语句如下:

```
//4.3.2 将数字数据和字符数据分开.sql

select
    replace(distance, 'mile', '')
from
    test_regexp
where
    distance regexp 'mile $';
```

运行后,结果集如图 4-42 所示。

在基础语句 6 的结果集中增加 mile 列,作为临时结果 2,SQL 语句如下:

```
//4.3.2 将数字数据和字符数据分开.sql

select
    replace(distance, 'mile', '') as 数字,
    'MILE' as 单位
from
    test_regexp
where
    distance regexp 'mile $';
```

运行后,结果集如图 4-43 所示。

```
+----------+
| distance |
+----------+
| 1000mile |
+----------+
1 row in set (0.00 sec)
```

图 4-41　基础语句 5 的结果集

```
+-------------------------------+
| replace(distance,'mile','')   |
+-------------------------------+
| 1000                          |
+-------------------------------+
1 row in set (0.00 sec)
```

图 4-42　基础语句 6 的结果集

```
+------+------+
| 数字 | 单位 |
+------+------+
| 1000 | MILE |
+------+------+
1 row in set (0.00 sec)
```

图 4-43　临时结果 2 的结果集

查询出只含有数字的相关数据,作为基础语句 7,SQL 语句如下:

```
//4.3.2 将数字数据和字符数据分开.sql

select
```

```
    distance
from
    test_regexp
where
    distance regexp '[1234567890] $';
```

运行后,结果集如图 4-44 所示。

在基础语句 7 的结果集中增加 mile 列,作为临时结果 3,SQL 语句如下:

```
//4.3.2 将数字数据和字符数据分开.sql

select
    distance as 数字,
    '' as 单位
from
    test_regexp
where
    distance regexp '[1234567890] $';
```

运行后,结果集如图 4-45 所示。

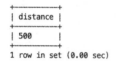

图 4-44　基础语句 7 的结果集　　　图 4-45　临时结果 3 的结果集

将临时结果 1、临时结果 2、临时结果 3 使用 union all 拼接关键字拼成 1 个结果集,SQL 语句如下:

```
//4.3.2 将数字数据和字符数据分开.sql

select
    replace(
        replace(replace(distance, 'km', ''), 'Km', ''),
        'KM',
        ''
    ) as 数字,
    'KM' as 单位
from
    test_regexp
where
    distance regexp 'km $'
union
all
select
    replace(distance, 'mile', '') as 数字,
    'MILE' as 单位
from
    test_regexp
```

```
where
    distance regexp 'mile $'
union
all
select
    distance as 数字,
    '' as 单位
from
    test_regexp
where
    distance regexp '[1234567890] $';
```

4.3.3 计算字符串中特定字符出现的次数

4min

1. 问题

使用附录(本书测试库中的公司系列表),使用如下 SQL 语句将会返回 7900,此时需要判断出该字符串中含有几个 0。

```
//4.3.3 计算字符串中特定字符出现的次数.sql

select e.empno from emp e where e.ename = '陈十五';
```

原本 SQL 语句返回的结果如图 4-46 所示。判断 7900 中含有几个 0 的结果集如图 4-47 所示。

```
+-------+
| empno |
+-------+
| 7900  |
+-------+
1 row in set (0.00 sec)
```

```
+--------+
| result |
+--------+
|    2   |
+--------+
1 row in set (0.01 sec)
```

图 4-46 计算字符串中特定字符出现次数之前   图 4-47 计算字符串中特定字符出现次数之后

2. 解题思路

既然要求一共有几个 0,首先需要获取整个字符串的长度,然后删除所有的 0,再用最后的长度和之前的长度进行对比。这样就可以知道删了几个 0,即原本一共有几个 0。

所有 DBMS 系统都提供了获取字符串长度的函数及从字符串删除字符的函数。如同前文中提到的 length()函数。

3. SQL 演化

获取总字符串长度,SQL 语句如下:

```
select length(e.empno) from emp e where e.ename = '陈十五';
```

将 0 替换为空,SQL 语句如下:

```
select replace(e.empno,'0','') from emp e where e.ename = '陈十五'
```

查询将 0 替换为空后的字符串长度,SQL 语句如下:

```
select length(replace(e.empno,'0','')) from emp e where e.ename = '陈十五'
```

通过字符串总长度减去被替换为空后的字符串长度,其效果等同于 select 4-2;,SQL 语句如下:

```
//4.3.3 计算字符串中特定字符出现的次数.sql

select
    (
        select
            length(e.empno)
        rom
            emp e
        where
            e.ename = '陈十五'
    ) - (
        select
            length(replace(e.empno, '0', ''))
        from
            emp e
        where
            e.ename = '陈十五'
    );
```

以上已经可以获取字符串中特定字符出现的次数了,但是为了方便观察,可为结果设置别名,SQL 语句如下:

```
//4.3.3 计算字符串中特定字符出现的次数.sql

select
    (
        (
            select
                length(e.empno)
            from
                emp e
            where
                e.ename = '陈十五'
        ) - (
            select
                length(replace(e.empno, '0', ''))
            from
                emp e
            where
                e.ename = '陈十五'
        )
    ) as result;
```

4.3.4 提取分隔符数据中的第 *N* 个数据

1. 问题

假设某字符串是由多个分隔符拼接在一起的,如何获取其中第 *N* 个数据?

例如从"张三,李四,王五,赵六,薛七,陈八,吴九,寅十一,王十二,黄十三,毛十四,陈十五,张十六,刘十七"字符串中,如何抽取分隔符中的第 3 个数据,即抽取出"王五"。

可以使用前文中的 group_concat() 函数先创建一个字符串。使用附录(本书测试库中的公司系列表),SQL 语句如下:

```
//4.3.4 提取分隔符数据中的第 N 个数据.sql

select
      group_concat(
            e.ename
            order by
                  e.empno separator ','
      )
from
      emp e;
```

运行后,结果集如图 4-48 所示。

```
| 张三,李四,王五,赵六,薛七,陈八,吴九,寅十一,王十二,黄十三,毛十四,陈十五,张十六,刘十七
1 row in set (0.01 sec)
```

图 4-48 提取分隔符数据中的第 *N* 个数据之前

运算后,获取分隔符结果集中的第 4 个数据。结果集如图 4-49 所示。

2. 解题思路

substring_index() 函数虽然可以截取分隔符类型的字符串,但是只能截取从开头到其中的一部分,或者其中的一部分到结尾的字符串。

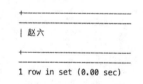

```
+----------+
| 赵六
+----------+
1 row in set (0.00 sec)
```

图 4-49 提取分隔符数据中的第 *N* 个数据之后

此题需要前后使用两个 substring_index() 函数进行拆分。比方说如果需要获得分隔符中的第 3 个字符串,则先需要使用 substring_index() 函数获取 1～3 中的分隔符字符串,然后使用 substring_index() 函只获取最后一位字符串即可。

3. SQL 演化

此时需要分隔符中的第 3 个数据,首先获取前 3 个数据,SQL 语句如下:

```
//4.3.4 提取分隔符数据中第 N 个.sql

select
      substring_index(
```

```
            group_concat(
                    e.ename
                    order by
                        e.empno separator ','
            ),
            ',',
            3
        )
from
        emp e
#返回 张三,李四,王五
```

然后根据上述语句再添加一层 substring_index()以获取字符串"张三,李四,王五"中的最后一个,SQL 语句如下:

```
//4.3.4 提取分隔符数据中第 N 个.sql

select
        substring_index(
                substring_index(
                        group_concat(
                                e.ename
                                order by
                                    e.empno separator ','
                        ),
                        ',',
                        3
                ),
                ',',
                - 1
        )
from
        emp e
#返回 王五
```

若要提取分隔符数据中的第 4 个数据,则需将上述 SQL 语句中的 3 改成 4,SQL 语句如下:

```
//4.3.4 提取分隔符数据中第 N 个.sql

select
        substring_index(
                substring_index(
                        group_concat(
                                e.ename
                                order by
                                    e.empno separator ','
                        ),
                        ',',
```

```
                 4
            ),
            ','
            -1
        )
from
        emp e
#返回 赵六
```

## 第 5 章

SQL 数字的查询与处理

5.1 MySQL 8.0 的数字

每种语言与数据库都含有针对处理数字的数据类型。

在 Java 中含有 short、int、long、float、double 等数据类型,用于处理与数字有关的逻辑与业务。

在 MySQL 中含有 int、bigint、float、double 等数据类型,用于处理与数字有关的逻辑与业务。

5.1.1 MySQL 8.0 中的数字类型

MySQL 8.0 中支持的数字类型如表 5-1 所示。

表 5-1 MySQL 8.0 中支持的数字类型

数 字 类 型	长 度	释 义
tinyint[(m)]	有符号整数:−128~127 无符号整数:0~255	需要 1 字节存储空间。m 是可选的显示宽度,不影响值的范围
smallint[(m)]	有符号整数:−32 768~32 767 无符号整数:0~65 535	需要 2 字节存储空间。m 是可选的显示宽度,不影响值的范围
mediumint[(m)]	有符号整数:−8 388 608~8 388 607 无符号整数:0~16 777 215	需要 3 字节存储空间。m 是可选的显示宽度,不影响值的范围
int[(m)]	有符号整数:−2 147 483 648~2 147 483 647 无符号整数:0~4 294 967 295	需要 4 字节存储空间。m 是可选的显示宽度,不影响值的范围
bigint[(m)]	有符号整数:−9 223 372 036 854 775 808~9 223 372 036 854 775 807 无符号整数:0~18 446 744 073 709 551 615	需要 8 字节存储空间。m 是可选的显示宽度,不影响值的范围,但是要注意对较大的值进行代数运算可能会出现错误

续表

数 字 类 型	长　　度	释　　义
float[(m,d)]	精确到小数点后 7 位左右	单精度的浮点值,m 为最大位数,并可包含小数点后的 d 位小数。注意许多十进制的数字遇浮点类型会丧失精度,若需要确切的值,则应更改为 decimal 类型
double[(m,d)]	精确到小数点后 15 位左右	m 为最大位数(最大位数包含整数＋小数),并可包含小数点后的 d 位小数。注意许多十进制的数字遇浮点类型会丧失精度,若需要确切的值,则应更改为 decimal 类型
double precision[(m,d)]	double 的别名	与 double 一致
real[(m,d)]	默认为 double 别名	若设置了 real_as_float,则为 float 别名
decimal[(m[,d])]	m(精确度):高达 65 位 d(小数):0～30 位	非浮点的确切十进制类型,其中 m 为最大位数,并可包含小数点后的 d 位小数。如有必要,则类型将四舍五入
bit[(m)]	m 默认值为 1,范围为 1～64	位字段类型,其中 m 用于指定位数。若输入值位数小于 m,则对齐到最后一位。 若要单独命名每位,则可参考 set
serial	范围:0～18 446 744 073 709 551 615	serial 是 bigint unsigned not null auto_increment unique 的别名。 unsigned 指无序号 not null 指不为空 auto_increment 指自增 unique 指唯一约束
bool		bool 是 tinyint(1)的别名
boolean		boolean 是 tinyint(1)的别名
dec[(m[,d])]		dec 是 decimal 的别名,除了 dec 之外 decimal 的别名还有 fixed 和 numeric

5.1.2 tinyint 类型、bool 类型、boolean 类型

tinyint 类型是 MySQL 中最小的数字类型,仅需 1 字节进行存储,可存储有符号整数 −128～127,或无符号整数 0～255。

创建表时将字段设置为 tinyint 类型的 SQL 语句如下：

```
create table test_tinyint(t1 tinyint(1));
```

向 test_tinyint 表中添加测试数据，SQL 语句如下：

```
insert into test_tinyint values(10);
insert into test_tinyint values(127);
insert into test_tinyint values( − 128);
```

查询语句如下：

```
select * from test_tinyint;
```

运行后，结果集如图 5-1 所示。

在 MySQL 中，bool 与 boolean 本质上就是 tinyint 字段，可创建字段为 bool 类型和 boolean 类型的 SQL 语句如下：

```
create table test_bool(t1 bool,t2 boolean);
```

向 test_bool 表中添加测试数据，SQL 语句如下：

```
insert into test_bool values(0,0);
insert into test_bool values(1,1);
insert into test_bool values(true,true);
insert into test_bool values(false,false);
```

查询语句如下：

```
select * from test_bool;
```

运行后，结果集如图 5-2 所示。

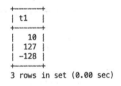

3 rows in set (0.00 sec)

图 5-1　查询 tinyint 字段结果

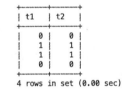

4 rows in set (0.00 sec)

图 5-2　查看 boolean 字段结果

5.1.3　无符号整数类型

在 MySQL 8.0 中创建数字类型在默认情况下是"含有符号的数字类型"，例如创建含有 int 数字类型的测试表，SQL 语句如下：

```
create table test_int1 (t1 int);
```

增加测试表之后，可插入列值 2 147 483 648，SQL 示例语句与报错如下：

```
insert into test_int1 value(2147483648);
-- 报错 Out of range value for column 't1' at row 1
```

报错中说明已经超过 t1 列值的承受能力了。MySQL 8.0 中提供了有符号整数和无符号整数两种写法,默认创建的数字类型皆为有符号整数,创建无符号整数时需要增加关键字 unsigned,创建无符号整数的 SQL 语句如下:

```
-- 创建无符号整数类型的表 test_int2
create table test_int2 (t1 int unsigned);
-- 添加数据
insert into test_int2 value(2147483648);
```

5.1.4　数字类型的精度

创建 double 类型,将精度设置为 2 的 SQL 语句如下:

```
-- 创建 float 和 decimal 类型表
create table test_float(t1 float(10,2), t2 decimal(10,2));
```

其中 float 的最大位数为 10,代表着整数最多为 8 位,小数为 2 位。添加数据的示例 SQL 语句如下:

```
insert into test_float values(12345678.21, 12345678.12);
```

若输入以下 SQL 语句,MySQL 则会报错。

```
insert into test_float values(1234567890, 1234567890);
-- 报错为 Out of range value for column 't1' at row 1
```

在没有输入任何小数时会默认将小数填充为 0。添加没有任何小数的 SQL 语句如下:

```
insert into test_float values(12345678, 12345678);
```

通过 SQL 语句查询 test_float 的结果集如图 5-3 所示。

```
+-------------+-------------+
| t1          | t2          |
+-------------+-------------+
| 12345678.00 | 12345678.00 |
| 12345678.00 | 12345678.12 |
+-------------+-------------+
2 rows in set (0.00 sec)
```

图 5-3　查看浮点字段结果

5.2　数字常用函数与运算符

MySQL 中一共含有 37 种不同的数字常用函数(Numeric Functions)与运算符,可通过如下 SQL 语句在 MySQL 数据库中查询数字常用函数。

```
//代码位置:全书代码/5.2 数字常用函数与运算符.sql

select
        *
from
        mysql.help_topic ht
where
        ht.help_category_id = (
                select
```

```
              hc.help_category_id
        from
              mysql.help_category hc
        where
              hc.name = 'Numeric Functions'          #数字处理相关函数
);
```

在实际工作中对于 MySQL 数字处理大多数基于加减乘除和百分数,其余函数使用较少,例如正弦函数 sin()、余弦函数 cos()、正弧线函数 asin()、正切函数 atan()、余切函数 cot(),此处仅列举部分 MySQL 处理数字的相关常用函数。

5.2.1 div()函数

div()将对数字进行整数除法,为数字处理类函数。从除法结果中丢弃任何小数部分,SQL 语句如下:

```
select 5 div 2, -5 div 2, 5 div -2, -5 div -2;
-- 返回结果 2, -2, -2, 2
```

5.2.2 abs()函数

abs()函数将返回绝对值,为数字处理类函数。若输入内容为 null 关键字,则会返回null,SQL 语句如下:

```
select abs(2);                                      #返回 2
select abs(-32);                                    #返回 32
```

5.2.3 ceiling()函数

ceiling(X)函数将返回不小于 X 的最小整数值,为数字处理类函数,SQL 语句如下:

```
select ceiling(1.23);                               #返回 2
select ceiling(-1.23);                              #返回 -1
```

5.2.4 floor()函数

floor(X)函数将返回不大于 X 的最大整数值,为数字处理类函数,SQL 语句如下:

```
select floor(1.23), floor(-1.23);                   #返回 1, -2
```

5.2.5 pow()函数和 power()函数

pow(X,Y)函数将返回 X 的 Y 次幂,为数字处理类函数,SQL 语句如下:

```
select pow(2,2);                         ＃返回 4
select pow(2,－2);                        ＃返回 0.25
```

power(X,Y)函数是 pow(X,Y)函数的别名,效果完全相同。

5.2.6 rand()函数

rand()返回范围为 0≤v＜1.0 的随机浮点值,v 为返回的值,为数字处理类函数。如需返回整数,则需使用以下的公式:

```
FLOOR(i + RAND() * (j - i))
```

例如要获得随机整数在范围 7≤R＜12 内,SQL 语句如下:

```
select floor(7 + (rand() * 5));
```

5.2.7 truncate()函数

truncate(X,D)函数返回数字 X,截断为 D 位小数。为数字处理类函数。若 D 为 0,则结果并没有小数点或小数部分。D 可以是负数。使值 X 的小数点左边的 D 位变为 0,SQL 语句如下:

```
//代码位置：全书代码/5.2.7 truncate()函数.sql

select truncate(1.223,1);                ＃返回 1.2
select truncate(1.999,1);                ＃返回 1.9
select truncate(1.999,0);                ＃返回 1
select truncate(－1.999,1);               ＃返回 －1.9
select truncate(122,－2);                 ＃返回 100
select truncate(10.28 * 100,0);          ＃返回 1028
```

5.3 聚合函数

MySQL 还经常运用聚合函数和修饰符(Aggregate Functions and Modifiers)类型的函数。在 MySQL 数据库中查询聚合函数和修饰符的 SQL 语句如下:

```
//5.3 聚合函数.sql

select
       *
from
       mysql.help_topic ht
where
       ht.help_category_id = (
             select
                   hc.help_category_id
```

```
             from
                  mysql.help_category hc
             where
                  hc.name = 'Aggregate Functions and Modifiers'
                           # 聚合函数和修饰符
       );
```

聚合函数和修饰符是 MySQL 中比较特殊的函数类型,聚合函数的特点是可以根据 group by 关键字进行分组聚合。

group by 分组必须跟随在聚合函数之后,但聚合函数的使用不一定非得含有 group by 分组。

5.3.1 count(distinct)函数

count(distinct)函数可进行去重统计总行数,SQL 语句如下:

```
select count(distinct sal) from emp;                    # 返回 11
select count(sal) from emp;                             # 返回 14
```

5.3.2 查询每个部门的平均薪资

例如公司表(emp 表)中含有薪资列(sal 列),但是当直接使用 avg()函数对 emp 表的 sal 列进行聚合计算平均值时会算出所有人员的薪资平均值。若想按照公司的不同部门进行不同平均值计算,则需使用 group by 对 emp 表的部门进行分组。

因为聚合函数将会运行在 group by 关键字之后,所以可以进行分组聚合,SQL 语句如下:

```
//5.3 聚合函数.sql

--- 查询每个部门的平均薪资
select
    deptno,
    avg(sal)
from
    emp
group by
    deptno;
```

聚合函数中包括的返回列最大值 max()函数、返回列最小值 min()函数、返回列平均值 avg()函数、返回列总和 sum()函数、返回列平均值 avg()函数、返回列总行数 count()函数、返回列总行数且去重 count(distinct)函数等。

聚合函数只需在函数中输入列名便可以使用,针对列名进行聚合计算。

所有聚合函数皆可使用 group by 进行分组。

5.3.3 查询每个部门的薪资最高与最低的人(携带提成)

在 emp 表中含有 comm 字段代表提成,正常情况下只需使用 sal+comm 便可以获得携带提成的薪资,但此张表含有问题,即 comm 字段可能为 null。若使用了 1+null 的方式,则会返回 null,SQL 语句如下:

```
select 1 + null;                #返回 null
```

因为提成中含有 null 值,所以此刻不能直接使用 sal+comm 的方式获取携带提成的薪资。

因为此时需要排除 null 字段,但若使用 where 语句排除,则可能会把不含提成的人连月薪都不进行统计了,所以此处需要使用前文提过的 coalesce()函数将 null 值转换为 0,SQL 语句如下:

```
select sal + coalesce(comm, 0) from emp;
```

运行后,结果集如图 5-4 所示。

此时就可把工资与提成加到一起了,并且没有遗漏任何人,增加 group by 针对部门进行分组即可实现"每个部门的薪资最高与最低的人(携带提成)"的需求,SQL 语句如下:

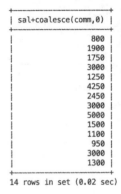

图 5-4 coalesce 转换后的结果

```
//5.3 聚合函数.sql

select
    deptno as '部门编号',
    max(sal + coalesce(comm, 0)) as '部门最高薪资(携带提成)',
    min(sal + coalesce(comm, 0)) as '部门最低薪资(携带提成)'
from
    emp
group by
    deptno;
```

运行后,结果集如图 5-5 所示。

```
+--------+--------------------------+--------------------------+
| 部门编号 | 部门最高薪资(携带提成)     | 部门最低薪资(携带提成)     |
+--------+--------------------------+--------------------------+
|     20 |                     3000 |                      800 |
|     30 |                     4250 |                      950 |
|     10 |                     5000 |                     1300 |
+--------+--------------------------+--------------------------+
3 rows in set (0.01 sec)
```

图 5-5 最终结果

5.3.4　查询每个部门的薪资总额

MySQL 使用 sum() 函数记录相加后的总和,并且可通过 group by 针对 emp 表进行分组,这样便可获得每个部门的薪资总额,SQL 语句如下:

```
//5.3 聚合函数.sql

select
    deptno as '部门编号',
    sum(sal) as '部门的薪资总额'
from
    emp
group by
    deptno;
```

运行后,结果集如图 5-6 所示。

```
+-----------+----------------------+
| 部门编号   | 部门的薪资总额          |
+-----------+----------------------+
|        20 |                10900 |
|        30 |                 9400 |
|        10 |                 8750 |
+-----------+----------------------+
3 rows in set (0.01 sec)
```

图 5-6　查询每个部门的薪资总额结果集

5.3.5　查询每个部门有多少人

MySQL 使用 count() 记录总行数,通过 group by 针对 emp 表进行分组,即可获得每个部门有多少人,SQL 语句如下:

```
//5.3 聚合函数.sql

select
    deptno as '部门编号',
    count(sal) as '总人数'
from
    emp
group by
    deptno;
```

运行后,结果集如图 5-7 所示。

```
+-----------+----------+
| 部门编号   | 总人数    |
+-----------+----------+
|        20 |        5 |
|        30 |        6 |
|        10 |        3 |
+-----------+----------+
3 rows in set (0.01 sec)
```

图 5-7　查询每个部门有多少人的结果集

5.3.6　查询每个部门有多少人没有提成

首先需要判断没有提成的人,即 emp 表中 comm 字段为空,然后因为需求中提到了需要根据每个部门进行分组,所以需要使用 group by,最后需要使用 count()函数统计人数,SQL 语句如下:

```
//5.3 聚合函数.sql

select
    deptno as '部门名称',
    count(ename) as '人数'
from
    emp e
where
    e.comm is null
or
    e.comm = 0
group by
    deptno;
```

运行后,结果集如图 5-8 所示。

```
+-----------+--------+
| 部门名称  | 人数   |
+-----------+--------+
|        20 |      5 |
|        30 |      3 |
|        10 |      3 |
+-----------+--------+
3 rows in set (0.00 sec)
```

图 5-8　查询每个部门有多少人没提成的结果集

5.3.7　查询某个部门薪资占全公司的百分比

查询部门编号为 10 的部门,其薪资总额占全公司薪资总额的百分比,SQL 语句如下:

```
//5.3 聚合函数.sql

select
    ( select sum(e.sal) from emp e where e.deptno = 10 )
    /
    ( select sum(e.sal) from emp e )
    *
    100
    as result;
```

运行后,结果集如图 5-9 所示。

```
+----------+
| result   |
+----------+
| 30.1205  |
+----------+
1 row in set (0.00 sec)
```

图 5-9　查询编号为 10 的部门薪资占全公司薪资百分比的结果集

当然此需求还有其他写法,例如使用后文将会提到的 case when 方式可以使用一条
SQL 语句就查询出来结果,SQL 语句如下:

```
//5.3 聚合函数.sql

select
    (
        sum(case when deptno = 10 then sal end)
        /
        sum(sal)
    ) * 100 as pct
from
    emp;
```

5.4 窗口函数

在 MySQL 8.0 中推出了新的函数类型,即窗口类函数(Window Functions),窗口函数
可对结果集中的每行进行计算,或使用与该行相关的行进行计算。

5.4.1 窗口函数的语法

窗口函数的基本语法如下:

```
//5.4 窗口函数.sql

<窗口函数> over (
    partition by <用于分区的列名>
    order by <用于排序的列名>
    frame_clause <窗口大小>
)
```

如下 SQL 语句可在 MySQL 数据库中查询非聚合类窗口函数。之所以称 Window
Functions 为非聚合类窗口函数,是因为在 MySQL 中聚合函数也可以作为窗口函数使用。

```
//5.4 窗口函数.sql

select
    *
from
    mysql.help_topic ht
where
    ht.help_category_id = (
        select
            hc.help_category_id
        from
            mysql.help_category hc
        where
            hc.name = 'Window Functions'          #窗口类型函数
    );
```

MySQL 中的非聚合类窗口函数统计如表 5-2 所示。

表 5-2 MySQL 非聚合类窗口函数统计

函 数 名 称	功能简易释义
cume_dist()	cume_dist()函数返回值的累计分布值。该值小于或等于行的值除以总行数
dense_rank()	分区内当前行的排名,无间隔
first_value()	允许使用 window frame 获取分区或结果集第 1 行的值
lag()	返回当前行之前的值
last_value()	选择数据中的最后一行
lead()	向前看多行并从当前行访问行的数据
nth_value()	从有序行集中的第 n 行获取值
ntile()	排序分区中的行并划分为特定数量的组。每个组分配一个分组号
percent_rank()	百分比排名值
rank()	分区内当前行的排名,有间隔
row_number()	分区内的当前行数

5.4.2 初步使用窗口函数

row_number()函数是最常用的窗口函数,row_number()函数可以给任意结果集增加序号和排序。查询 emp 全表的 SQL 语句如下:

```
//5.4 窗口函数.sql

select
    e.ename,
    e.job,
    e.deptno,
    e.sal
from
    emp e;
```

运行后,结果集如图 5-10 所示。

```
+--------+--------+--------+------+
| ename  | job    | deptno | sal  |
+--------+--------+--------+------+
| 张三   | 店员   |     20 |  800 |
| 李四   | 售货员 |     30 | 1600 |
| 王五   | 售货员 |     30 | 1250 |
| 赵六   | 经理   |     20 | 3000 |
| 薛七   | 售货员 |     30 | 1250 |
| 陈八   | 经理   |     30 | 2850 |
| 吴九   | 经理   |     10 | 2450 |
| 寅十一 | 文员   |     20 | 3000 |
| 王十二 | 总经理 |     10 | 5000 |
| 黄十三 | 售货员 |     30 | 1500 |
| 毛十四 | 店员   |     20 | 1100 |
| 陈十五 | 店员   |     30 |  950 |
| 张十六 | 文员   |     20 | 3000 |
| 刘十七 | 店员   |     10 | 1300 |
+--------+--------+--------+------+
14 rows in set (0.00 sec)
```

图 5-10 初步使用窗口函数的结果集

此时可以通过 row_number() 函数增加行号列,SQL 语句如下:

```
//5.4 窗口函数.sql

select
    row_number() over() as row_num,
    e.ename,
    e.job,
    e.deptno,
    e.sal
from
    emp e;
```

运行后,结果集如图 5-11 所示。在该结果集中增加了 row_num 行号列。

```
+---------+--------+--------+--------+------+
| row_num | ename  | job    | deptno | sal  |
+---------+--------+--------+--------+------+
|       1 | 张三    | 店员    |     20 |  800 |
|       2 | 李四    | 售货员  |     30 | 1600 |
|       3 | 王五    | 售货员  |     30 | 1250 |
|       4 | 赵六    | 经理    |     20 | 3000 |
|       5 | 薛七    | 售货员  |     30 | 1250 |
|       6 | 陈八    | 经理    |     30 | 2850 |
|       7 | 吴九    | 经理    |     10 | 2450 |
|       8 | 寅十一  | 文员    |     20 | 3000 |
|       9 | 王十二  | 总经理  |     10 | 5000 |
|      10 | 黄十三  | 售货员  |     30 | 1500 |
|      11 | 毛十四  | 店员    |     20 | 1100 |
|      12 | 陈十五  | 店员    |     30 |  950 |
|      13 | 张十六  | 文员    |     20 | 3000 |
|      14 | 刘十七  | 店员    |     10 | 1300 |
+---------+--------+--------+--------+------+
14 rows in set (0.00 sec)
```

图 5-11 增加 row_num 列的结果集

5.4.3 partition by 关键字

partition by 用于将数据行拆分成多个分区,窗口函数基于每行数据所在的区进行计算并返回结果,partition by 的作用类似于 group by 分组。若省略了 partition by 关键字,则所有的数据作为一个组进行计算。

在增加行号的例子中,此时可以增加分区关键字,让行号根据部门编号(deptno)进行分区,SQL 语句如下:

```
//5.4.3 partition by 关键字.sql

select
    row_number() over(
     partition by e.deptno
    ) as row_num,
    e.ename,
    e.job,
    e.deptno,
    e.sal
```

```
from
    emp e;
```

运行后,结果集如图 5-12 所示。可以看到此时结果集根据部门编号进行了分区,以部门编号为 10、20、30 分为不同的区。每个区含有自身不同的行号。

```
+---------+--------+---------+--------+------+
| row_num | ename  | job     | deptno | sal  |
+---------+--------+---------+--------+------+
|       1 | 吴九   | 经理    |     10 | 2450 |
|       2 | 王十二 | 总经理  |     10 | 5000 |
|       3 | 刘十七 | 店员    |     10 | 1300 |
|       1 | 张三   | 店员    |     20 |  800 |
|       2 | 赵六   | 经理    |     20 | 3000 |
|       3 | 寅十一 | 文员    |     20 | 3000 |
|       4 | 毛十四 | 店员    |     20 | 1100 |
|       5 | 张十六 | 文员    |     20 | 3000 |
|       1 | 李四   | 售货员  |     30 | 1600 |
|       2 | 王五   | 售货员  |     30 | 1250 |
|       3 | 薛七   | 售货员  |     30 | 1250 |
|       4 | 陈八   | 经理    |     30 | 2850 |
|       5 | 黄十三 | 售货员  |     30 | 1500 |
|       6 | 陈十五 | 店员    |     30 |  950 |
+---------+--------+---------+--------+------+
14 rows in set (0.04 sec)
```

图 5-12　根据部门编号进行分区的结果集

5.4.4　order by 关键字

order by 排序用于指定分区内的排序方式,与 select 中的 order by 子句的作用类似,通常用于数据的排名分析。

在以上例子中,虽然使用了 partition by 关键字作为分区处理,但是因为分区之后每个部门并不是根据薪资(sal)高低进行排序的,所以此刻可以增加 order by 关键字,针对部门分区后进行排序,SQL 语句如下:

```
//5.4.4 order by 关键字.sql

select
    row_number() over(
      partition by e.deptno
      order by e.sal desc
    ) as row_num,
    e.ename,
    e.job,
    e.deptno,
    e.sal
from
    emp e;
```

运行后,结果集如图 5-13 所示。

```
| row_num | ename   | job    | deptno | sal  |

|       1 | 王十二  | 总经理 |     10 | 5000 |
|       2 | 吴九    | 经理   |     10 | 2450 |
|       3 | 刘十七  | 店员   |     10 | 1300 |
|       1 | 赵六    | 经理   |     20 | 3000 |
|       2 | 寅十一  | 文员   |     20 | 3000 |
|       3 | 张十六  | 文员   |     20 | 3000 |
|       4 | 毛十四  | 店员   |     20 | 1100 |
|       5 | 张三    | 店员   |     20 |  800 |
|       1 | 陈八    | 经理   |     30 | 2850 |
|       2 | 李四    | 售货员 |     30 | 1600 |
|       3 | 黄十三  | 售货员 |     30 | 1500 |
|       4 | 王五    | 售货员 |     30 | 1250 |
|       5 | 薛七    | 售货员 |     30 | 1250 |
|       6 | 陈十五  | 店员   |     30 |  950 |

14 rows in set (0.00 sec)
```

图 5-13   增加 order by 关键字的结果集

5.4.5   rank()函数

rank()是一个窗口函数,rank()函数为分区或结果集中的每行分配排名,而排名值含有间隔。

此时可查询 emp 表中每名员工的薪资,SQL 语句如下:

```
//5.4.5 rank()函数.sql

select
     e.deptno,
     e.ename,
     e.sal
from
     emp e
```

运行后,结果集如图 5-14 所示。

```
| deptno | ename   | sal  |

|     20 | 张三    |  800 |
|     30 | 李四    | 1600 |
|     30 | 王五    | 1250 |
|     20 | 赵六    | 3000 |
|     30 | 薛七    | 1250 |
|     30 | 陈八    | 2850 |
|     10 | 吴九    | 2450 |
|     20 | 寅十一  | 3000 |
|     10 | 王十二  | 5000 |
|     30 | 黄十三  | 1500 |
|     20 | 毛十四  | 1100 |
|     30 | 陈十五  |  950 |
|     20 | 张十六  | 3000 |
|     10 | 刘十七  | 1300 |

14 rows in set (0.00 sec)
```

图 5-14   查询 emp 表中每名员工的薪资的结果集

可通过 rank()函数查询每个部门薪资的排序,SQL 语句如下:

```
//5.4.5 rank()函数.sql

select
    rank()over(
        partition by e.deptno
        order by sal desc
    ) as rank_num,
    e.deptno,
    e.ename,
    e.sal
from
    emp e
```

运行后,结果集如图 5-15 所示。

此时可看出每个部门含有最高薪资的人,例如
部门编号为 10 的薪资最高的人为王十二,部门编号
为 20 的共有 3 人薪资最高,其薪资均为 3000 元。
部门编号为 20 的薪资排行,没有第 2 名和第 3 名,
只有第 1 名和第 4 名以后。此种排名方式被称为
"含有间隔"排名。

rank()函数只能作为排序所存在,并不能直接
获取 rank_num 列等于 1 的表达式,如想只获取
rank_num 薪资最高者,则需要在外再嵌套一层
select 查询语句,SQL 语句如下:

```
+----------+--------+---------+------+
| rank_num | deptno | ename   | sal  |
+----------+--------+---------+------+
|        1 |     10 | 王十二   | 5000 |
|        2 |     10 | 吴九     | 2450 |
|        3 |     10 | 刘十七   | 1300 |
|        1 |     20 | 赵六     | 3000 |
|        1 |     20 | 寅十一   | 3000 |
|        1 |     20 | 张十六   | 3000 |
|        4 |     20 | 毛十四   | 1100 |
|        5 |     20 | 张三     |  800 |
|        1 |     30 | 陈八     | 2850 |
|        2 |     30 | 李四     | 1600 |
|        3 |     30 | 黄十三   | 1500 |
|        4 |     30 | 王五     | 1250 |
|        4 |     30 | 薛七     | 1250 |
|        6 |     30 | 陈十五   |  950 |
+----------+--------+---------+------+
14 rows in set (0.01 sec)
```

图 5-15 通过 rank()函数查询每个部门
薪资排序的结果集

```
//5.4.5 rank()函数.sql

select
    *
from
    (
        select
            rank()over(
                partition by e.deptno
                order by
                    sal desc
            ) as rank_num,
            e.deptno,
            e.ename,
            e.sal
        from
            emp e
    ) la
where
    la.rank_num = 1;
```

运行后,结果集如图 5-16 所示。

```
+----------+--------+--------+------+
| rank_num | deptno | ename  | sal  |
+----------+--------+--------+------+
|        1 |     10 | 王十二 | 5000 |
|        1 |     20 | 赵六   | 3000 |
|        1 |     20 | 寅十一 | 3000 |
|        1 |     20 | 张十六 | 3000 |
|        1 |     30 | 陈八   | 2850 |
+----------+--------+--------+------+
5 rows in set (0.03 sec)
```

图 5-16　获取每个部门薪资最高者的结果集

5.4.6　dense_rank()函数

dense_rank()是一个窗口函数,dense_rank()函数为分区或结果集中的每行分配排名,而排名值没有间隔。

可以使用 dense_rank()函数对部门进行分区以获取数据,查询每个部门的薪资排名,SQL 语句如下:

```
//5.4.6 dense_rank()函数.sql

select
    e.deptno,
    e.sal,
    dense_rank()over(
        partition by e.deptno
        order by
            e.sal desc
    ) as rnk
from
    emp e;
```

运行后,结果集如图 5-17 所示。部门编号为 20 的组员薪资并列第 1 名的,rnk 值皆为 1,其低于第 1 名的为第 2 名。该排名方式被称作"没有间隔"。

```
+--------+------+-----+
| deptno | sal  | rnk |
+--------+------+-----+
|     10 | 5000 |   1 |
|     10 | 2450 |   2 |
|     10 | 1300 |   3 |
|     20 | 3000 |   1 |
|     20 | 3000 |   1 |
|     20 | 3000 |   1 |
|     20 | 1100 |   2 |
|     20 |  800 |   3 |
|     30 | 2850 |   1 |
|     30 | 1600 |   2 |
|     30 | 1500 |   3 |
|     30 | 1250 |   4 |
|     30 | 1250 |   4 |
|     30 |  950 |   5 |
+--------+------+-----+
14 rows in set (0.41 sec)
```

图 5-17　体验"没有间隔"特性的结果集

之前的 rank()函数,部门编号为 20 的组员工资并列第 1 名的,其 rnk 值皆为 1,此时低于第 1 名的为第 4 名。该排名方式被称作"含有间隔"。

5.4.7 percent_rank()函数

percent_rank()函数将会计算分区或结果集中行的百分位排名。例如此时可以使用 percent_rank()函数查询每名员工占全公司薪资的百分位排名,SQL 语句如下:

```
//5.4.7 percent_rank()函数.sql

select
    e.ename,
    e.sal,
    percent_rank() over (
        order by
            e.sal asc
    ) as '百分位排名'
from
    emp e;
```

运行后,结果集如图 5-18 所示。

如果使用 asc 排序方式,则会让薪资最高的人排在最后,若使用 desc 排序方式,则会让薪资最低的人排在最后。

因为张十六的薪资在公司约 77% 的人之上,全公司共 14 人,所以张十六的薪资处于全公司约 10 名以上(14 人×77%)。

由于赵六、寅十一、张十六的薪资并列,所以此 3 人的百分位均约为 77%。

若嫌弃百分位小数过多,则可使用 round()函数精确小数。本示例将百分位精确至 2 位小数即可,SQL 语句如下:

```
+--------+------+----------------------+
| ename  | sal  | 百分位排名            |
+--------+------+----------------------+
| 张三   |  800 |                    0 |
| 陈十五 |  950 | 0.07692307692307693  |
| 毛十四 | 1100 | 0.15384615384615385  |
| 王五   | 1250 | 0.23076923076923078  |
| 薛七   | 1250 | 0.23076923076923078  |
| 刘十七 | 1300 | 0.38461538461538464  |
| 黄十三 | 1500 | 0.46153846153846156  |
| 李四   | 1600 | 0.5384615384615384   |
| 吴九   | 2450 | 0.6153846153846154   |
| 陈八   | 2850 | 0.6923076923076923   |
| 赵六   | 3000 | 0.7692307692307693   |
| 寅十一 | 3000 | 0.7692307692307693   |
| 张十六 | 3000 | 0.7692307692307693   |
| 王十二 | 5000 |                    1 |
+--------+------+----------------------+
14 rows in set (0.01 sec)
```

图 5-18 每名员工占全公司薪资的百分位排名的结果集

```
//5.4.7 percent_rank()函数.sql

select
    e.ename,
    e.sal,
    round(
        percent_rank()over (
            order by
                e.sal asc
```

```
      ),
      2
   ) as '百分位排名'
from
   emp e;
```

运行后,结果集如图 5-19 所示。

```
| ename  | sal  | 百分位排名 |
|--------|------|-----------|
| 张三   | 800  |         0 |
| 陈十五 | 950  |      0.08 |
| 毛十四 | 1100 |      0.15 |
| 王五   | 1250 |      0.23 |
| 薛七   | 1250 |      0.23 |
| 刘十七 | 1300 |      0.38 |
| 黄十三 | 1500 |      0.46 |
| 李四   | 1600 |      0.54 |
| 吴九   | 2450 |      0.62 |
| 陈八   | 2850 |      0.69 |
| 赵六   | 3000 |      0.77 |
| 寅十一 | 3000 |      0.77 |
| 张十六 | 3000 |      0.77 |
| 王十二 | 5000 |         1 |
14 rows in set (0.02 sec)
```

图 5-19 使用 round()函数精确小数的结果集

5.4.8 ntile()函数

ntile()函数可以辅助用户在分组后给每个分组增加一个编号,方便后续获取。ntile()函数的括号中需要输入一个正整数值 n ,在分组后,序号将会将 n 设置为最大值。

若使用了最大值的 n 之后还有分组没被增加编号的情况,则将会从 1 重新计数,即假设含有 3 个分组,但 n 被设置成了 2,则含有分组编号为分组 1、分组 2、分组 1。

若使用了一部分 n 之后没有分组需要使用编号了,则与正常展示无异。

例如,此时使用 ntile()函数针对每个部门薪资总额分组后进行编号,SQL 语句如下:

```
//5.4.8 ntile()函数.sql

select
   e.deptno,
   sum(e.sal) sum_num,
   ntile(3) over (
      order by e.deptno
   ) group_no
from
   emp e
group by
   e.deptno
```

运行后,结果集如图 5-20 所示。

```
+--------+---------+----------+
| deptno | sum_num | group_no |
+--------+---------+----------+
|     10 |    8750 |        1 |
|     20 |   10900 |        2 |
|     30 |    9400 |        3 |
+--------+---------+----------+
3 rows in set (0.01 sec)
```

图 5-20　给分组增加编号的结果集

5.5　聚合函数窗口化

所有的聚合函数均支持窗口化的使用方式,其中包括前文提到过的 max()、min()、sum()、group_concat()等函数。只需在常规聚合函数之后增加 over()子句。

窗口函数是 MySQL 中最特殊的函数形式,其特殊性在于窗口操作不会将查询行组折叠成单个输出行,相反窗口函数会为每行产生结果。

该特性在 5.4 节有所体现,此处可以使用两种 sum()函数分别进行演示,分别为使用聚合函数和聚合函数窗口化的方式。

使用聚合函数查询全公司总月薪的 SQL 语句如下:

```
select sum(sal) from emp;
```

运行后,结果集如图 5-21 所示。

使用聚合函数窗口化的方式查询全公司总月薪的 SQL 语句如下:

```
select sum(sal) over() from emp;
```

运行后,结果集如图 5-22 所示。因为含有 14 个员工,所以其数字不会折叠,会展示出 14 行。

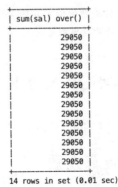

```
+---------------+
| sum(sal) over() |
+---------------+
|         29050 |
|         29050 |
|         29050 |
|         29050 |
|         29050 |
|         29050 |
|         29050 |
|         29050 |
|         29050 |
|         29050 |
|         29050 |
|         29050 |
|         29050 |
|         29050 |
+---------------+
14 rows in set (0.01 sec)
```

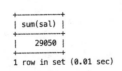

```
+----------+
| sum(sal) |
+----------+
|    29050 |
+----------+
1 row in set (0.01 sec)
```

图 5-21　使用聚合函数查询全
公司总月薪的结果集

图 5-22　聚合函数窗口化使数字
不折叠的结果集

使用聚合函数查询公司内每个部门的平均薪资,SQL 语句如下:

```
select
    deptno,
    avg(sal)
from
    emp
group by
    deptno;
```

运行后,结果集如图 5-23 所示。

使用聚合函数窗口化的方式查询公司内每个部门的平均薪资,SQL 语句如下:

```
select
    deptno,
    avg(sal) over(partition by deptno) as 'avg(sal)'
from
    emp;
```

运行后,结果集如图 5-24 所示。

```
+--------+-----------+
| deptno | avg(sal)  |
+--------+-----------+
|     10 | 2916.6667 |
|     10 | 2916.6667 |
|     10 | 2916.6667 |
|     20 | 2180.0000 |
|     20 | 2180.0000 |
|     20 | 2180.0000 |
|     20 | 2180.0000 |
|     20 | 2180.0000 |
|     30 | 1566.6667 |
|     30 | 1566.6667 |
|     30 | 1566.6667 |
|     30 | 1566.6667 |
|     30 | 1566.6667 |
|     30 | 1566.6667 |
+--------+-----------+
14 rows in set (0.34 sec)
```

```
+--------+-----------+
| deptno | avg(sal)  |
+--------+-----------+
|     20 | 2180.0000 |
|     30 | 1566.6667 |
|     10 | 2916.6667 |
+--------+-----------+
3 rows in set (0.00 sec)
```

图 5-23　使用聚合函数查询公司内每个部门的
平均薪资的结果集

图 5-24　以聚合函数窗口化的方式查询公司内每
个部门的平均薪资的结果集

5.6　MySQL 8.0 处理数字相关的复杂查询

以下为有关 MySQL 处理数字相关的复杂查询与详解。

5.6.1　计算众数

1. 问题

10min

众数的数学定义是"在给定数据集中出现频率最高的元素",例如需要找出 20 号部门的
员工薪水众数,SQL 语句如下:

```
select sal from emp where deptno = 20 order by sal;
```

运行后,计算众数之前的结果集如图 5-25 所示。计算众数之后的结果集如图 5-26 所示。

图 5-25　计算众数之前　　　　　图 5-26　计算众数之后

2. SQL 演化

首先求出 20 号部门的各个阶层薪资及各阶层薪资的人数,SQL 语句如下:

```
//5.6.1 计算众数.sql

select
    sal,
    count( * ) as cnt
from
    emp
where
    deptno = 20
group by
    sal
```

运行后,结果集如图 5-27 所示。

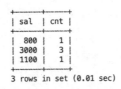

图 5-27　20 号部门的各个阶层薪资及各阶层薪资的人数的结果集

可以看出,月薪一共含有 3 个等级,分别是 800、3000、1100,其中 3000 占的人数最多,含有 3 人,而后可根据各阶层薪资的人数 cnt 进行排序,SQL 语句如下:

```
//5.6.1 计算众数.sql

select
    sal,
    dense_rank() over(
        order by
            cnt desc
    ) as rnk
from
```

```
(
    select
        sal,
        count( * ) as cnt
    from
        emp
    where
        deptno = 20
    group by
        sal
) x;
```

运行后,结果集如图 5-28 所示,即薪资为 3000 等级的人数排第 1 位,800 与 1100 等级的并列第 2 位。

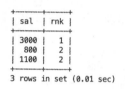

```
+------+-----+
| sal  | rnk |
+------+-----+
| 3000 |   1 |
|  800 |   2 |
| 1100 |   2 |
+------+-----+
3 rows in set (0.01 sec)
```

图 5-28　根据分级薪资人数排序的结果集

最终获取排序 rnk 为 1 的数据即可,这就是部门编号为 20 的薪资里哪种薪资类型为最高,也就是找出了 20 号部门的员工薪资众数,SQL 语句如下:

```
//5.6.1 计算众数.sql

select
    sal
from
    (
        select
            sal,
            dense_rank() over(
                order by
                    cnt desc
            ) as rnk
        from
            (
                select
                    sal,
                    count( * ) as cnt
                from
                    emp
                where
                    deptno = 20
                group by
                    sal
            ) x
```

```
) y
where
    rnk = 1;
```

5.6.2　计算中值

1. 问题

中值的数学定义是："中值(又称中位数)是指将统计总体中的各个变量值按大小顺序排列起来,形成一个数列,处于变量数列中间位置的变量值就称为中位数",此时需要查出部门编号为 20 的员工薪资的中值是多少。

为计算中值,按照数学定义将部门编号为 20 的员工薪资的变量值按大小顺序排列起来,形成一个数列,SQL 语句如下:

```
//5.6.2 计算中值.sql

select
    row_number() over (
        order by e.sal
    ) row_num,
    e.sal
from
    emp e
where
    e.deptno = '20'
```

运行后,计算中值之前的结果集如图 5-29 所示。计算中值之后的结果集如图 5-30 所示。

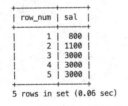

图 5-29　计算中值之前的结果集

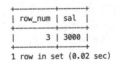

图 5-30　计算中值之后的结果集

2. SQL 演化

获取部门编号为 20 的员工总数,并除以 2 获取中值的位置,SQL 语句如下:

```
//5.6.2 计算中值.sql

select
    floor(count(e.sal) / 2) + 1
from
    emp e
where
    e.deptno = '20'
```

运行后,结果集如图 5-31 所示。

```
+---------------------------+
| floor(count(e.sal) / 2) + 1 |
+---------------------------+
|                         3 |
+---------------------------+
1 row in set (0.01 sec)
```

图 5-31 获取中值位置的结果集

拼接两条 SQL 语句。根据排列后的数列进行获取,只需获取 row_num 为 3 的薪资数目便可以查出部门编号为 20 的员工薪资的中值是多少,SQL 语句如下:

```sql
//5.6.2 计算中值.sql

select
    *
from
    (
        select
            row_number() over (
                order by e.sal
            ) row_num,
            e.sal
        from
            emp e
        where
            e.deptno = '20'
    ) as rum
where
    rum.row_num = (
        select
            floor(count(e.sal) / 2) + 1
        from
            emp e
        where
            e.deptno = '20'
    );
```

## 第 6 章

SQL 日期的查询与处理

6.1 MySQL 8.0 的日期

不同的语言有不同针对日期进行计算的方式。在 MySQL 中含有 date、datetime、time 等数据类型,用于处理与日期有关的逻辑与业务。

MySQL 本质上认为日期是字符串的一种表现形式,所以在插入一个日期时,可以使用字符串的方式进行插入操作,MySQL 会针对字符串自行进行日期的解析。

6.1.1 MySQL 8.0 中的日期类型

MySQL 8.0 中支持的日期类型如表 6-1 所示。

表 6-1　MySQL 8.0 中支持的日期类型

日 期 类 型	范　　围	释　　义
date	1000-01-01～9999-12-31	存储日期不包含时间,显示格式为 YYYY-MM-DD。该值不受时区设定影响。无效值会被转换为 0000-00-00
datetime[(f)]	10000-01-01 00:00:00.0～9999-12-31 23:59:59.9999999 f 可选范围为 0(1s)～6(μs)	F 为微秒精确度。 存储日期和时间,以 UNIX 计时原点(1970-01-01 00:00:00)为基点。 显示格式为 YYYY-MM-DD HH:MM:SS[.1*]。其中 1 表示分秒数。该值不受时区设定影响。无效值会被转换为 0000-00-00 00:00:00.0。 MySQL 5.6.4 中加入了精确到微秒(10e-6)的分秒数,以 F 为标志,可选范围为 0(1s)～6(μs)。 μs 为微秒单位(microsecond),1μs 等于百万分之一秒(10 的负六次方秒),1ms 等于千分之一秒(10 的负三次方秒)

续表

日 期 类 型	范 围	释 义
time[(f)]	−838:59:59.0～838:59:59.0 f 可选范围为 0(1s)～6(μs)	存储一个时间点或一段时间长度。 显示格式为 HH:MM:SS[.1*]，其中 1 表示分秒数。该值不受时区设定影响。无效值会被转换为 0000-00-00 00:00:00.0。 MySQL 5.6.4 中加入了精确到微秒(10e-6)的分秒数，以 F 为标志
year	1901～2155 或 0000	表示一个四位数的年份。 无效值会被转换为 0000。 0～69 转换为 2000～2069。 70～99 则转换为 1970～1999。 year 原本应是 year(4)类型，但由于 year(2)类型在 MySQL 5.7.5 中被移除，所以默认 year(4)类型为 YEAR 类型

6.1.2　date 类型

创建表时将字段设置为 date 类型的 SQL 语句如下：

```
create table test_date(t1 date);
```

向 test_date 表中添加测试数据，SQL 语句如下：

```
//6.1.2 date 类型.sql

insert into test_date(t1) values ('2022 - 07 - 13');
insert into test_date(t1) values ('20220713');
insert into test_date(t1) values ('220713');
insert into test_date(t1) values (now());
```

查询语句如下：

```
select * from test_date;
```

运行后，结果集如图 6-1 所示。

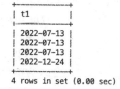

```
+------------+
| t1         |
+------------+
| 2022-07-13 |
| 2022-07-13 |
| 2022-07-13 |
| 2022-12-24 |
+------------+
4 rows in set (0.00 sec)
```

图 6-1　查询 date 字段的结果集

6.1.3　datetime 类型

创建表时将字段设置为 datetime 类型的 SQL 语句如下：

```
create table test_datetime(t1 datetime);
```

向 test_datetime 表中添加测试数据，SQL 语句如下：

```
//6.1.3 datetime 类型.sql

insert into test_datetime(t1) values ('2022 - 07 - 13');
insert into test_datetime(t1) values ('20220713');
insert into test_datetime(t1) values ('220713');
insert into test_datetime(t1) values ('2022 - 07 - 13 23:10:11');
insert into test_datetime(t1) values ('2022 - 07 - 13 11:10:11');
insert into test_datetime(t1) values (now());
```

查询语句如下：

```
select * from test_datetime;
```

运行后，结果集如图 6-2 所示。

```
+---------------------+
| t1                  |
+---------------------+
| 2022-07-13 00:00:00 |
| 2022-07-13 00:00:00 |
| 2022-07-13 00:00:00 |
| 2022-07-13 11:10:11 |
| 2022-07-13 23:10:11 |
| 2022-12-24 21:03:16 |
+---------------------+
6 rows in set (0.00 sec)
```

图 6-2　查询 datetime 字段的结果集

6.1.4　time 类型

创建表时将字段设置为 time 类型的 SQL 语句如下：

```
create table test_time(t1 time);
```

向 test_time 表中添加测试数据，SQL 语句如下：

```
insert into test_time(t1) values ("10:11:12");
insert into test_time(t1) values (now());
```

查询语句如下：

```
select * from test_time;
```

运行后，结果集如图 6-3 所示。

图 6-3　查询 time 字段的结果集

6.1.5　year 类型

创建表时将字段设置为 year 类型的 SQL 语句如下：

```
create table test_year(t1 year);
```

向 test_year 表中添加测试数据，SQL 语句如下：

```
insert into test_year(t1) values('2021');
insert into test_year(t1) values(now());
```

查询语句如下：

```
select * from test_year;
```

运行后，结果集如图 6-4 所示。

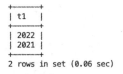

图 6-4　查询 year 字段的结果集

6.2　获取当前日期和时间函数

MySQL 8.0 中提供了作用类似的获取当前日期和时间的函数（部分），如 current_timestamp()、localTime()、localTimeStamp()、now()、sysdate()、curdate()、curtime()、current_date()、current_time()、current_timestamp()等函数。

以上函数的作用有些雷同，均可返回当前日期或时间值，只是展示的格式不同，其中 curdate()函数是以 YYYY-MM-DD 或 YYYYMMDD 格式的值返回当前日期，具体格式取决于函数是在字符串上下文中使用还是在数字上下文中使用。

使用日期和时间函数获取当前系统日期和时间的 SQL 语句如下：

```
//6.2 获取当前日期和时间函数.sql

select
        current_timestamp(),
        localTime(),
```

```
now(),
sysdate(),
curdate(),
curdate() + 0,
curtime(),
curtime() + 0,
current_date(),
current_time(),
current_timestamp();
```

运行后,部分结果集如图 6-5 所示。

```
+-----------+-----------+-----------+----------------+----------------+---------------------+
| curdate()+0 | curtime() | curtime()+0 | current_date() | current_time() | current_timestamp() |
+-----------+-----------+-----------+----------------+----------------+---------------------+
|  20230122 | 17:08:31  |    170831 |   2023-01-22   |    17:08:31    | 2023-01-22 17:08:31 |
+-----------+-----------+-----------+----------------+----------------+---------------------+
```

图 6-5 获取当前日期和时间函数的结果集

6.3 日期的运算

interval 关键字用于日期的计算,计算日期之间的间隔,比方说两小时前是什么时间,三天后是什么时间等。

在第 1 章提到了 interval( )函数,此 interval( )函数为比较函数。日期运算使用的 interval 关键字与其完全无关。

interval 关键字的表达式如下:

```
interval expr unit
```

exp 表示表达式,例如 1、2、100、200 或其他取决于单位的表达式。unit 是计算日期和时间的度量单位,如日、时、分、秒等。

常见日期计算的 SQL 语句如下:

```
# 当前日期增加 1 天
select now() + interval '1'day;
```

运行后,结果集如图 6-6 所示。

若不使用 interval 关键字,则无法正确地计算日期,SQL 语句如下:

```
# 计算日期错误的语句
select now() + '1 day',now() + 1 'day';
```

运行后,结果集如图 6-7 所示。

```
+-----------------------+
| now() + interval '1' day |
+-----------------------+
| 2023-01-23 14:20:05   |
+-----------------------+
1 row in set (0.01 sec)
```

```
+---------------+----------------+
| now() + '1 day' | day            |
+---------------+----------------+
| 20230122143624 | 20230122143624 |
+---------------+----------------+
1 row in set, 1 warning (0.00 sec)
```

图 6-6 当前日期增加 1 天的结果集   图 6-7 错误的结果集

如图 6-7 所示,由于并没有增加 1 天时间,所以虽然有数据,但没有 interval 关键字的日期运算会返回错误的结果。

在 SQL 中 unit 中所含有单位包括 day、day_hour、day_microsecond、day_minute、day_second、hour、hour_microsecond、hour_minute、hour_second、microsecond、minute、minute_microsecond、minute_second、month、quarter、second、second_microsecond、week、year、year_month。

其中 year、month 等都好理解,以 year_month 为例,'1 2' year_month,就代表 1 年 2 个月,两个数字之间的间隔符用等号、空格、下画线、中画线等都可以。同理,day_second 就代表几天几小时几分钟几秒,'2 1 3 4' day_second 就代表 2 天 1 小时 3 分 4 秒,SQL 语句如下:

```
| now() + interval '2 1 3 4' day_second |
| 2023-01-24 16:15:45                    |
1 row in set (0.00 sec)
```

图 6-8   此时此刻增加 2 天 1 小时 3 分 4 秒的结果集

```
select now() + interval '2 1 3 4' day_second;
```

运行后,结果集如图 6-8 所示。

6.4   日期的比较

在 MySQL 中,日期本质上只是一行有规律的字符串,期望日期比较时可以直接比较字符串,SQL 语句如下:

```
select '2022 - 02 - 13' < '2022 - 03 - 03';            # 返回 1
select '2022 - 02 - 13' > '2022 - 03 - 03';            # 返回 0
select '2022 - 02 - 13' < '2022 - 03 - 03 12:00';      # 返回 1
```

虽然不将两个数据都精确到一个时间格式也可以进行比较,但通常会精确到一个时间格式,以免出现意外,通常 SQL 语句如下:

```
select date('2022 - 02 - 13') < date('2022 - 03 - 03 12:00');      # 返回 1
```

6.5   日期的区间

在工作中常用的日期算法为获取 2022 年 1 月 1 日至 2022 年 1 月 30 日中的数据。此类写法需要使用日期的区间进行计算。

区间只需增加 between 关键字和 and 关键字,SQL 语句如下:

```
//6.5 日期的区间.sql

select
    count( * )
from
```

```
    emp e
where
    hiredate   between '2022 - 01 - 01' and '2022 - 01 - 30';
♯返回 1
```

以上 SQL 语句也可省略 between 关键字,只使用 and 关键字,SQL 语句如下:

```
//6.5 日期的区间.sql

select
    count( * )
from
    emp e
where
    hiredate   > = '2022 - 01 - 01' and hiredate < = '2022 - 01 - 30';
♯返回 1
```

也可让时间更加精确,SQL 语句如下:

```
//6.5 日期的区间.sql

select
    count( * )
from
    emp e
where
    hiredate   > = '2022 - 01 - 01 00:00:00' and hiredate < = '2022 - 01 - 30 00:00:00';
♯返回 1
```

6.6 MySQL 8.0 中的时区

MySQL 8.0 的默认时区为 UTC,UTC 为协调世界时,又称世界统一时间、世界标准时间、国际协调时间。由于英文(CUT)和法文(TUC)的缩写不同,所以作为妥协被简称为 UTC。

协调世界时是以原子时秒长为基础且在时刻上尽量接近于世界时的一种时间计量系统。中国大陆采用 ISO 8601—1988 的《数据元和交换格式信息交换日期和时间表示法》(GB/T 7408—1994)作为国际协调时间,代替原来的 GB/T 7408—1994;中国台湾采用 CNS 7648 的《资料元及交换格式-信息交换-日期及时间的表示法》作为世界统一时间。

除了 UTC 之外,时区还拥有 GMT(Greenwich Mean Time)时区、格林尼治平时(也称格林尼治时间)。GMT 规定太阳每天经过位于英国伦敦郊区的皇家格林尼治天文台的时间为中午 12 点。GMT 规定英国(格林尼治天文台旧址)为中时区(零时区)、东 1～12 区、西 1～12 区。每个时区横跨经度 15°,时间正好是 1 小时。最后的东、西第 12 区各跨经度 7.5°,以东、西经 180°为界。每个时区的中央经线上的时间就是该时区内统一采用的时间,称为区时,相邻两个时区的时间相差 1 小时。

美国横跨西五区至西十区,共 6 个时区。每个时区对应一个标准时间,从东向西分别为东部时间(Eastern Standard Time,EST)(西五区时间)、中部时间(CST)(西六区时间)、山地时间(MST)(西七区时间)、太平洋时间(西部时间)(PST)(西八区时间)、阿拉斯加时间(AKST)(西九区时间)和夏威夷时间(HST)(西十区时间),按照"东早西晚"的规律,各递减一小时。

美国东部时间(EST)包括大西洋沿岸及近大陆的 19 个州和华盛顿特区,代表城市为华盛顿、纽约。中部时间(CST)的代表城市为芝加哥、新奥尔良。山地时间(MST)的代表城市为盐湖城、丹佛。太平洋时间(PST)包括太平洋沿岸的 4 个州,代表城市为旧金山、洛杉矶、西雅图。阿拉斯加时间(AKST)只限于阿拉斯加。夏威夷时间(HST)只限于夏威夷。

中国大陆、中国香港、中国澳门、中国台湾、蒙古国、新加坡、马来西亚、菲律宾、西澳大利亚州的时间与 UTC 的时差均差 8 小时,也就是 UTC+8。

时区在 MySQL 中都可以互相转换,国内公司为了编程方便,通常将北京时间设置为 UTC。

在 MySQL 中可以使用 convert_tz()函数对时区进行转换,convert_tz()函数的格式如下:

```
convert_tz(dt,from_tz,to_tz)
```

convert_tz()函数将日期时间值 dt 转换为 from_tz 到 to_tz 给定的时区,并返回结果。若参数无效,则函数返回 null。转换时区的 SQL 语句如下:

```
select convert_tz('2004 - 01 - 01 12:00:00','+00:00','+08:00');
```

运行后,结果集如图 6-9 所示。

```
+---------------------------------------------------------+
| convert_tz('2004-01-01 12:00:00','+00:00','+08:00') |
+---------------------------------------------------------+
| 2004-01-01 20:00:00                                     |
+---------------------------------------------------------+
1 row in set (0.00 sec)
```

图 6-9　转换时区的结果集

6.7　日期相关常用函数

MySQL 还经常运用聚合函数和修饰符(Date and Time Functions)类型的函数。如下 SQL 语句可在 MySQL 数据库中查询聚合函数和修饰符。

```
//6.7 日期相关常用函数.sql

select
    *
from
```

```
        mysql.help_topic ht
where
        ht.help_category_id = (
                select
                        hc.help_category_id
                from
                        mysql.help_category hc
                where
                    hc.name = 'Date and Time Functions'
        );
```

6.7.1　adddate()与 date_sub()

adddate()函数是 MySQL 中进行日期运算的函数,adddate()函数的格式如下:

```
adddate(date, interval expr unit)
adddate(expr, days)
```

当使用第 2 个参数的 interval 关键字进行调用时,adddate()函数是 date_add()函数的同义函数。

当使用第 2 个参数的 days 形式调用时,MySQL 会处理 days 作为要添加到 expr 的整数天数。adddate()函数的 SQL 语句如下:

```
//6.7.1 adddate() 与 date_sub().sql

select date_add('2008 – 01 – 02', interval 31 day);
select adddate('2008 – 01 – 02', interval 31 day);
select adddate('2008 – 01 – 02', 31);
```

运行后,结果集如图 6-10 所示。

也可以使用负数进行运算,即将日期往前推,SQL 语句如下:

```
//6.7.1 adddate() 与 date_sub().sql

select date_add('2008 – 01 – 02', interval – 31 day);
select adddate('2008 – 01 – 02', interval – 31 day);
select adddate('2008 – 01 – 02', – 31);
```

运行后,结果集如图 6-11 所示。

```
+--------------------------------+
| adddate('2008-01-02', interval 31 day) |
+--------------------------------+
| 2008-02-02                     |
+--------------------------------+
1 row in set (0.00 sec)
```

```
+--------------------------------+
| date_add('2008-01-02', interval -31 day) |
+--------------------------------+
| 2007-12-02                     |
+--------------------------------+
1 row in set (0.01 sec)
```

图 6-10　2008 年 1 月 2 日增加 31 天后的结果集　　**图 6-11　负数示例的结果集**

subdate()函数也是日期运算类函数(日期减),SQL 格式如下:

```
subdate(date, interval expr unit)
subdate(expr, days)
```

　　subdate()使用第 2 个参数的 interval 形式调用时 subdate()是 date_sub()的同义函数。
subdate()函数的示例语句如下：

```
//6.7.1 adddate() 与 date_sub().sql

select date_sub('2008 - 01 - 02', INTERVAL 31 DAY);
select subdate('2008 - 01 - 02', INTERVAL 31 DAY);
select subdate('2008 - 01 - 02',31);
# 以上语句返回的结果相同,即都返回 2007 - 12 - 02

select date_sub('2008 - 01 - 02', INTERVAL - 31 DAY);
select subdate('2008 - 01 - 02', INTERVAL - 31 DAY);
select subdate('2008 - 01 - 02', - 31);
# 以上语句返回的结果相同,即都返回 2008 - 02 - 02

select subdate('2008 - 01 - 02 11:11:11',31);
# 以上语句返回 2007 - 12 - 02 11:11:11
```

　　adddate()是 date_add()的同义函数。相关函数 subdate()是 date_sub()的同义函数。
相关 SQL 语句格式如下：

```
date_add(date, interval expr unit)
date_sub(date, interval expr unit)
```

　　date 部分相关函数：date 参数用于指定开始日期或日期时间值。expr 用于指定要从开
始日期添加或减去的间隔值。expr 被计算为字符串；expr 可能以"－"开头,表示负数间
隔。unit 是一个关键字,指示应解释表达式,相关 SQL 语句如下：

```
//6.7.1 adddate() 与 date_sub().sql

select date_add('2018 - 05 - 01',interval 1 DAY);
# 返回结果 '2018 - 05 - 02'

select date_sub('2018 - 05 - 01',interval 1 YEAR);
# 返回结果 '2017 - 05 - 01'

select date_add('2020 - 12 - 31 23:59:59', interval 1 SECOND);
# 返回结果 '2021 - 01 - 01 00:00:00'

select date_add('2018 - 12 - 31 23:59:59',interval 1 DAY);
# 返回结果 '2019  01 - 01 23:59:59'

select date_add('2100 - 12 - 31 23:59:59',interval '1:1' MINUTE_SECOND);
# 返回结果 '2101 - 01 - 01 00:01:00'

select date_sub('2025 - 01 - 01 00:00:00',interval '1 1:1:1' DAY_SECOND);
# 返回结果 '2024 - 12 - 30 22:58:59'
```

```
select date_add('1900 – 01 – 01 00:00:00',interval '– 1 10' DAY_HOUR);
#返回结果 '1899 – 12 – 30 14:00:00'

select date_sub('1998 – 01 – 02', interval 31 DAY);
#返回结果 '1997 – 12 – 02'

select
    date_add('1992 – 12 – 31 23:59:59.000002',
        interval '1.999999' SECOND_MICROSECOND);
#返回结果 '1993 – 01 – 01 00:00:01.000001'
```

6.7.2　addtime()

addtime()类似于 adddate()，也是 MySQL 日期运算的函数之一，adddate()函数仅限于增加"日级别"以上的日期，addtime()函数可以增加更详细的日期数据。addtime()函数的语法如下：

```
addtime(expr1,expr2)
```

addtime()将 expr2 添加到 expr1 并返回结果。expr1 是时间或 datetime 表达式，而 expr2 是时间表达式。addtime()函数的 SQL 语句如下：

```
select addtime('2007 – 12 – 31 23:59:59', '1 1:1:1');
```

运行后，结果集如图 6-12 所示。

```
| addtime('2007-12-31 23:59:59', '1 1:1:1') |
| 2008-01-02 01:01:00                       |
1 row in set (0.00 sec)
```

图 6-12　addtime()函数示例 SQL 语句的结果集

6.7.3　date()和 time()

date(expr)函数用于提取日期或日期时间表达式 expr 的日期部分，SQL 语句如下：

```
select date('2003 – 12 – 31 01:02:03');
```

运行后，结果集如图 6-13 所示。

time(expr)函数用于提取日期或日期时间表达式(expr)的时间部分，SQL 语句如下：

```
select time('2003 – 12 – 31 01:02:03');
```

运行后，结果集如图 6-14 所示。

```
| date('2003-12-31 01:02:03') |
| 2003-12-31                  |
1 row in set (0.00 sec)
```

```
| time('2003-12-31 01:02:03') |
| 01:02:03                    |
1 row in set (0.00 sec)
```

图 6-13　date()函数示例 SQL 语句的结果集　　图 6-14　time()函数示例 SQL 语句的结果集

6.7.4　timestamp()

timestamp()函数是 date()函数的逆向函数,date()函数用于将"日期时间"格式的数据提取为"日期"格式,而 timestamp()函数是将"日期"格式的数据修改为"日期时间"格式。

timestamp()函数的语法如下:

```
timestamp(expr)
timestamp(expr1,expr2)
```

若使用单个 expr 参数,则 timestamp()函数将会把时间补全为"00:00:00"。

若使用 expr2 参数,则 timestamp()函数将会返回 expr1+expr2 的时间。

timestamp()函数的 SQL 语句如下:

```
//6.7.4 timestamp().sql

select timestamp('2003-12-31');
♯返回 2003-12-31 00:00:00

select timestamp('2003-12-31','00:00:00');
♯返回 2003-12-31 00:00:00

select timestamp('2003-12-31','23:59:59');
♯返回 2003-12-31 23:59:59

select timestamp('2003-12-31','24:00:00');
♯返回 2004-01-01 00:00:00

select timestamp('2003-12-31 12:00:00','12:00:00');
♯返回 2004-01-01 00:00:00
```

6.7.5　datediff()

datediff()函数会计算两个日期之间的时间差,datediff()函数的语法如下:

```
datediff(expr1,expr2)
```

datediff()函数会返回 expr1-expr2 的时间差,以天数进行返回,SQL 语句如下:

```
select datediff('2007-12-31 23:59:59','2007-12-30');
♯上下 SQL 语句运行后的结果集相同
select datediff('2007-12-31','2007-12-30');
```

运行后,结果集如图 6-15 所示。

```
+-------------------------------------------------+
| datediff('2007-12-31 23:59:59','2007-12-30') |
+-------------------------------------------------+
|                                             1 |
+-------------------------------------------------+
1 row in set (0.00 sec)
```

图 6-15　datediff()函数示例 SQL 语句的结果集

若 expr2 时间晚于 expr1 时间,则会返回负数,SQL 语句如下:

```
select datediff('2010 − 11 − 30','2010 − 12 − 31');
select datediff('2010 − 11 − 30 23:59:59','2010 − 12 − 31');
select datediff('2010 − 11 − 30 23:59:59','2010 − 12 − 31 20:59:59');
#以上 SQL 语句运行后的结果集相同
```

运行后,结果集如图 6-16 所示。

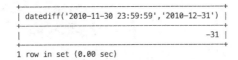

图 6-16 datediff()函数示例(负数)SQL 语句的结果集

6.7.6 timediff()

timediff()函数会计算两个日期之间的时间差,timediff()函数的语法格式如下:

```
timediff(expr1,expr2)
```

timediff()函数会返回 expr1 − expr2 的时间差,以小时数进行返回,并且 expr1 与 expr2 必须是相同类型的数值,SQL 语句如下:

```
//6.7.6 timediff().sql

select datediff('2010 − 11 − 30','2010 − 12 − 31');                  #返回 00:00:00
select datediff('2010 − 11 − 30 23:59:59','2010 − 12 − 31');         #返回 null
select datediff('2010 − 11 − 30 23:59:59','2010 − 12 − 31 20:59:59'); #返回 −741:00:00
```

6.7.7 timestampdiff()

timestampdiff()函数会计算两个日期之间的时间差,与 timediff()函数不同的是,timestampdiff()函数可以选择不同的时间差返回形式。timestampdiff()函数的语法格式如下:

```
timestampdiff(unit, datetime_expr1, datetime_expr2)
```

timestampdiff()函数会根据 unit(单位)返回 datetime_expr2 − datetime_expr1 的时间,SQL 语句如下:

```
select timestampdiff(month,'2003 − 02 − 01','2003 − 05 − 01');           #返回 3
select timestampdiff(year,'2002 − 05 − 01','2001 − 01 − 01');            #返回 −1
select timestampdiff(minute,'2003 − 02 − 01','2003 − 05 − 01 12:05:55'); #返回 128885
```

6.7.8 day()等提取函数

day()、hour()、second()、minute()和 maketime()等函数的使用方式类似。

day()函数是 dayofmonth()函数的别名。dayofmonth()函数用于返回日期中的"日",范围为 0～31。

例如"0000-00-00"或"2008-00-00"都会返回 0。dayofmonth()函数的格式如下:

```
dayofmonth(date)
```

dayofmonth()函数只需输入日期,SQL 语句如下:

```
select dayofmonth('2007 - 02 - 03');
select day('2007 - 02 - 03');                    ♯返回 3
```

若日期格式错误,则会返回 null,SQL 语句如下:

```
select dayofmonth('20107 - 02 - 03');            ♯返回 null
```

hour()函数将返回日期中的"小时",SQL 语句如下:

```
select hour('10:05:03');                         ♯返回 10
select hour('272:59:59');                        ♯返回 272
```

second()函数将返回日期中的"秒",SQL 语句如下:

```
select second('10:05:03');                       ♯返回 3
select second('10:05:13');                       ♯返回 13
select second('10:05:61');                       ♯返回 null
```

quarter()函数将返回日期中的"季度",正常情况下只返回 1、2、3、4,SQL 语句如下:

```
select quarter('2007 - 02 - 03 10:05:61');       ♯返回 null
select quarter('2007 - 02 - 03');                ♯返回 1
```

6.7.9　dayname()

dayname()函数用于返回星期几的英文名,SQL 格式如下:

```
DAYNAME(date)
```

星期几的英文名为 Monday、Tuesday、Wednesday、Thursday、Friday、Saturday、Sunday,SQL语句如下:

```
select dayname('2007 - 02 - 03');
select dayname('20070203');
select dayname('070203');
♯以上语句均返回 Saturday
```

此处的星期几的英文名由系统变量的 lc_time_names 变量进行控制,SQL 语句如下:

```
show variables like 'lc_time_names';
```

运行后,系统变量结果集如图 6-17 所示。

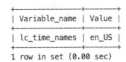

图 6-17 lc_time_names 系统变量

6.7.10 dayofweek() 和 dayofyear()

dayofweek() 函数将会返回星期几的索引,例如 1＝Sunday、2＝Monday、7＝Saturday,示例 SQL 语句如下:

```
select dayofweek('2007 - 02 - 03');
select dayofweek('20070203');
select dayofweek('070203');
# 以上语句均返回 7
```

dayofweek() 函数将会返回某个日期是一年中的第几天,范围为 1～366,SQL 语句如下:

```
select dayofyear('2007 - 02 - 03');
select dayofyear('20070203');
select dayofyear('070203');
# 以上语句均返回 34
```

6.7.11 extract()

extract() 函数用于提取日期中的数字。例如从一串日期中提取出年,提取出月,提取出日。extract() 函数的语法格式如下:

```
extract(unit FROM date)
```

extract() 函数语法中的 unit(单位)与前文中讲解日期运算 interval 关键字的 unit(单位)完全相同,可使用单位包括 day、day_hour、day_microsecond、day_minute、day_second、hour、hour _ microsecond、hour _ minute、hour _ second、microsecond、minute、minute _ microsecond、minute_second、month、quarter、second、second_microsecond、week、year、year_month。

以 day 为例,如果使用如下语句,则可以返回日期中的 day,SQL 语句如下:

```
select extract(day FROM '2022 - 03 - 04')
# 返回 4
```

以 day_hour 为例,如果使用如下语句,则可以返回日期中的日和小时,SQL 语句如下:

```
select extract(day_hour FROM '2022 - 03 - 04 11:12:13')
# 返回 411
```

以 day_minute 为例,如果使用如下语句,则可以返回日期中的"日小时分钟",SQL 语句如下:

```
select extract(day_minute FROM '2022 - 03 - 04 11:12:13')
# 返回 41112
```

以 week 为例,如果使用如下语句,则可以返回日期是一年中的第几天,SQL 语句如下:

```
select extract(week FROM '2022 - 03 - 04 11:12:13')
# 返回 9
```

6.7.12　from_unixtime()

form_unixtime()函数主要用于将 UNIX 时间戳转换为可读的日期,form_unixtime()函数的语法格式如下:

```
from_unixtime(unix_timestamp[,format])
```

在 from_unixtime()中 MySQL 的 format 可填,也可不填,若添加 MySQL 的 format,则可选内容如表 6-2 所示。

表 6-2　MySQL 数据库支持日期的 format(格式)

时 间 范 围	值	释　　义
秒	%S,%s	两位数字形式的秒(00,01,02,…,59)
分	%I,%i	两位数字形式的秒(00,01,02,…,59)
小时	%H	24h 制,两位数形式的小时(00,01,…,23)
	%h	12h 制,两位数形式的小时(00,01,…,12)
	%k	24h 制,数形式的小时(0,1,…,23)
	%l	12h 制,数形式的小时(0,1,…,12)
	%T	24h 制,时间形式(HH:mm:ss)
	%r	12h 制,时间形式(hh:mm:ss AM 或 PM)
	%p	AM 上午或 PM 下午
周	%W	一周中每天的名称(Sunday,Monday,…,Saturday)
	%a	一周中每天名称的缩写(Sun,Mon,…,Sat)
	%w	以数字形式标识周(0=Sunday,1=Monday,…,6=Saturday)
	%U	数字表示周数,星期天为周中第一天
	%u	数字表示周数,星期一为周中第一天
天	%d	两位数字表示月中的天数(01,02,…,31)
	%e	数字表示月中的天数(1,2,…,31)
	%D	英文后缀表示月中的天数(1st,2nd,3rd,…)
	%j	以三位数字表示年中的天数(001,002,…,366)

时 间 范 围	值	释 义
月	%M	英文月名(January,February,…,December)
	%b	英文缩写月名(Jan,Feb,…,Dec)
	%m	两位数字表示的月份(01,02,…,12)
	%c	数字表示的月份(1,2,…,12)
年	%Y	四位数字表示的年份(2015,2016,…)
	%y	两位数字表示的年份(15,16,…)
文字输出	%字符串	在字符串处编写任意文字,以便直接输出文字内容

form_unixtime()以日期时间的形式返回字符串,同时也可通过 MySQL 所支持日期的 format(格式)进行返回。不使用 format(格式)的 SQL 语句如下:

```
select from_unixtime(1674452626);        # 返回 2023 - 01 - 23 13:43:46
select from_unixtime(1674452626) + 0;
select from_unixtime(1674452626) - 0;     # 返回 20230123134346
```

日期的 format 方式即通过引号将 format 内容包括起来,使用 format(格式)的 SQL 语句如下:

```
//6.7.12 from_unixtime().sql

select from_unixtime(1674452626,'%Y %D %M %h:%i: %s %x');
# 返回 2023 23rd January 01:43:46 2023

select from_unixtime(1674452626,'%Y - %m - %e %h: %i: %s');
# 返回 2023 - 01 - 23 01:43:46

select from_unixtime(1674452626,'%Y = %m = %e %h: %i: %s');
# 返回 2023 = 01 = 23 01:43:46

select from_unixtime(1674452626,'%h: %i: %s');
# 返回 01:43:46

select from_unixtime(1674452626,'%h: %i: %s %随便写一些字');
select from_unixtime(1674452626,'%h: %i: %s 随便写一些字');
# 返回 01:43:46 随便写一些字
```

6.7.13 str_to_date()与 date_format()

str_to_date()函数会扫描字符串进行 format 识别,str_to_date()只能将字符串转换为固定的日期格式,在其他语言里更像将 string 对象转换成 date 对象。

str_to_date()函数和数的格式如下:

```
str_to_date(str,format)
```

str_to_date()函数的 SQL 语句如下：

```
//6.7.13 str_to_date() 与 date_format().sql

select str_to_date('01,5,2013','%d,%m,%Y');
select str_to_date('2013,05,01','%Y,%m,%d');
select str_to_date('2013-05-01','%Y-%m-%d');
select str_to_date('20130501','%Y%m%d');
#以上 SQL 语句均返回 2013-05-01
```

date_format()函数与 str_to_date()函数不同的是，str_to_date()函数将任意字符串转换成固定日期格式，而 date_format()函数将固定日期格式转换成任意字符串。本质上 str_to_date()函数与 date_format()函数为互逆函数。

```
date_format(date,format)
```

date_format()函数的 SQL 语句如下：

```
//6.7.13 str_to_date() 与 date_format().sql

select date_format('2009-10-04 22:23:00', '%W %M %Y');
#返回 'Sunday October 2009'

select date_format('2007-10-04 22:23:00', '%H:%i:%s');
#返回 '22:23:00'

select date_format('1900-10-04 22:23:00','%D %y %a %d %m %b %j');
#返回 '4th 00 Thu 04 10 Oct 277'

select date_format('1997-10-04 22:23:00','%H %k %I %r %T %S %w');
#返回 '22 22 10 10:23:00 PM 22:23:00 00 6'

select date_format('1999-01-01', '%X %V');
#返回 '1998 52'

select date_format('2006-06-00', '%d');
#返回 '00'
```

6.7.14　get_format()

get_format()是 date_format()的优化编写方式。通过 format 的别名的方式，可以不用每次都输入多个"%变量"，get_format()函数的语法格式如下：

```
get_format({date|time|datetime}, {'eur'|'usa'|'jis'|'iso'|'internal'})
```

几种通用且常见的日期格式均有别名,get_format 语法及别名如表 6-3 所示。

表 6-3　get_format 语法及别名

别　　名	别 名 释 义
get_format(date,'usa')	'%m.%d.%y'
get_format(date,'jis')	'%y-%m-%d'
get_format(date,'iso')	'%y-%m-%d'
get_format(date,'eur')	'%d.%m.%y'
get_format(date,'internal')	'%y%m%d'
get_format(datetime,'usa')	'%y-%m-%d %h.%i.%s'
get_format(datetime,'jis')	'%y-%m-%d %h:%i:%s'
get_format(datetime,'iso')	'%y-%m-%d %h:%i:%s'
get_format(datetime,'eur')	'%y-%m-%d %h.%i.%s'
get_format(datetime,'internal')	'%y%m%d%h%i%s'
get_format(time,'usa')	'%h:%i:%s %p'
get_format(time,'jis')	'%h:%i:%s'
get_format(time,'iso')	'%h:%i:%s'
get_format(time,'eur')	'%h.%i.%s'

get_format()函数只能与 str_to_date()函数或 date_format()函数进行连用。get_format()函数的 SQL 语句如下:

```
//6.7.14 get_format().sql

select str_to_date('10.31.2003',get_format(DATE,'USA'));
#返回 2003 - 10 - 31
#str_to_date()返回固定的日期格式

select date_format('2003 - 10 - 03',get_format(DATE,'ISO'));
#返回 2003 - 10 - 03

select date_format('2003 - 10 - 03',get_format(DATE,'EUR'));
#返回 03.10.2003
```

6.7.15　sec_to_time()

sec_to_time()函数将根据秒返回时间,输入秒之后可直接转换成格式的时间,SQL 语句如下:

```
//6.7.15 sec_to_time().sql

select sec_to_time(10);
#返回 00:00:10

select sec_to_time(60);
```

```
♯返回 00:01:00

select sec_to_time(2378);
♯返回 00:39:38
```

6.8　MySQL 8.0 处理日期相关的复杂查询

以下为有关 MySQL 处理日期相关的复杂查询与详解。

6.8.1　张三今年多少岁

1. 问题

目前已知张三的生日,求张三的年龄,SQL 语句如下:

```
select e.hiredate from emp e where e.ename = '张三';
```

运行后结果集如图 6-18 所示。计算张三年龄之后的结果集如图 6-19 所示。

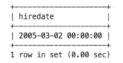

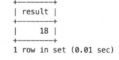

图 6-18　张三今年多少岁计算之前　　　图 6-19　张三今年多少岁计算之后

2. SQL 演化

提取张三生日的年份,SQL 语句如下:

```
select year(e.hiredate) from emp e where e.ename = '张三';
♯返回 2005
```

提取今日年份,SQL 语句如下:

```
select year(now());
♯返回 2023
```

此刻可选择用两个结果集进行相减,将结果集作为子查询的方式进行相减,SQL 语句如下:

```
//6.8.1 张三今年多少岁.sql

select
    (select year(now()))
    -
    (select year(e.hiredate) from emp e where e.ename = '张三')

♯返回 18
```

也可选择使用列的方式进行相减,SQL 语句如下:

```
//6.8.1 张三今年多少岁.sql

select (year(now()) - year(e.hiredate)) from emp e where e.ename = '张三';
# 返回 18
# 列处的括号可以省略,但是建议保留
```

6.8.2 判断今年是不是闰年

11min

1. 问题

判断今年是不是闰年。若今年是闰年,则 SQL 返回值为 true。若今年不是闰年,则 SQL 返回值为 false。

2. 解题思路

含有两种方式能够判断出今年是不是闰年。

(1) 看该年的年份是不是 4 的倍数。若年份是 4 的倍数,则该年为闰年。例如 1976 年,1976/4=494,是 4 的倍数,所以 1976 年就是闰年,2 月份有 29 天,全年有 366 天。该方式有个前提,即不能是整千年,整千年应该除以 400,例如 2000 年不应该除以 4,而应该除以 400。

(2) 判断 2 月是不是仅为 29 天。

以上两种方式都能求出答案,但本题以第 2 种方式进行解题。

3. SQL 演化

(1) 求取去年最后一天日期,SQL 语句如下:

```
//6.8.2 判断今年是不是闰年.sql

select
    date_add(
        current_date,
        interval - dayofyear(current_date) day
    );

# 返回 2022-12-31
# 也可写成 select current_date - interval  dayofyear(current_date) day;
# 写法并不唯一,本题后续使用第 1 种写法进行解题
```

(2) 再加一天等于今年的第一天,SQL 语句如下:

```
//6.8.2 判断今年是不是闰年.sql

select
    date_add(
        date_add(
            current_date,
```

```
            interval - dayofyear(current_date) day
        ),
        interval 1 day
    );

# 返回 2023 - 01 - 01
```

（3）再加一个月，得到二月份的第一天，SQL 语句如下：

```
//6.8.2 判断今年是不是闰年.sql

select
    date_add(
        date_add(
            date_add(
                current_date,
                interval - dayofyear(current_date) day
            ),
            interval 1 day
        ),
        interval 1 month
    );
# 返回 2023 - 02 - 01
```

（4）使用 last_day()函数获取二月份的最后一天，SQL 语句如下：

```
//6.8.2 判断今年是不是闰年.sql

select
    last_day(
        date_add(
            date_add(
                date_add(
                    current_date,
                    interval - dayofyear(current_date) day
                ),
                interval 1 day
            ),
            interval 1 month
        )
    );
# 返回 2023 - 02 - 28
```

（5）获取二月最后一天是几号，SQL 语句如下：

```
//6.8.2 判断今年是不是闰年.sql

select
    day(
        last_day(
            date_add(
```

```
        date_add(
          date_add(
            current_date,
            interval - dayofyear(current_date) day
          ),
          interval 1 day
        ),
        interval 1 month
      )
    )
  );
# 返回 28
```

（6）增加一个别名，SQL 语句如下：

```
//6.8.2 判断今年是不是闰年.sql

select
  day(
    last_day(
      date_add(
        date_add(
          date_add(
            current_date,
            interval - dayofyear(current_date) day
          ),
          interval 1 day
        ),
        interval 1 month
      )
    )
  ) as dy;
# 返回 28
```

（7）增加判断，判断今年是否为闰年，SQL 语句如下：

```
//6.8.2 判断今年是不是闰年.sql

with tmp as(
  select
    day(
      last_day(
        date_add(
          date_add(
            date_add(
              current_date,
              interval - dayofyear(current_date) day
            ),
            interval 1 day
          ),
```

```
                    interval 1 month
                )
            )
        ) as dy
)
select
    case
        tmp.dy
        when '29' then 'true'
        else 'false'
    end
from
    tmp;

# 返回 false
```

本节使用了 with as 与 case when 等新关键字，后续章节会对其进行讲解。此刻已经可以判断出今年是否为闰年了，但是写法并不是唯一的，只要能有类似结果即可。

若希望增加试题难度，则可以将试题更改为"张三出生的年份是否为闰年"，SQL 语句如下：

```
//6.8.2 判断今年是不是闰年.sql

with tmp as(
    select
        day(
            last_day(
                date_add(
                    date_add(
                        date_add(
                            (
                                select
                                    e.hiredate
                                from
                                    emp e
                                where
                                    e.ename = '张三'
                            ),
                            interval - dayofyear(
                                (
                                    select
                                        e.hiredate
                                    from
                                        emp e
                                    where
                                        e.ename = '张三'
                                )
                            ) day
```

```
                    ),
                    interval 1 day
                ),
                interval 1 month
            )
        )
    ) as dy
)
select
    case
        tmp.dy
        when '29' then 'true'
        else 'false'
    end
from
    tmp;

# 返回 false
```

## 第 7 章

SQL 对 JSON 与 XML 的查询与处理

7.1 MySQL 8.0 的 JSON

JSON(JavaScript Object Notation)是一种轻量级的文本数据交换格式。JSON 易于人进行阅读和编写,也易于机器进行解析和生成。

JSON 采用完全独立于语言的文字格式,使用了类似于 JavaScript 的语法,成为理想的数据交换语言。

JSON 含有两种数据结构,分别为 Object 结构与 Array 结构。

JSON 的 Object 结构如下:

```
{
    "name": "John",
    "age": 30
}
```

JSON 的 Array 结构如下:

```
[1, 2, 3]
```

7.1.1 JSON 类型的使用场景

本质上 JSON 也只是一段字符串,在 MySQL 的过去版本中无论是放在 varchar 类型或者 text、longtext 之类的字符串类型中都可以进行使用。

因为在 MySQL 5.7.8 之后版本新增了对 JSON 数据的处理,新增了 JSON 类型,所以 MySQL 8.0 以上版本可以使用 JSON 类型的相关函数对其进行处理,传统的 varchar 类型或者 text、longtext 之类的字符串类型容易出现其他错误。

通常 MySQL 存储着图形相关数据,例如三角形三个点的坐标之类的内容会使用 JSON 类型多一些。

办公自动化(Office Automation,OA)平台、企业资源计划(Enterprise Resource Planning,

ERP)平台等项目用 JSON 类型少一些。地理信息系统(Geographic Information System，GIS)、制造执行系统(Manufacturing Execution System，MES)、医疗信息系统(Hospital Information System，HIS)等项目用 JSON 类型多一些。

7.1.2　初识 MySQL 8.0 中的 JSON 类型

JSON 类型相较于纯文本、字符串类型可以更高效地存储 JSON 数据，其存储内容为二进制数据。JSON 类型数据存储的上限配置在 MySQL 环境变量的@@max_allowed_packet 中。

创建表时将字段设置为 JSON 类型的 SQL 语句如下：

```
//7.1.2 初识 MySQL 8.0 中的 JSON 类型.sql

create table `test_json` (
    `id` int default null,
    `t1` json not null
) engine = innodb default charset = utf8mb4 collate = utf8mb4_0900_ai_ci;
```

向 test_json 表中添加测试数据，SQL 语句如下：

```
//7.1.2 初识 MySQL 中的 json 类型.sql

insert into test_json(id,t1) values (1,'{
    "学生": [
        {
            "名字": "张三",
            "性别": "男"
        },
        {
            "名字": "李四",
            "性别": "女"
        }
    ]
}');


insert into test_json(id,t1) values (2,'{
"姓名":"张方兴",
"性别":"男",
"年龄":"30"
}');
```

查询语句 SQL 语句如下：

```
select * from test_json;
```

运行后,结果集如图 7-1 所示。

```
+------+-------------------------------------------------------------------------------+
| id   | t1                                                                            |
+------+-------------------------------------------------------------------------------+
|    1 | {"学生": [{"名字": "张三", "性别": "男"}, {"名字": "李四", "性别": "女"}]}      |
|    2 | {"姓名": "张方兴", "年龄": "30", "性别": "男"}                                  |
|    3 | {"id": 87, "name": "carrot"}                                                  |
|    4 | {"age": 30, "name": "John", "address": {"city": "New York", "state": "NY"}}   |
+------+-------------------------------------------------------------------------------+
4 rows in set (0.01 sec)
```

图 7-1 查询 JSON 字段的结果集

7.2 JSON 相关常用函数

在 MySQL 数据库中查询处理 JSON 相关函数和修饰符,SQL 语句如下:

```sql
//7.2 JSON 相关常用函数.sql

select
    *
from
    mysql.help_topic ht
where
    ht.help_category_id = (
        select
            hc.help_category_id
        from
            mysql.help_category hc
        where
            hc.name = 'MBR Functions'
    )
and
    ht.name not like 'st_ % '
and
    ht.name not like 'mbr % ';
```

7.2.1 json_object()

json_object()函数将会返回 JSON。若任何 key 名称为 null,则会发生错误;若最终所有参数的个数为奇数,则会报错。

json_object()函数的语法格式如下:

```
json_object([key, val[, key, val] … ])
```

使用 json_object()函数的 SQL 语句如下:

```
select json_object('id', 87, 'name', 'carrot');
```

运行后,结果集如图 7-2 所示。

```
mysql> select json_object('id', 87, 'name', 'carrot');
+------------------------------------------+
| json_object('id', 87, 'name', 'carrot') |
+------------------------------------------+
| {"id": 87, "name": "carrot"}            |
+------------------------------------------+
1 row in set (0.01 sec)
```

图 7-2　json_object()函数测试的结果集

可以看出 json_object()函数最大的作用就是将散乱的参数拼接成一个 JSON 对象,不需要像 7.1.2 节中使用字符串进行拼接。可以使用如下语句直接将 JSON 对象存储至 JSON 类型中,SQL 语句如下:

```
//7.2.1 json_object().sql

insert into
    test_json(id, t1)
values
    (3, json_object('id', 87, 'name', 'carrot'));
```

可使用如下语句继续查看 test_json 表,SQL 语句如下:

```
select * from test_json;
```

运行后,结果集如图 7-3 所示。

```
mysql> select * from test_json;
+----+----------------------------------------------------------------------------+
| id | t1                                                                         |
+----+----------------------------------------------------------------------------+
|  1 | {"学生": [{"名字": "张三", "性别": "男"}, {"名字": "李四", "性别": "女"}]}    |
|  2 | {"姓名": "张方兴", "年龄": "30", "性别": "男"}                               |
|  3 | {"id": 87, "name": "carrot"}                                               |
|  4 | {"age": 30, "name": "John", "address": {"city": "New York", "state": "NY"}} |
+----+----------------------------------------------------------------------------+
4 rows in set (0.01 sec)
```

图 7-3　查询插入 json_object 的结果集

7.2.2　json_array()

json_array()函数将会返回 jsonarray。json_object()函数针对的是个体,json_array() 函数针对的是 JSON 的数组,语法格式如下:

```
json_array([val[, val] …])
```

在 json_array()函数中输入各个元素即可组成 JSON 数组,SQL 语句如下:

```
//7.2.2 json_array().sql

select
    json_array(
        json_object("1key", "1value"),
        json_object("2key", "2value"),
        json_object("3key", "3value")
    );
```

运行后,结果集如图 7-4 所示。

```
+------------------------------------------------------------+
| json_array(
        json_object("1key", "1value"),
        json_object("2key", "2value"),
        json_object("3key", "3value")
    ) |
+------------------------------------------------------------+
| [{"1key": "1value"}, {"2key": "2value"}, {"3key": "3value"}]
+------------------------------------------------------------+
1 row in set (0.00 sec)
```

图 7-4   json_array()示例语句 1 的结果集

也可在 json_array()函数中使用 json_array()函数,SQL 语句如下:

```
//7.2.2 json_array().sql

select
    json_array(
        json_object("1key", "1value"),
        json_object("2key", "2value"),
        json_object("3key", "3value"),
        json_array(
            json_object("4key", "4value"),
            json_object("5key", "5value"),
            json_object("6key", "6value")
        )
);

//运行后,返回的结果集如下所示
[
    {
        "1key": "1value"
    },
    {
        "2key": "2value"
    },
    {
        "3key": "3value"
    },
    [
        {
            "4key": "4value"
        },
        {
            "5key": "5value"
        },
        {
            "6key": "6value"
        }
    ]
]
```

同理,json_object()函数中也可以嵌套 json_object()函数,SQL 语句如下:

```sql
//7.2.2 json_array().sql

select
    json_object(
        'id',
        87,
        'name',
        'carrot',
        'myJSON',
        json_object(
                'myJSON_key',
                'myJSON_value'
        )
    );

//运行后,返回的结果集如下所示
{
    "id": 87,
    "name": "carrot",
    "myJSON": {
        "myJSON_key": "myJSON_value"
    }
}
```

7.2.3　json_valid()

若需要检查当前字符串是否符合 JSON 属性,则可以使用 json_valid()函数。json_valid()函数的语法格式如下:

```sql
json_valid(val)
```

如果正确,则返回 1,如果错误,则返回 0,若 val 为 null,则返回 null,SQL 语句如下:

```sql
//7.2.3 json_valid().sql

select
    json_valid(
        json_object(
            'id',
            87,
            'name',
            'carrot',
            'myJSON',
            json_object('myJSON_key', 'myJSON_value')
        )
    );

# 返回1
```

7.2.4　json_contains()

json_contains()函数用于检查一个 JSON 文档中是否包含另一个 JSON 文档。若需要检查 JSON 文档中指定的路径下是否存在数据,则可使用 json_contains_path()函数。

json_contains()函数的检查结果若为是,则返回 1,否则返回 0。json_contains()语法格式如下:

```
json_contains(target_json, candidate_json)
json_contains(target_json, candidate_json, path)
```

target_json:必选项,一个 JSON 文档。

candidate_json:必选项,被包含的 JSON 文档。

path:可选项,路径表达式。

若在 JSON 文档 target_json 中包含了 JSON 文档 candidate_json,则 json_contains()函数将返回 1,否则返回 0。

若提供了 path 参数,则检查由 path 匹配的部分是否包含 candidate_json 文档。

若 JSON 文档中不存在指定的路径,则返回 null。

若任意一个参数为 null,则返回 null。

若参数不是有效的 JSON 文档,则 MySQL 将会给出错误提示。可以使用 json_valid()验证 JSON 文档的有效性。

若参数 path 不是有效的路径表达式,则 MySQL 将会给出错误提示。

json_contains()函数的 SQL 语句如下:

```
//7.2.4 json_contains().sql

select json_contains('[3, 4, {"x": 5}]', '3');              # 返回 1
select json_contains('[3, 4, {"x": 5}]', '4');              # 返回 1
select json_contains('[3, 4, {"x": 5}]', '5');              # 返回 0
select json_contains('[3, 4, {"x": 5}]', '{"x": 5}');       # 返回 1
select json_contains(json_object(3,4), '{"3":4}');          # 返回 1
select json_contains(json_object(3,4), json_object(3,4));   # 返回 1
select json_contains(json_object(3,4), '{"3":0}');          # 返回 0
select json_contains(json_object(3,4), '3');                # 返回 0
select json_contains(json_object(3,4), '4');                # 返回 0
```

若用 path 方式进行判断,则 SQL 语句如下:

```
//7.2.4 json_contains().sql

select json_contains('[1, 2, [3, 4]]', '2');              # 返回 1
select json_contains('[1, 2, [3, 4]]', '2', '$[2]');      # 返回 0
select json_contains('[1, 2, [3, 4]]', '2', '$[1]');      # 返回 1
select json_contains('[1, 2, [3, 4]]', '2', '$[0]');      # 返回 0
```

　　[1，2，[3，4]]数据在 JSON 中默认会使用数字作为 key 值进行排序,其 JSON 视图如图 7-5 所示。

图 7-5　[1，2，[3，4]]数据的 JSON 视图

7.2.5　json_contains_path()

json_contains_path()函数用于检查一个 JSON 文档在指定的路径上是否有值的存在。
json_contains_path()函数的语法格式如下:

```
json_contains_path(json, one_or_all, path[, path])
```

json:必填项,一个 JSON 文档。

one_or_all:必填项,可用值有'one', 'all'。它指示是否检查所有的路径。JSON 相关函数中关于 one_or_all 的释义都类似,后文进行省略。

'one':搜索在第 1 次匹配后终止,并返回一路径字符串。匹配是不确定的。

'all':搜索返回所有匹配的路径字符串,包括重复路径。若有多个字符串,则将自动包装为数组。其数组元素的顺序是不确定的。

path:必填项,应该至少指定一个路径表达式。

json_contains_path()函数的 SQL 语句如下:

```
//7.2.5 json_contains_path().sql

#假设有一个 JSON 字符串
{
  "name": "john",
  "age": 30,
  "address": {
    "city": "new york",
    "state": "ny"
  }
}
#现在要检查该 JSON 字符串是否包含路径 $.address.city,语句如下

select
    json_contains_path(
        '{"name": "john", "age": 30, "address": {"city": "new york", "state": "ny"}}',
        'one',
        '$.address.city'
    );
```

运行结果为 1,表示检查到了包含路径 $.address.city 的信息。

若要检查的路径不存在,则返回 0。

若将上面的语句中的路径改为 $.address.zipcode,则会返回 0。

json_contains_path()函数的第 1 个参数必须是合法的 JSON 字符串,而不能是数据库中的 JSON 类型列。

若要检查数据库中的 JSON 类型列是否包含指定的路径,则需先使用 json_extract()函数提取 JSON 字符串,然后使用 json_contains_path()函数进行检查。

7.2.6　json_extract()

json_extract()从 JSON 中提取指定路径的值。json_extract()函数的格式如下:

```
json_extract(json_doc, path[, path] ...)
```

json_extract()函数的 SQL 语句如下:

```
//7.2.6 json_extract().sql

select
    json_extract('{"name": "john", "age": 30}', '$.name');

-- 返回 "john"
```

7.2.7　json_unquote()

json_unquote()函数用来去掉 JSON 中的引号,通常在字符串的情况下也可以使用。json_unquote()函数的 SQL 语句如下:

```
//7.2.7 json_unquote().sql

select json_unquote('"john"');                # 返回 john
select json_unquote('john');                  # 返回 john
select json_unquote('\"john\"');              # 返回 john
select json_unquote('`"john`"');              # 返回 `"john`"
```

7.2.8　json_search()

json_search()是 json_extract()的逆向函数。json_search 是 MySQL 8.0 中用于在 JSON 文本中搜索指定值的函数。json_search()可以在 JSON 对象或数组中查找指定的值,并返回该值的路径。

若该值存在多次,则可使用 all 选项来返回所有路径。json_search()函数的格式如下:

```
json_search(json_doc, one_or_all, search_str[, escape_char[, path]
...])
```

json_doc：要搜索的 JSON 文本。

one_or_all：指定要返回的路径数量，可以是'one'或'all'。

search_str：要搜索的值。

escape_char：可选参数，用于转义特殊字符。

path：可选参数，指定要搜索的路径。在默认情况下，搜索整个 JSON 文本。

json_search()函数的 SQL 语句如下：

```sql
//7.2.8 json_search().sql

select
    json_search('{"name": "john", "age": 30}', 'one', 'john');
-- 返回 "$.name"
```

7.2.9 "—>"符号和"—>>"符号

在 MySQL 中，"—>"符号和"—>>"符号都是一个操作符，用于从 JSON 对象或数组中提取值。具体来讲，"—>>"表示将提取出来的 JSON 值转换为字符串类型，但是"—>"符号会保留原本类型。返回的就是一个数字类型的值，而不是字符串类型。若提取的路径不存在，则返回 null。

"—>>"符号的 SQL 语句如下：

```sql
//7.2.9 ->符号和->> 符号.sql

#假设有一个 JSON 字符串
{
  "name": "John",
  "age": 30,
  "address": {
    "city": "New York",
    "state": "NY"
  }
}

#将其添加到 MySQL 的 test_json 表中
insert into `test_json` (`id`, `t1`)
values
    (4, '{\"age\": 30, \"name\": \"john\", \"address\": {\"city\": \"new york\", \"state\":
\"ny\"}}');

#现在要从该 JSON 字符串中提取 city 的值,并将其转换为字符串类型,可以使用以下 SQL 语句
select
    tj.t1 ->'$.address.city'
from test_json tj
where
    tj.id = 4
union all
select
```

```
    tj.t1 ->>'$.address.city'
from test_json tj
where
    tj.id = 4;
```

运行后,结果集如图 7-6 所示。

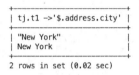

```
| tj.t1 ->'$.address.city' |

| "New York"               |
| New York                 |

2 rows in set (0.02 sec)
```

图 7-6   提取符区别的结果集

7.2.10   json_keys()

json_keys()是 MySQL 中的一个 JSON 搜索函数,从 JSON 对象中返回顶层所有的 key,其返回值为数组。若提供了路径参数,则返回所选路径中顶层键名。该函数返回的结果是一个 JSON 数组,其中包含了 JSON 对象的所有顶层键名。

json_keys()函数的语法格式如下:

```
json_keys(json_doc[, path])
```

json_doc 是要获取键名的 JSON 对象。

path 是可选的路径参数,用于指定要获取键名的路径。若不指定 path 参数,则返回 JSON 对象的所有顶层键名。

若 json_doc 参数不是一个有效的 JSON 文档或 path 参数不是一个有效的路径表达式或包含 * 或 ** 通配符,则会出现错误。

若所选对象为 null,则返回的结果数组为 null。

若顶层值包含嵌套的子对象,则返回值不包括子对象的键名。

json_keys()函数的 SQL 语句如下:

```
//7.2.10 json_keys().sql

select json_keys('{"a": 1, "b": {"c": 30}}');              #返回 ["a", "b"]
select json_keys('{"a": 1, "b": {"c": 30}}', '$.b');       #返回 ["c"]
```

7.2.11   json_value()

json_value 是 MySQL 中的一个 JSON 函数,用于返回 JSON 对象中指定路径的值。json_value()函数的语法格式如下:

```
json_value(json_doc, path)
```

json_value()函数的 SQL 语句如下:

```
//7.2.11 json_value().sql

select json_value('{"fname": "joe", "lname": "palmer"}', '$.fname');        #返回joe
```

7.3　MySQL 8.0 的 XML

　　MySQL 8.0 并不支持 XML 类型，在 MySQL 的历史版本中短暂地出现过 XML 类型的存储，但在 MySQL 8.0 中已经被删除了，不过针对 XML 数据格式的函数仍然存在。

　　MySQL 8.0 可以使用字符串类型存储 XML 数据，创建表的 SQL 语句如下：

```
//7.3 MySQL 8.0 的 XML.sql

create table test_xml(
  id int,
  t1 varchar(255)
);
```

　　假设目前需要存储 XML 数据，SQL 语句如下：

```
//7.3 MySQL 8.0 的 XML.sql

< person >
    < name >
        John
    </name >
    < age >
        30
    </age >
</person >
```

　　存储 XML 的示例语句，代码如下：

```
//7.3 MySQL 8.0 的 XML.sql

insert into
    test_xml(id,t1)
    values (1,'< person >< name > John </name >< age > 30 </age ></person >');
```

7.4　XML 相关常用函数

　　MySQL 主要使用 extractvalue()函数与 updatexml()函数处理 XML 相关数据。

7.4.1　extractvalue()

　　extractvalue()函数的语法格式如下：

```
extractvalue(xml_frag, xpath_expr)
```

extractvalue()函数接受两个字符串参数,xml_frag 为 XML 数据。xpath_expr 为 XML 定位器,也可称为 XML 的选取表达式。xpath_expr 表达式可匹配一个或多个 XML 元素。

extractvalue()函数的 SQL 语句如下:

```
select extractvalue(t1,'/person/name') from test_xml where id = 1;    #返回 John
select extractvalue(t1,'/person/age') from test_xml where id = 1;     #返回 30
```

从上述代码可以看出 xpath_expr 表达式以"/"符号进行定位,从顶部定位到所需要选取的 key 处。

extractvalue()函数的 xpath_expr 表达式只能选取到 XML 的最下层 key 处。若选择非最下层或 key 值名字写错,则会返回空值,SQL 语句如下:

```
select extractvalue(t1,'/person') from test_xml where id = 1;       #返回''
```

若最下层含有两个相同的 key 值,则 xpath_expr 表达式仍然可以正确返回。

当返回多个参数时,多个参数之间会使用空格作为分隔符进行分隔,SQL 语句如下:

```
//7.4.1 extractvalue().sql

#添加测试数据
insert into
    test_xml(id, t1)
values
    (
      2,
      '< person >< name > John </name >< age > 30 </age >< age > 31 </age ></person >'
    );

#获取测试数据
select extractvalue(t1,'/person/age') from test_xml where id = 2;
#返回 30 31
```

7.4.2 updatexml()

updatexml()函数的语法格式如下:

```
updatexml(xml_target, xpath_expr, new_xml)
```

此函数替换给定 XML 片段的部分。使用新的 XML 片段 new_xml 标记 xml_target,然后返回更新后的 XML,替换了 xml_target 部分与用户提供的 xpath 表达式 xpath_expr。

new_xml:输入整体的 XML 片段,而非字符串。

updatexml()函数的 SQL 示例语句如下:

```
//7.4.2 updatexml().sql

select updatexml(t1,'/person/age','< age > 33 </age >') from test_xml where id = 1;
♯返回 < person >< name > John </name >< age > 33 </age ></person >

select t1 from test_xml where id = 1;
♯返回 < person >< name > John </name >< age > 30 </age ></person >
```

在上述代码中使用 select 作为查询的方式替换了 XML 中< age ></age >位置的值,但仅作为替换后的展示,实际并未修改数据。如需修改,则仍然需要使用 update 关键字。

第 8 章

SQL 对结果集的查询与处理

8.1 MySQL 8.0 的结果集

MySQL 8.0 中的结果集指查询之后所返回的值。

8.1.1 什么是处理结果集

在实际使用结果集时,经常会对结果集进行修改后再返回。

例如为了节省存储空间可以将性别男存储为 1,将性别女存储为 2,因为通常查询性别时并不希望返回值为 1 或 2,所以需要对结果集进行处理,将 1 返回男,2 返回女。此种修饰与处理即为处理结果集,或者说是处理返回值。

8.1.2 处理结果集的方式

处理结果集会因结果集所获得的数据格式不同,而用不同的方式进行处理,最终获得想要体现的数据。

处理结果集的方式通常含有条件判断函数修改结果集内容、纵表改横表展示、横表改纵表展示、多行改一行展示、一行改多行展示、修改返回的状态、将分隔符拆分为多行、将多行合并成分隔符数据等方式。

8.2 条件判断函数

条件判断函数也被称为逻辑判断。大部分语言提供了条件判断函数,例如 Java、Python、JavaScript、C♯ 等,只是逻辑判断符号有所区别。

8.2.1 if() 函数

MySQL 8.0 的 if() 函数允许根据表达式的某个条件或值结果来执行一组 SQL 语句。

本质上 MySQL 的 if() 函数是以三目表达式进行体现的。if() 函数常用来更改结果集最终出现的结果。例如将 1、0 分别改为 yes、no 或者将 1、0 分别改成男、女。

若条件为 true，则 if() 函数返回一个值。

若条件为 false，则返回另一个值。if() 函数的语法格式如下：

```
if(condition, value_if_true, value_if_false)
```

condition：必填项，为需要测试的值。

value_if_true：必填项，是 condition 为 true 时返回的值。

value_if_false：必填项，是 condition 为 false 时返回的值。

if() 函数的 SQL 语句如下：

```
select if(1 < 2, 'yes', 'no');                    #返回 yes
```

可以通过本书中的学校系列表中的 student 表，查询学生名称及性别，SQL 语句如下：

```
select name, sex from student;
```

运行后，结果集如图 8-1 所示。

此时可使用 if() 函数对结果集进行优化，将为 1 的 sex 改成男，将不为 1 的 sex 改成女。

除优化 sex 字段之外，为了方便数据的获取，还可以对 if() 函数更改后的数据重新命名为 sex，SQL 语句如下：

```
select name, if(sex = 1, "男", "女") as sex from student;
```

运行后，结果集如图 8-2 所示。

```
+-------+-----+
| name  | sex |
+-------+-----+
| 张三  |  1  |
| 李四  |  1  |
| 王五  |  2  |
| 赵六  |  2  |
| 薛七  |  2  |
+-------+-----+
5 rows in set (0.00 sec)
```

图 8-1　查询学生名称及性别

```
+-------+-----+
| name  | sex |
+-------+-----+
| 张三  | 男  |
| 李四  | 男  |
| 王五  | 女  |
| 赵六  | 女  |
| 薛七  | 女  |
+-------+-----+
5 rows in set (0.00 sec)
```

图 8-2　优化查询学生名称及性别

8.2.2　case 关键字

case 关键字是 if() 函数的强化版，case 关键字类似于常规编程中的 if-elseif-else 语句。case 语句遍历条件并在满足第 1 个条件时返回一个值。

一旦条件为真，case 将停止读取并返回结果。若没有条件为真，则返回 else 子句中的值。case 关键字的语法格式如下：

```
//8.2.2 case 关键字.sql

case
```

```
    when condition1 then result1
    when condition2 then result2
    when condition3 then result3
    else result
end;
```

condition 代表条件,若条件符合,则最终结果为 then 部分的数据。若条件都不符合,则最终结果为 else 部分的数据。若没有 else 部分且没有条件为真,则返回 null。

可以通过本书中的学校系列表中的 student 表查询学生名称及年龄,SQL 语句如下:

```
select name,age from student;
```

运行后,结果集如图 8-3 所示。

此时可使用 case 关键字对结果集进行优化,将 age<23 改成"岁数小",将 age=23 改成"岁数正好",将 age>23 改成"岁数大"。

为了方便数据的获取,还可以将 if()函数更改后的数据重新命名为 agedescribe,SQL 语句如下:

```
//8.2.2 case 关键字.sql

select
    name,
    case
        when age < 23 then '岁数小'
        when age = 23 then '岁数正好'
        when age > 23 then '岁数大'
        else '不清楚年龄'
    end as agedescribe
from
    student;
```

运行后,结果集如图 8-4 所示。

```
+--------+------+
| name   | age  |
+--------+------+
| 张三   | 21   |
| 李四   | 22   |
| 王五   | 23   |
| 赵六   | 24   |
| 薛七   | 25   |
+--------+------+
5 rows in set (0.00 sec)
```

图 8-3 查询学生名称及年龄

```
+--------+-------------+
| name   | agedescribe |
+--------+-------------+
| 张三   | 岁数小      |
| 李四   | 岁数小      |
| 王五   | 岁数正好    |
| 赵六   | 岁数大      |
| 薛七   | 岁数大      |
+--------+-------------+
5 rows in set (0.00 sec)
```

图 8-4 优化查询学生名称及年龄

注意:if()函数与 case 关键字不仅可对结果集进行处理,也可放在 SQL 子句中作为条件。

8.3　表的展示方式

基于表的展示方式不同,SQL 语句处理结果集的方式也不同,其中最为显著的区别就是 SQL 表设计中的横表与纵表。

8.3.1　横表与纵表

横表为日常所使用的表,例如 dept 表就是横表,如表 8-1 所示。

表 8-1　横表 dept 表的示例

deptno	dname	loc
10	会计部	青海
20	科研部	北京
30	销售部	成都
40	总部	哈尔滨

纵表为特殊设计所使用的表,通常负责存储字典类的数据。纵表的优点是在表无法确定列值时,方便扩展和变化增加或删除任意列,也可以做到每列所含的属性或个数都不同。纵表的缺点是读取困难,并且在数据库中所需空间要比横表大。

纵表创建语句如下:

```
//8.3.1 横表与纵表.sql

create table `test_dictionaries`(
    `key` varchar(255) default null,
    `value` varchar(255) default null,
    `remarks` varchar(255) default null,
    `id` int default null
) engine = innodb default charset = utf8mb4 collate = utf8mb4_0900_ai_ci;
```

增加纵表内容,仿照 dept 的横表进行创建,其创建语句如下:

```
//8.3.1 横表与纵表.sql

insert into `test_dictionaries`(`key`, `value`, `remarks`, `id`)
values
    ('deptno','10','deptno 数据',1),
    ('dname','会计部','dname 数据',1),
    ('loc','青海','loc 数据',1),
    ('deptno','20','deptno 数据',2),
    ('dname','科研部','dname 数据',2),
    ('loc','北京','loc 数据',2),
    ('deptno','30','deptno 数据',3),
    ('dname','销售部','dname 数据',3),
```

```
('loc','成都','loc数据',3),
('deptno','40','deptno数据',4),
('dname','总部','dname数据',4),
('loc','哈尔滨','loc数据',4);
```

添加数据后,纵表 dept 展示效果如表 8-2 所示。

表 8-2　纵表 dept 表的示例

key	value	remarks	id
deptno	10	deptno 数据	1
dname	会计部	dname 数据	1
loc	青海	loc 数据	1
deptno	20	deptno 数据	2
dname	科研部	dname 数据	2
loc	北京	loc 数据	2
deptno	30	deptno 数据	3
dname	销售部	dname 数据	3
loc	青海	loc 数据	3
deptno	40	deptno 数据	4
dname	总部	dname 数据	4
loc	哈尔滨	loc 数据	4

纵表表格的基础属性主要包含 id、key、value,通常以 id 或 key 进行取值。设计纵表时建议在表中增加 remarks 字段作为每列数据的注释,增加 lastUpadteTime 作为每列数据的最后修改时间。

同样的数据在纵表里需要几倍的大小才能存储,倍数为原本横表的列数。纵表比较方便的是可以增加任意属性,比方说如果在 id 为 1 的数据中增加新列 key=username,则只有 id 为 1 的数据含有 username 属性,其他行都不包含。

纵表的最大优势就是可以在不修改表时任意增加或减少列值,更加灵活。

8.3.2　将纵表读取为横表进行展示

基于 8.3.1 节横表与纵表中的纵表,将表 8-2 的数据读取为表 8-1。将纵表读取为横表进行展示的 SQL 语句如下:

```sql
//8.3.2 将纵表读取为横表进行展示.sql

select
    `id`,
    max(case when `key` = 'deptno' then `value` else null end) as `deptno`,
    max(case when `key` = 'dname' then `value` else null end) as `dname`,
    max(case when `key` = 'loc' then `value` else null end) as `loc`
from
    `test_dictionaries`
```

```
group by
    `id`;
```

SQL 语句执行后,结果集如图 8-5 所示。

该示例使用了 max()函数的特性,因为 max()函数将会返回一列中唯一最大的数据(尽管此处使用的是 varchar 类型而非 int 类型,同样会返回唯一的数据),所以同样可以使用 min()函数达到相同的效果。更改为 min()函数的 SQL 语句如下所示,其查询结果与如图 8-5 所示的结果相同。

```
| id | deptno | dname | loc    |
|  1 | 10     | 会计部 | 青海   |
|  2 | 20     | 科研部 | 北京   |
|  3 | 30     | 销售部 | 成都   |
|  4 | 40     | 总部   | 哈尔滨 |
4 rows in set (0.02 sec)
```

图 8-5 纵表 dept 表的示例

```
//8.3.2 将纵表读取为横表进行展示.sql

select
    `id`,
    min(case when `key` = 'deptno' then `value` else null end) as `deptno`,
    min(case when `key` = 'dname' then `value` else null end) as `dname`,
    min(case when `key` = 'loc' then `value` else null end) as `loc`
from
    `test_dictionaries`
group by
    `id`;
```

8.3.3 将横表读取为纵表进行展示——union all 写法

特殊的需求场景将会存在将横表读取为纵表的方式。本节将创建 test_score,为了更方便地进行测试。

创建测试成绩表的 SQL 语句如下:

```
//8.3.3 将横表读取为纵表进行展示——union all 写法.sql

# 创建表
create table `test_score` (
    `id` int unsigned not null auto_increment,
    `name` varchar(255) default null,
    `score_language_chinese` varchar(255) character set utf8mb4 collate utf8mb4_0900_ai_ci
default null,
    `score_language_englich` varchar(255) character set utf8mb4 collate utf8mb4_0900_ai_ci
default null,
    `score_mathematics` varchar(255) default null,
    primary key (`id`)
    ) engine = innodb auto_increment = 5 default charset = utf8mb4 collate = utf8mb4_0900_ai_ci;

# 添加测试数据
insert into `test_score` (`id`, `name`, `score_language_chinese`, `score_language_englich`,
`score_mathematics`)
```

```
values
    (1, '小赵', '81', '82', '83'),
    (2, '小钱', '84', '85', '86'),
    (3, '小孙', '87', '88', '89'),
    (4, '小李', '90', '91', '92');

#查询表
select * from test_score
```

查询 test_score 表的效果如图 8-6 所示。

```
mysql> select * from test_score;
+----+--------+-----------------------+-----------------------+------------------+
| id | name   | score_language_chinese | score_language_englich | score_mathematics |
+----+--------+-----------------------+-----------------------+------------------+
|  1 | 小赵   | 81                    | 82                    | 83               |
|  2 | 小钱   | 84                    | 85                    | 86               |
|  3 | 小孙   | 87                    | 88                    | 89               |
|  4 | 小李   | 90                    | 91                    | 92               |
+----+--------+-----------------------+-----------------------+------------------+
4 rows in set (0.04 sec)
```

图 8-6 查询 test_score 表的效果

可通过 SQL 语句将 test_score 表中的横表读取为纵表,SQL 语句如下:

```
//8.3.3 将横表读取为纵表进行展示——union all 写法.sql

select
    name,
    score_language_englich as score,
    '英语' as subject
from
    test_score
union
all
select
    name,
    score_language_chinese as score,
    '语文' as subject
from
    test_score
union
all
select
    name,
    score_mathematics as score,
    '数学' as subject
from
    test_score;
```

运行后,结果集如图 8-7 所示。

```
| name  | score | subject |

| 小赵  | 82    | 英语    |
| 小钱  | 85    | 英语    |
| 小孙  | 88    | 英语    |
| 小李  | 91    | 英语    |
| 小赵  | 81    | 语文    |
| 小钱  | 84    | 语文    |
| 小孙  | 87    | 语文    |
| 小李  | 90    | 语文    |
| 小赵  | 83    | 数学    |
| 小钱  | 86    | 数学    |
| 小孙  | 89    | 数学    |
| 小李  | 92    | 数学    |
12 rows in set (0.00 sec)
```

图 8-7　查询 test_score 表为纵表的效果

8.3.4　将横表读取为纵表进行展示——max()函数写法

针对不同的横表转纵表进行展示还有不同的方式，具体需要看需求如何，上文中的 union all 写法属于通用类写法，max()函数写法针对特殊场景下会有更优异的表现。

可以使用本书中公司系列的 emp 表进行展示，可将人员根据职位分割为多列进行展示，原表结果如图 8-8 所示。

```
mysql> select * from emp;

| empno | ename | job    | mgr  | hiredate            | sal  | comm | deptno |

| 7369  | 张三   | 店员   | 7902 | 2005-03-02 00:00:00 | 800  | NULL | 20     |
| 7499  | 李四   | 售货员 | 7698 | 2006-05-28 00:00:00 | 1600 | 300  | 30     |
| 7521  | 王五   | 售货员 | 7698 | 2022-01-28 00:00:00 | 1250 | 500  | 30     |
| 7566  | 赵六   | 经理   | 7839 | 2000-09-21 00:00:00 | 3000 | NULL | 20     |
| 7654  | 薛七   | 售货员 | 7698 | 2003-09-21 00:00:00 | 1250 | NULL | 30     |
| 7698  | 陈八   | 经理   | 7839 | 2004-09-21 00:00:00 | 2850 | 1400 | 30     |
| 7782  | 吴九   | 经理   | 7566 | 2005-09-21 00:00:00 | 2450 | NULL | 10     |
| 7788  | 寅十一 | 文员   | 7566 | 2006-09-21 00:00:00 | 3000 | NULL | 20     |
| 7839  | 王十二 | 总经理 | NULL | 2007-09-21 00:00:00 | 5000 | NULL | 10     |
| 7844  | 黄十三 | 售货员 | 7698 | 2008-09-21 00:00:00 | 1500 | 0    | 30     |
| 7876  | 毛十四 | 店员   | 7788 | 2009-09-21 00:00:00 | 1100 | NULL | 20     |
| 7900  | 陈十五 | 店员   | 7698 | 2010-09-21 00:00:00 | 950  | NULL | 30     |
| 7902  | 张十六 | 文员   | 7566 | 2011-09-21 00:00:00 | 3000 | NULL | 20     |
| 7934  | 刘十七 | 店员   | 7782 | 2012-09-21 00:00:00 | 1300 | NULL | 10     |

14 rows in set (0.01 sec)
```

图 8-8　查询原始 emp 表

将横表读取为纵表进行展示的 max()函数写法的 SQL 语句如下：

```
//8.3.4 将横表读取为纵表进行展示——max() 函数写法.sql

select
    max(case when job = '文员' then ename else '' end) as 文员,
    max(case when job = '店员' then ename else '' end) as 店员,
    max(case when job = '经理' then ename else '' end) as 经理
from(
    select job,
        ename,
        row_number() over(partition by job order by ename) rn
        from emp
```

```
)x
group by rn;
```

运行后,结果集如图 8-9 所示。

```
| 文员   | 店员   | 经理   |

| 寅十一 | 刘十七 | 吴九   |
| 张十六 | 张三   | 赵六   |
|        | 毛十四 | 陈八   |
|        | 陈十五 |        |
4 rows in set (0.00 sec)
```

图 8-9 将 emp 表成员根据职位进行分类

8.4 MySQL 8.0 处理结果集相关的复杂查询

以下为与 MySQL 处理结果集相关的复杂查询与详解。

8.4.1 将一行分割为多行

1. 问题

假设此刻某个值需要一个字符返回一行,若在 Java 语句中,则可以很轻易地使用 split()
之类的函数进行处理,但是 SQL 中并没有遍历的概念,该如何将值"王十二"分为三行进行
返回?

获取"王十二"字符串的 SQL 语句如下:

```
select e.ename from emp e where e.job = '总经理';
```

运行后,结果集如图 8-10 所示。分割为多行之后如图 8-11 所示。

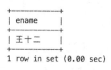

1 row in set (0.00 sec)

图 8-10 将一行分割为多行之前

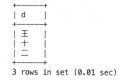

3 rows in set (0.01 sec)

图 8-11 将一行分割为多行之后

2. SQL 演化

本案例的解题方式有许多种,本案例以根据其他表的方式进行分割。创建一个只有 id
的表,方便后续对字符串进行排列与获取,SQL 语句如下:

```
//8.4.1 将一行分割为多行.sql

drop table if exists `t10`;

create table `t10` (
```

```
`id` int unsigned not null auto_increment,
  primary key (`id`)
) engine = innodb default charset = utf8mb4 collate = utf8mb4_0900_ai_ci;

lock tables `t10` write;

insert into `t10` (`id`)
values
    (1),
    (2),
    (3),
    (4),
    (5),
    (6),
    (7),
    (8),
    (9),
    (10);
unlock tables;

select * from t10;
```

运行后,结果集如图 8-12 所示。

```
+----+
| id |
+----+
|  1 |
|  2 |
|  3 |
|  4 |
|  5 |
|  6 |
|  7 |
|  8 |
|  9 |
| 10 |
+----+
10 rows in set (0.01 sec)
```

图 8-12 创建 t10 表以方便排列字符串

t10 表不负责存储数据,只负责转化数据。只有一列 id 列。也可用其他含有 id 的表进行替代。比方说可以直接用 mysql. help_topic 表中的 id。使用 id 与 emp 表进行笛卡儿积运算,SQL 语句如下:

```
//8.4.1 将一行分割为多行. sql

select
    *
from
    (
        select
            ename
        from
            emp
```

```
    where
        job = '总经理'
) e,
(
    select
        id as pos
    from
        t10
) iter;
```

```
+-------+-----+
| ename | pos |
+-------+-----+
| 王十二 |   1 |
| 王十二 |   2 |
| 王十二 |   3 |
| 王十二 |   4 |
| 王十二 |   5 |
| 王十二 |   6 |
| 王十二 |   7 |
| 王十二 |   8 |
| 王十二 |   9 |
| 王十二 |  10 |
+-------+-----+
10 rows in set (0.00 sec)
```

图 8-13　进行初步笛卡儿积运算

运行后,结果集如图 8-13 所示。

因为笛卡儿积编写的内嵌视图 emp 的总条数为 1,而内嵌视图 t10 的基数为 10,所以笛卡儿积的总条数为 10。要在 SQL 中进行循环。

当前可以从 pos 字段处查看,当前行为第几行,当 pos 为 1 时,需要返回"王",当 pos 为 2 时,需要返回"十",当 pos 为 3 时,返回"二",这样便可实现对"王十二"3 个字进行分割,并以多行的形式进行返回。

分割函数使用 substr()函数,SQL 语句如下:

```
//8.4.1 将一行分割为多行.sql

select
    substr(e.ename, iter.pos, 1) as c,iter.pos
from
    (
    select
        ename
    from
        emp
    where
        job = '总经理'
) e,
(
    select
        id as pos
    from
        t10
) iter;
```

运行后,结果集如图 8-14 所示。

此刻 length(e.ename)应该等于 9。若在 latin1 字符集下,则一个汉字占 2 字节;若在 utf8 字符集下,则一个汉字占 3 字节;若在 gbk 字符集下,则一个汉字占 2 字节。

在预知当前为 utf8 字符集的情况下,需要使用 length(e.ename)/3 的方式获取汉字的

个数,SQL 示例语句如下:

```
//8.4.1 将一行分割为多行.sql

select
    substr(e.ename, iter.pos, 1) as c,
    iter.pos,
    length(e.ename)/3 as enameLength
from
    (
        select
            ename
        from
            emp
        where
            job = '总经理'
    ) e,
    (
        select
            id as pos
        from
            t10
    ) iter;
```

运行后,结果集如图 8-15 所示。

```
+----+-----+
| c  | pos |
+----+-----+
| 王 |  1  |
| 十 |  2  |
| 二 |  3  |
|    |  4  |
|    |  5  |
|    |  6  |
|    |  7  |
|    |  8  |
|    |  9  |
|    | 10  |
+----+-----+
10 rows in set (0.00 sec)
```

图 8-14　使用 substr()函数进行分割

```
+----+-----+-------------+
| c  | pos | enameLength |
+----+-----+-------------+
| 王 |  1  |   3.0000    |
| 十 |  2  |   3.0000    |
| 二 |  3  |   3.0000    |
|    |  4  |   3.0000    |
|    |  5  |   3.0000    |
|    |  6  |   3.0000    |
|    |  7  |   3.0000    |
|    |  8  |   3.0000    |
|    |  9  |   3.0000    |
|    | 10  |   3.0000    |
+----+-----+-------------+
10 rows in set (0.00 sec)
```

图 8-15　获取 ename 的字数

为了在返回 4 行数据后退出循环,该解决方案使用了一个 where 子句,这是为了让结果集包含的行数和姓名包含的字符数相同。

where 子句指定了 where iter.pos <= length(e.ename)/3 作为条件,SQL 语句如下:

```
//8.4.1 将一行分割为多行.sql

select
    substr(e.ename, iter.pos, 1) as c,
    iter.pos,
    length(e.ename)/3 as enameLength
from
    (
        select
```

```
        ename
    from
        emp
    where
        job = '总经理'
) e,
(
    select
        id as pos
    from
        t10
) iter
where
    iter.pos < = length(e.ename)/3;
```

运行后,结果集如图 8-16 所示。

最后删掉 pos 与 enameLength 两个测试列,即为将一行分割为多行的最终展示,SQL
语句如下:

```
//8.4.1 将一行分割为多行.sql

select
    substr(e.ename, iter.pos, 1) as c
from
    (
    select
        ename
    from
        emp
    where
        job = '总经理'
) e,
(
    select
        id as pos
    from
        t10
) iter
where
    iter.pos < = length(e.ename)/3;
```

运行后,结果集如图 8-17 所示。

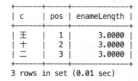

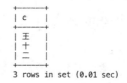

图 8-16 截取多余空行   **图 8-17 取消多余字段**

如不想创建 t10 表,则可直接使用 mysql.help_topic 表的 help_topic_id 进行索引。
因为 mysql.help_topic 表的 help_topic_id 是以 0 作为起始的,而非是以 1 作为起始的,

所以要对 help_topic_id 进行去 0 操作。其最终结果等价于自创 t10 表,SQL 语句如下:

```
//8.4.1 将一行分割为多行.sql

select
      substring(e.ename,iter.pos,1) d
from
      (
          select
               ename
          from
               emp
          where
               job = '总经理'
      ) e,
      (
          select
             help_topic_id as pos
          from
             mysql.help_topic
          where
             help_topic_id > 0
      ) iter
where
      iter.pos < = length(e.ename)/3;
```

8.4.2　将多行合并为一行(合并为分隔符数据)

1. 问题

进行多行查询的 SQL 语句如下:

```
select e.deptno,e.ename from emp e;
```

7min

运行后的结果集如图 8-18 所示。将多行合并为一行之后的结果集如图 8-19 所示。

```
+--------+--------+
| deptno | ename  |
+--------+--------+
|     20 | 张三   |
|     30 | 李四   |
|     30 | 王五   |
|     20 | 赵六   |
|     30 | 薛七   |
|     30 | 陈八   |
|     10 | 吴九   |
|     20 | 寅十一 |
|     10 | 王十二 |
|     30 | 黄十三 |
|     20 | 毛十四 |
|     30 | 陈十五 |
|     20 | 张十六 |
|     10 | 刘十七 |
+--------+--------+
14 rows in set (0.01 sec)
```

图 8-18　将多行合并为一行之前

```
+--------+----------------------------------+
| deptno | emps                             |
+--------+----------------------------------+
|     10 | 吴九,王十二,刘十七               |
|     20 | 张三,赵六,寅十一,毛十四,张十六   |
|     30 | 李四,王五,薛七,陈八,黄十三,陈十五 |
+--------+----------------------------------+
3 rows in set (0.01 sec)
```

图 8-19　将多行合并为一行之后

2. SQL 演化

当 SQL 语句中遇到类似合并语句、合并词条、多行合并为一行之类的要求时,首先可以考虑使用 concat 相关的函数,包括 concat()、concat_ws()、group_concat()等。

先创建 test_group_concat 表,用于测试 group_concat()函数的效果,SQL 语句如下:

```
//8.4.2 将多行合并为一行(合并为分隔符数据).sql

create table `test_group_concat` (
  `v` char(1) default null
) engine = innodb default charset = utf8mb4 collate = utf8mb4_0900_ai_ci;

insert into `test_group_concat` (`v`)
values
    ('a'),
    ('b'),
    ('c'),
    ('b');

select * from test_group_concat;
```

运行后,test_group_concat 表如图 8-20 所示。

使用 group_concat 将该表数据合并成分隔符数据,SQL 语句如下:

```
//8.4.2 将多行合并为一行(合并为分隔符数据).sql

select
    group_concat(distinct v
        order by v asc
        separator ',')
from
    test_group_concat;
```

运行后,合并为分隔符数据的结果集如图 8-21 所示。

图 8-20　test_group_concat 表　　　图 8-21　测试 group_concat 的效果

将测试语句中的表改成 emp 表,并且修改测试语句中的字段,SQL 语句如下:

```
//8.4.2 将多行合并为一行(合并为分隔符数据).sql

select
```

```
group_concat(
    e.ename
    order by
        e.empno separator ','
) as emps
from
    emp e
group by
    e.deptno;
```

运行后,将多行合并为一行(合并为分隔符数据)的结果集如图 8-22 所示。

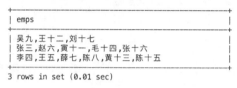

图 8-22　合并成分隔符数据的效果

最后增加 deptno 字段即可,SQL 语句如下:

```
//8.4.2 将多行合并为一行(合并为分隔符数据).sql

select
    e.deptno,
    group_concat(
        e.ename
        order by
            e.empno separator ','
    ) as emps
from
    emp e
group by
    e.deptno
```

8.4.3　将多列合并为一列

3min

1. 问题

原题 SQL 语句示例如下:

```
//8.4.3 将多列合并为一列.sql

select
    e.deptno,
    e.ename
from
    emp e
```

运行后,结果集如图 8-23 所示,含有 2 列,假设需要将 2 列合并为 1 列,将多列合并为一列后结果集如图 8-24 所示。

```
+--------+--------+
| deptno | ename  |
+--------+--------+
|     20 | 张三    |
|     30 | 李四    |
|     30 | 王五    |
|     20 | 赵六    |
|     30 | 薛七    |
|     30 | 陈八    |
|     10 | 吴九    |
|     20 | 寅十一  |
|     10 | 王十二  |
|     30 | 黄十三  |
|     20 | 毛十四  |
|     30 | 陈十五  |
|     20 | 张十六  |
|     10 | 刘十七  |
+--------+--------+
14 rows in set (0.01 sec)
```

图 8-23　将多列合并为一列之前

```
+------------------------------------+
| concat(e.deptno,'_',e.ename)       |
+------------------------------------+
| 20_张三                             |
| 30_李四                             |
| 30_王五                             |
| 20_赵六                             |
| 30_薛七                             |
| 30_陈八                             |
| 10_吴九                             |
| 20_寅十一                           |
| 10_王十二                           |
| 30_黄十三                           |
| 20_毛十四                           |
| 30_陈十五                           |
| 20_张十六                           |
| 10_刘十七                           |
+------------------------------------+
14 rows in set (0.00 sec)
```

图 8-24　将多列合并为一列之后

2. SQL 演化

从 8.4.2 节可以看出,大部分合并的题型需要考虑 concat 相关的拼接函数,本题较为简单,直接使用 concat() 函数即可解决,SQL 语句如下:

```
//8.4.3 将多列合并为一列.sql

select
    concat(e.deptno,'_',e.ename)
from
    emp e;
```

min

8.4.4　将一列分割为多列

1. 问题

原题 SQL 语句示例如下:

```
//8.4.4 将一列分割为多列.sql

select
    concat(e.deptno,'_',e.ename) as test
from
    emp c;
```

运行后,结果集如图 8-25 所示,含有 1 列,假设需要将 1 列分割为 2 列,将一列分割为多列后结果集如图 8-26 所示。

2. SQL 演化

若合并需要考虑 concat 相关的函数,则分割都需要考虑 sub 类函数,包括 substring()、subtime()、substring_index()、regexp_substr() 等。

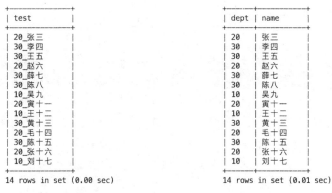

图 8-25　将一列分割为多列之前　　图 8-26　将一列分割为多列之后

该问题可以使用 substring_index( ) 函数先测试数据分割的效果,SQL 语句如下:

```
//8.4.4 将一列分割为多列.sql

select
    substring_index(a.test,"_",1)
from(
    select
        concat(e.deptno,'_',e.ename) test
    from
        emp e
) a;
```

运行后,结果集如图 8-27 所示。

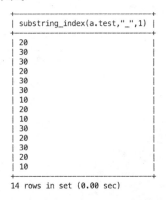

图 8-27　测试 substring( ) 函数的效果

测试分割效果达到预期后,只需给该列增加别名,并且继续增加所需要的列,SQL 语句
如下:

```
//8.4.4 将一列分割为多列.sql

select
```

```
        substring_index(a.test,"_",1) as dept,
        substring_index(a.test,"_",-1) as name
from(
    select
        concat(e.deptno,'_',e.ename) test
    from
        emp e
) a;
```

第 9 章
CHAPTER 9

MySQL 的视图与临时表

9.1 MySQL 8.0 的视图

MySQL 视图是存储在 MySQL 数据库中的虚拟的表。

9.1.1 概念

视图中的数据是从一个或多个基表(Base Table)中选择的数据子集。视图并不存储数据,而是根据定义的查询来动态地生成结果集。使视图能够方便地访问和处理基础数据表中的信息,并提供一种安全、可控和易于维护的数据访问方式。

当底层数据表结构发生更改时,只需更新视图定义便可反映更改,而无须修改应用程序代码。

视图内的数据仅限于展示作用,视图内的数据无法直接被删除,如想删除视图内的数据,则需要以基表方式进行删除。

9.1.2 语法

以下内容包括创建视图语法、删除视图语法、修改视图语法、查询视图语法。

1. 创建视图语法

MySQL 8 的视图是一种虚拟表,视图是基于一个或多个现有表的查询结果构建的,其创建视图语法如下:

```
//9.1 MySQL 8.0 的视图.sql

create [or replace] [algorithm = {undefined | merge | temptable}]
view view_name [(column_list)]
as select_statement
[with [cascaded | local] check option]
```

其中参数释义如下。

or replace：可选参数，若该名称的视图已存在，则用新视图替换它。

algorithm：可选参数，指定用于处理视图的算法，默认为 undefined。

view_name：视图的名称。

column_list：可选参数，指定要选择的列。若未指定，则将选择所有列。

select_statement：用于构建视图的 select 语句。

with check option：可选参数，强制 select 语句中的 where 子句返回值 true。若不返回值 true，则表示插入、更新或删除操作失败。

2. 使用视图语法

使用视图语法，SQL 语句如下：

```
//9.1 MySQL 8.0 的视图.sql

select column1, column2, …
from view_name
[where condition];
```

其中参数释义如下。

column1，column2，…：要选择的列。

view_name：要查询的视图。

condition：可选参数，用于筛选结果集的条件。

除了 select 语句外，还可以使用 insert、update 和 delete 语句对视图进行操作，前提是视图满足 with check option 约束。

3. 修改视图语法

如果要修改 MySQL 视图，则可以使用 alter view 语句，其基本语法如下：

```
alter view view_name as new_select_statement;
```

view_name 是要修改的视图名称，new_select_statement 是新的 select 语句。

执行此语句后，视图将会被更新为新的 select 语句所定义的结果集。视图的列名和数据类型必须与新的 select 语句匹配，否则可能会出现错误。

4. 删除视图语法

如果要删除 MySQL 视图，则可以使用 drop view 语句，基本语法如下：

```
drop view [if exists] view_name;
```

view_name 是要删除的视图名称。若使用了 if exists 选项，则当视图不存在时，不会出现错误。

执行此语句后，指定的视图将被从数据库中删除，所有引用该视图的查询也将失效。注意，其操作是不可逆的，因此在执行前需要谨慎考虑。

9.1.3　使用示例

假设第 8 章中的"将多行合并为一行(分隔符数据)"的 SQL 语句经常使用,需要将此段 SQL 语句更改为视图进行调用,可以省略复杂的查询语句,以方便新的语句调用。使用"将 多行合并为一行(分隔符数据)"的语句创建 enameForConcat 视图的 SQL 语句如下:

```
//9.1 MySQL 8.0 的视图.sql

create view enameForConcat as(
   select
       e.deptno,
       group_concat(
           e.ename
           order by
               e.empno separator ','
       ) as emps
   from
       emp e
   group by
       e.deptno
);
```

使用 enameForConcat 视图的 SQL 语句如下:

```
select * from enameforconcat;
```

此结果集与第 8 章中"将多行合并为一行(分隔符数据)"的 SQL 结果集相同。

9.1.4　管理

可以通过查询 information_schema.views 表来查看 MySQL 中所有视图的创建语句, SQL 语句如下:

```
//9.1 MySQL 8.0 的视图.sql

select
   table_schema,
   table_name,
   view_definition
from
   information_schema.views;
```

返回所有数据库中的所有视图,以及视图的创建语句(view_definition 列),运行结果如 图 9-1 所示。

table_schema 指数据库名称,table_name 指视图名称,view_definition 指创建视图的语 句,此处可以通过 where 语句限制输入的数据库或视图。

information_schema.views 表内存储着与视图的创建语句相关的信息。

TABLE_SCHEMA VARCHAR	TABLE_NAME VARCHAR	VIEW_DEFINITION LONGTEXT
esif	v_wm_matinstock_probatch_code	select `esif`.`wm_matinstock_code`.`MatInStockCodeID` AS `Mat...
esif	v_wm_matinstock_th	select `m`.`MatInStockID` AS `MatInStockID`,`w`.`WareHouseID`...
esif	v_wm_matinstock_whsum	select `s`.`WareHouseID` AS `WareHouseID`,`w`.`WareHouseNa...
esif	v_wm_matinstock_whsumdt	select `wm`.`MatInStockID` AS `MatInStockID`,`wm`.`WareHouse...
esif	v_wm_matinstock_whsumdt_kf	select `wm`.`MatInStockID` AS `MatInStockID`,`wm`.`WareHouse...
esif	v_wm_mrp_daily_stock	select `m`.`dayDate` AS `dayDate`,sum(`m`.`surplusQty`) AS `Qt...
esif	v_wm_mrp_stock	select `b`.`WareHouseID` AS `WareHouseID`,sum(round(`b`.`Qty...
esif	v_wm_requirebill_code_yl	select `esif`.`wm_requirebill_code`.`RequireBillCodeID` AS `Requi...
esif	v_wm_requirebill_dt_cl	select `esif`.`wm_requirebill_dt`.`RequireBillDtID` AS `RequireBill...
esif	v_wm_requirebill_dt_yl	select `esif`.`wm_requirebill_dt`.`RequireBillDtID` AS `RequireBill...
esif	v_wm_requirebill_dt_yl_lr	select `esif`.`wm_requirebill_dt`.`RequireBillDtID` AS `RequireBill...
esif	v_wm_requirebill_main_cl	select `esif`.`wm_requirebill_main`.`RequireBillID` AS `RequireBill...
esif	v_wm_requirebill_main_jy	select `esif`.`wm_requirebill_main`.`RequireBillID` AS `RequireBill...
esif	v_wm_requirebill_main_yl	select `esif`.`wm_requirebill_main`.`RequireBillID` AS `RequireBill...
esif	v_wm_stock_tool_borrow	select (case when ((`esif`.`wm_stock_tool_borrow`.`ReturnTime`...
esif	v_wm_stocksettle_dt	select `esif`.`wm_stocksettle_dt`.`StockSettleDtID` AS `StockSett...
esif	v_wm_stocksettle_dt_latest	select concat(`esif`.`wm_stocksettle_dt`.`WareHouseID`,'_',`esif`...
esif	v_wmbill_trackcode_info	select `b`.`InStockBillDtID` AS `InStockBillDtID`,`b`.`BatchID` AS...
esif	v_year	select ((year(curdate()) - 20) + `mysql`.`help_topic`.`help_topic_i...
esif	v_yl_pm_purchorder_dt	select `esif`.`pm_purchorder_dt`.`PurchOrderDtID` AS `PurchOrd...
esif	v_yl_pm_purchorder_dt_copy1	select `esif`.`pm_purchorder_dt`.`PurchOrderDtID` AS `PurchOrd...
esif	v_zy_bb_home	select `a`.`RoomID` AS `RoomID`,`a`.`RoomName` AS `RoomNa...

图 9-1 临时表的测试过程与结果集

information_schema.table 表内存储着视图的基础信息,可通过如下语句进行查看:

```
//9.1 MySQL 8.0 的视图.sql

select
    *
from
    information_schema.tables ist
where
    ist.table_type = 'VIEW'
```

也可以使用 show 语句查看某个视图创建语句,其语法如下:

```
show create view 视图名称;
```

9.2 MySQL 8.0 的 with as 关键字

MySQL 中的 with as 语句(也称为 Common Table Expressions,CTE)允许定义一个临时的命名结果集,可以认为 with as 关键字产生了一张临时表,或者说是临时视图、虚拟视图、临时虚拟表。

9.2.1 概念

将 with as 关键字直接写在当前 SQL 语句里即可,SQL 语句会将 with as 查询到的结果集视为一个虚拟表。

在使用 with 语句时,可以使用 as 子句将查询定义为一个具有别名的临时表,并在后续查询中引用它。

with 语句结合了 select 语句和临时表,在处理复杂查询时非常有用。通过 with 语句,可以更清晰地组织和阐述 SQL 查询,使其易于理解和优化。

with as 关键字还可以减少代码重复和错误,并提高查询的可读性和可维护性。

在一条 SQL 语句中使用 with as 关键字可以同时产生多张临时视图。

9.2.2　语法

with as 语法是使用 with 关键字来定义一个查询块并为其命名,然后在主查询中引用该名称,with as 的基本语法如下:

```
//9.2 MySQL 8.0 的 with as 关键字.sql

with cte_name (column1, column2, …) as (
    select …
    from …
    where …
    group by …
    having …
    order by …
)
select …
from …
join cte_name on …
where …
group by …
having …
order by …
```

其中 cte_name 是公共表达式的名称。column1、column2 等是可选的列名(必填项),select 子句是公共表达式的查询语句。公共表达式可以像其他表一样在 select、from 或 join 子句中引用,并且可以多次被引用。

9.2.3　使用示例

假设第 8 章中的“将多行合并为一行(分隔符数据)”的 SQL 语句经常使用,需要将此段 SQL 语句更改为 with as 进行调用,可以省略复杂的查询语句,以方便新的语句调用,SQL 语句如下:

```
//9.2 MySQL 8.0 的 with as 关键字.sql

with myename(deptno,ename) as(
    select
        e.deptno,
```

```
        group_concat(
            e.ename
            order by
                e.empno separator ','
        ) as emps
    from
        emp e
    group by
        e.deptno
)
select * from myename;
```

此结果集如第 8 章中"将多行合并为一行(分隔符数据)"的 SQL 结果集相同。

注意: 上述 SQL 语句为一条 SQL 语句,不要使用分号进行分割。with as 语句与 select 语句之间不要使用任何符号。

在一条 SQL 语句中可以同时使用多个 with as 的临时视图,SQL 语句如下:

```
//9.2 MySQL 8.0 的 with as 关键字.sql

with myename(deptno,ename) as(
    select
        e.deptno,
        group_concat(
            e.ename
            order by
                e.empno separator ','
        ) as emps
    from
        emp e
    group by
        e.deptno
),
myoneline(test) as (
    select
    concat(e.deptno,'_',e.ename) as test
from
    emp e
)
select * from myoneline;
```

在以上 SQL 语句中可以把 myename 与 myonline 两个对象当作两个临时视图进行使用。

注意: 多条 with as 语句中的 with 只编写一次,as 需要编写多次,并且多个 as 之间需使用逗号进行分割,最后一个 with as 不需要增加逗号。

9.3　MySQL 8.0 的临时表

MySQL 8 引入了一种新的临时表类型,称为可持续性临时表(Persistent Temporary Table)。

9.3.1　概念

与传统的 MySQL 临时表不同,可持续性临时表会将数据存储在磁盘上,而不是存储在内存中。意味着临时表可以用于处理大量数据,并可以在 MySQL 服务器启动期间保留数据。

此外,由于可持续性临时表存储在磁盘上,所以临时表可以更好地处理非常大的结果集,以避免内存不足的问题。

如果要创建一个持久性临时表,则可以使用 create temporary table 语句,指定 engine＝innodb 选项,并选择 on commit 语句修饰符。

on commit 有 3 个选项:delete rows、preserve rows 和 drop。delete rows 选项表示在每个事务结束时清除表中的所有行。preserve rows 选项表示在每个事务结束时保留表中的所有行。drop 选项表示在每个事务结束时删除表。

MySQL 中的临时表有很多特性,具体如下:

(1) MySQL 使用 create temporary table 语句来创建临时表。

(2) 该语句只能在 MySQL 服务器具有 create temporary tables 权限时使用。

(3) 创建它的客户端可以看到和访问它,意味着两个不同的客户端可以使用同名的临时表而不会相互冲突。该表只有创建它的客户端才能看到。

(4) 当用户关闭会话或手动终止连接时,MySQL 中的临时表将自动删除。

(5) 用户可以创建一个与数据库中普通表同名的临时表。例如,若用户创建了一个名为 emp 的临时表,则现有的 emp 表将无法访问。

9.3.2　语法

以下内容包括创建本地临时表语法、创建全局临时表语法、删除和修改本地临时表语法。

1. 创建本地临时表语法

创建本地临时表语法,SQL 语句如下:

```
//9.3 MySQL 8.0 的临时表.sql

create temporary table temp_table_name (
```

```
    column1 datatype1,
    column2 datatype2,
    ...
);
```

temp_table_name 是临时表的名称,与普通表一样,用于指定列及其数据类型。temporary 关键字用于指定创建的表是临时表。

2. 创建全局临时表语法

创建全局临时表语法,SQL 语句如下:

```
//9.3 MySQL 8.0 的临时表.sql

create temporary table global_temp_table_name (
    column1 datatype1,
    column2 datatype2,
    ...
)
global;
```

与本地临时表的区别在于,使用 global 关键字声明创建全局临时表,全局临时表在整个 MySQL 连接中都可见。

临时表在连接结束或者被显式地删除前都存在,可以用与普通表相同的方式操作临时表。

3. 删除和修改本地临时表语法

如果需要修改 MySQL 本地临时表,则可以使用 alter table 语句来添加、删除或修改列。例如可以使用以下语句将名为 temp_table 的临时表的列 my_column 更改为 varchar 类型:

```
alter table temp_table modify my_column varchar(255);
```

如果要删除 MySQL 本地临时表,则可以使用 drop table 语句。以下语句将删除名为 temp_table 的临时表:

```
drop table temp_table;
```

注意:一旦会话结束或连接终止,MySQL 本地临时表将自动被删除,因此通常不需要手动删除它们。

4. 删除和修改全局临时表语法

删除全局临时表可以使用 drop table 语句,SQL 语句如下:

```
drop table my_global_temp_table;
```

修改全局临时表需要使用 alter table 语句。

以下语句用于将名为 my_global_temp_table 的全局临时表的列 my_column 更改为 varchar 类型：

```
alter table my_global_temp_table modify my_column varchar(255);
```

> **注意**：之所以不允许在全局临时表中添加或删除列，是因为会影响到其他会话。若需要更改表结构，则通常需要重新创建全局临时表。

9.3.3　使用示例

创建临时表 tmp_table 的 SQL 语句如下：

```
//9.3 MySQL 8.0 的临时表.sql

create temporary table tmp_table (
    id int,
    name varchar(50)
);
```

添加临时表数据的 SQL 语句如下：

```
insert into tmp_table values (1, 'test1');
insert into tmp_table values (2, 'test2');
```

查询临时表数据的 SQL 语句如下：

```
select * from tmp_table;
```

运行后，测试过程与结果集如图 9-2 所示。

```
mysql> create temporary table tmp_table (
    ->      id int,
    ->      name varchar(50)
    -> );
Query OK, 0 rows affected (0.01 sec)

mysql> insert into tmp_table values (1, 'test1');
Query OK, 1 row affected (0.01 sec)

mysql> insert into tmp_table values (2, 'test2');
Query OK, 1 row affected (0.00 sec)

mysql> select * from tmp_table;
+------+-------+
| id   | name  |
+------+-------+
|    1 | test1 |
|    2 | test2 |
+------+-------+
2 rows in set (0.00 sec)
```

图 9-2　临时表的测试过程与结果集

关键点：

（1）使用 create temporary table 创建临时表。

（2）临时表的数据仅在当前连接可见，连接结束后表会自动消失。

（3）临时表架构和普通表一致，支持所有操作。

（4）当前的 root 会话会连接所创建的临时表，但在其他 root 会话连接中无法可见。

9.3.4 临时复制表

基于临时表的特性，会话 1 无法查看会话 2 的临时表，在临时备份数据库或临时导出数据时更方便，语法如下：

```
//9.3 MySQL 8.0 的临时表.sql

create temporary table 临时表名 as(
    select * from 旧的表名 limit 0,10000
);
```

使用临时复制表语句，复制 emp 表的示例如下：

```
//9.3 MySQL 8.0 的临时表.sql

create temporary table new_temporary_emp as(
    select * from emp limit 0,10000
);
```

复制表可直接在本会话进行查询，SQL 语句如下：

```
select * from new_temporary_emp;
```

9.4 MySQL 8.0 的内存表

MySQL 8.0 的内存表是指将数据存储在内存中而非磁盘上的一种 MySQL 表类型。之所以存在内存表的存储形式，是因为 MySQL 期望达到非关系数据库的 IO 性能。让 MySQL 自身同时拥有关系数据库与非关系数据库的两种特性，适用于更多应用场景。

9.4.1 概念

内存表适用于需要快速读写的临时数据或缓存数据。由于内存表不会持久化到磁盘上，因此当 MySQL 实例关闭时，内存表中的所有数据都会被删除。

内存表的语法和常规 MySQL 表相同，但有一些限制和行为差异。例如内存表不能包含 blob 或 text 列，并且内存表的数据类型可能会自动转换为更小的类型以节省内存。

9.4.2 MySQL 8.0 内存表和临时表的区别

MySQL 8.0 中内存表和临时表都是在内存中创建的表，但是有以下区别。

（1）持久性：内存表在服务器重启后会消失，而临时表只在当前会话中存在，当会话结束时会被自动删除。

（2）数据处理：之所以内存表的数据处理速度比临时表更快，是因为内存表的数据不需要写入磁盘。另外虽然内存表可以使用索引等优化查询速度，但是内存表的数据量受到内存限制，当数据量过大时可能会导致性能下降。

（3）存储引擎：内存表使用 MEMORY 存储引擎，而临时表可以使用多种存储引擎，包括 MEMORY、MyISAM 和 InnoDB 等。

（4）用途：内存表适用于需要高速读写的临时数据存储，如缓存、临时计算结果等，而临时表适用于需要跨多个查询使用的中间数据存储，如排序、连接等操作。

总之，内存表和临时表都是在内存中创建的表，但是它们在持久性、数据处理、存储引擎和用途上有所不同。

9.4.3 语法

以下内容包括创建内存表语法、修改内存表语法、删除内存表语法、查询内存表语法。

1. 创建内存表语法

在 MySQL 8.0 中创建内存表的语法如下：

```
//9.4 MySQL 8.0 的内存表.sql

create table table_name (
  column1 datatype,
  column2 datatype,
  …
) engine = memory;
```

table_name 为表名，column1，column2，…为列名和对应的数据类型。engine＝memory用于指定所使用的内存引擎。

2. 修改内存表语法

在 MySQL 8.0 中修改内存表的语法如下：

```
alter table table_name add column new_column int(11) not null after column1;
```

3. 删除内存表语法

在 MySQL 8.0 中删除内存表的语法如下：

```
drop table if exists table_name;
```

4. 查询内存表语法

在 MySQL 8.0 中查询内存表的语法如下：

```
select * from table_name where column_name = 'value';
```

注意：内存表数据仅在当前 MySQL 启动期间存在，并在服务器重启后被清除，因此，内存表适用于临时性数据存储和处理。同时，由于内存表的使用将占用服务器内存资源，因此需要谨慎使用。

9.4.4　使用示例

创建内存表 tmp_table2 的 SQL 语句如下：

```
//9.4 MySQL 8.0 的内存表.sql

create table `tmp_table2`(
    `id` int not null,
    `name` varchar(50) not null
) engine = memory;
```

添加内存表数据的 SQL 语句如下：

```
insert into tmp_table2 values (1, 'test3');
insert into tmp_table2 values (2, 'test4');
```

查询内存表的 SQL 语句如下：

```
select * from tmp_table2;
```

运行后，测试过程与结果集如图 9-3 所示。

```
mysql> create table `tmp_table2` (
    ->
    ->     `id` int not null,
    ->
    ->     `name` varchar(50) not null
    ->
    -> ) engine=memory;
Query OK, 0 rows affected (0.03 sec)

mysql> insert into tmp_table2 values (1, 'test3');
Query OK, 1 row affected (0.00 sec)

mysql> insert into tmp_table2 values (2, 'test4');
Query OK, 1 row affected (0.00 sec)

mysql> select * from tmp_table2;
+----+-------+
| id | name  |
+----+-------+
|  1 | test3 |
|  2 | test4 |
+----+-------+
2 rows in set (0.00 sec)
```

图 9-3　内存表的测试过程与结果集

关键点：

（1）使用 engine＝memory 将表类型指定为内存表。

（2）内存表数据存储在内存中，重启后失效。

（3）内存表支持像普通表一样的插入、查询、更新和删除操作。

（4）内存表不支持索引，数据必须完全存储在内存中。

（5）内存表访问速度非常快，但内存消耗也大。

（6）当前的 root 会话会连接所创建的临时表，但在其他 root 会话连接中仍然可见。

9.4.5 管理

可以通过查询 information_schema.tables 表来查看当前数据库中的所有内存表，SQL 语句如下：

```sql
//9.4 MySQL 8.0 的内存表.sql

select
    *
from
    information_schema.tables
where
    engine = 'MEMORY'
```

第10章

CHAPTER 10

MySQL 的存储过程与
预编译语句

10.1 MySQL 8.0 存储过程概念

存储过程(Stored Procedure)是在大型数据库系统中一组为了完成特定功能的 SQL 语句集,此类 SQL 语句集存储在数据库中,经过第 1 次编译后,后续调用不需要再次编译,用户通过存储过程的名字并给出参数来执行(若该存储过程带有参数)。

MySQL 8.0 存储过程的特性如下:

(1) 存储过程是一组 SQL 语句的集合,经过编译后存储在数据库中。

(2) 可以通过调用存储过程的名字来执行预编译语句内的 SQL 语句。

(3) 存储过程带来的好处:重用 SQL 逻辑、简化应用开发、减少网络流量等。

(4) 在 MySQL 存储过程中,若其中一条 SQL 语句执行时报错,则后续的语句将不会被执行,并且会回滚已执行的语句。

10.1.1 无参存储过程的创建与调用

创建 MySQL 8.0 存储过程的语法如下:

```
//10.1.1 无参存储过程的创建与调用.sql

create procedure 存储过程名(参数列表)
begin
    sql 语句;
    sql 语句;
    ...
end
```

存储过程名:存储过程的名称,需要遵循数据库对象命名规范。

参数列表:存储过程的参数,包括参数名、类型和模式(in、out、inout)。参数可选,若没有参数,则省略。

begin 和 end:存储过程代码块的开始和结束标记。

SQL 语句：存储过程中的 SQL 语句，可以包括 select、insert、update、delete 等数据操作语句。

创建无入参的存储过程，SQL 语句如下：

```
//10.1.1 无参存储过程的创建与调用.sql

delimiter $$
create procedure my_procedure1()
begin
    select * from dept;
end $$
delimiter;
```

此处需要编写 delimiter 关键字，delimiter 关键字用于更改语句结尾符号。

delimiter $$代表 SQL 语句的结尾从分号";"被更改为"$$"。

更改语句结尾符号的目的是在编写"select * from dept;"语句时，该语句末尾的分号不会被 MySQL 错误地识别为语句结尾。

begin 和 end 之间的 SQL 语句除了 select 之外同样可以编写 update、delete、insert 等操作语句。

使用 call 关键字调用无参的 my_procedure1 存储过程的 SQL 语句如下：

```
mysql> call my_procedure1();
+--------+--------+--------+
| deptno | dname  | loc    |
+--------+--------+--------+
|     10 | 会计部 | 青海   |
|     20 | 科研部 | 北京   |
|     30 | 销售部 | 成都   |
|     40 | 总部   | 哈尔滨 |
+--------+--------+--------+
4 rows in set (0.00 sec)

Query OK, 0 rows affected (0.00 sec)
```

图 10-1　无参存储过程的调用结果

```
call my_procedure1();
```

运行后，结果集如图 10-1 所示。

10.1.2　查看 MySQL 当前含有的存储过程

在 MySQL 中主要通过 show 关键字查询存储过程的相应内容，例如显示全部的存储过程、显示某一存储过程、查看存储过程中的具体代码等。

1. 显示全部的存储过程

显示全部的存储过程的 SQL 语句如下：

```
show procedure status;
```

该语句显示所有存储过程的名称、类型（存储过程或函数）、创建者、创建时间、修改时间等信息。

show 语句也可将查询的实例库限定为 learnSQL2，示例 SQL 语句如下：

```
show procedure status where db = 'learnSQL2';
```

2. 显示某一存储过程

显示某一存储过程的 SQL 语法如下：

```
show create procedure 存储过程名;
```

该语句用于显示创建指定存储过程的 SQL 语句, SQL 语句如下:

```
show create procedure my_procedure1;
```

3. 查看存储过程中的具体代码

查看存储过程中的具体代码, SQL 语句如下:

```
select * from information_schema.routines;
```

该语句从 information_schema 数据库中的 routines 表中查询所有的存储过程和函数。该语句可以看到所有存储过程的代码内容。

查看 learnSQL2 实例库中所有存储过程内的代码, SQL 语句如下:

```
//10.1.2 查看 MySQL 当前含有的存储过程.sql

select
    rs.specific_name,
    rs.routine_definition
from
    information_schema.routines rs
where
    rs.routine_schema = 'learnSQL2';
```

10.1.3 删除存储过程

删除存储过程的语法如下:

```
drop procedure【存储过程名】;
```

删除存储过程的 SQL 语句如下:

```
drop procedure my_procedure1;
```

```
mysql> drop procedure my_procedure1;
Query OK, 0 rows affected (0.02 sec)
```

图 10-2 删除存储过程结果

运行后, MySQL 返回的结果如图 10-2 所示。

10.1.4 体验存储过程中含有部分报错

在 MySQL 存储过程的特性中含有部分报错, 若存储过程中含有多条语句, 并且其中一条语句发生报错, 则会停止存储过程语句并回滚已执行语句。

体验存储过程中含有部分报错的示例 SQL 语句如下:

```
//10.1.4 体验存储过程中含有部分报错.sql

delimiter $$
create procedure demo()
begin
```

```
    insert into t1 (col1) values(1);
    update t2 set col1 = col1 + 1;              -- 此语句会报错
    insert into t3 (col1) values(3);
end
delimiter;
```

调用该存储过程后会发生以下情况：

（1）执行"insert into t1(col1) values(1);"语句成功，插入一条记录。

（2）执行"update t2 set col1＝col1＋1;"语句报错。

（3）"insert into t3(col1) values(3);"语句不会被执行。

（4）已执行的"insert into t1(col1) values(1);"语句会被回滚。

（5）存储过程执行结束时如果遇到报错，则语句会被中止。

总结来讲，一旦 MySQL 存储过程中某条 SQL 语句执行报错，则会发生如下情况：

（1）后续语句不会被执行。

（2）已执行的语句会被回滚。

（3）存储过程的执行会被终止。

以上实例也是 MySQL 存储过程实现事务功能的体现，保证存储过程中的 SQL 语句要么全部执行成功，要么全部回滚。

10.2　MySQL 8.0 存储过程的参数

MySQL 8.0 的存储过程支持 3 种参数，分别为 in、out、input。

10.2.1　in 参数

in 输入参数：向存储过程传递值。调用存储过程时，必须为 in 参数传入值。在存储过程内部，可以使用该参数的值。

创建带 in 参数的有入参存储过程的 SQL 语句如下：

```
//10.2.1 in参数.sql

delimiter $$
create procedure my_procedure2(in indeptno int)
begin
    select * from dept where  deptno = indeptno;
end $$
delimiter;
```

调用带 in 参数的有入参存储过程的 SQL 语句如下：

```
//10.2.1 in参数.sql

call my_procedure2(10);
```

创建带 in 参数的多入参存储过程的 SQL 语句如下：

```
//10.2.1 in 参数.sql

delimiter $$
create procedure my_procedure2(in indeptno int)
begin
    select * from dept where   deptno = indeptno;
end $$
delimiter;
```

调用带 in 参数的多入参的存储过程的 SQL 语句如下：

```
//10.2.1 in 参数.sql

call my_procedure3(20,'科研部');
```

带 in 参数的多入参的存储过程的运行过程及结果如图 10-3 所示。

```
mysql> delimiter $$
mysql> create procedure my_procedure3(in indeptno int,in indname varchar(255))
    -> begin
    ->     select * from dept where   deptno=indeptno and dname=indname;
    -> end$$
Query OK, 0 rows affected (0.04 sec)

mysql> delimiter ;
mysql> call my_procedure3(20,'科研部');
+--------+--------+--------+
| deptno | dname  | loc    |
+--------+--------+--------+
|     20 | 科研部 | 北京   |
+--------+--------+--------+
1 row in set (0.00 sec)

Query OK, 0 rows affected (0.00 sec)
```

图 10-3   带 in 参数的多入参的存储过程的运行过程及结果

10.2.2   out 参数

out 输出参数：从存储过程返回值。调用存储过程时，为 out 参数传入变量名。存储过程内部，通过 select…into…语句将值赋给 out 参数。调用结束后可以从 out 参数获得值。

通过 out 参数输出的数据将以变量的形式进行输出。假设变量值为@mydname1。为了方便理解 out 参数，可先查询此处的变量，SQL 语句如下：

```
//10.2.2 out 参数.sql

select @mydname1;
```

```
mysql> select @mydname1;
+-----------+
| @mydname1 |
+-----------+
| NULL      |
+-----------+
1 row in set (0.01 sec)
```

图 10-4   查看@mydname1 结果

"@"符号代表用户变量，"@@"代表系统变量。因为@mydname1 变量并未被定义，所以查询之后将会是空的，如图 10-4 所示。

创建存储过程，输出部分数据，SQL 语句如下：

```
//10.2.2 out 参数.sql

delimiter $$
create procedure my_procedure4(out mydname1 varchar(255))
begin
    select
        d.dname into mydname1
    from
        dept d
    where
        d.deptno = 10;
end $$
delimiter;
```

执行含 out 参数的存储过程，SQL 语句如下：

```
call my_procedure4(@mydname1);
# 返回 Query OK, 1 row affected (0.01 sec)
select @mydname1;
# 返回 会计部
```

out 参数整体案例运行过程如图 10-5 所示。

```
mysql> create procedure my_procedure4(out mydname1 varchar(255))
    -> begin
    ->     select
    ->         d.dname into mydname1
    ->     from
    ->         dept d
    ->     where
    ->         d.deptno=10;
    -> end$$
Query OK, 0 rows affected (0.01 sec)

mysql> delimiter ;
mysql> call my_procedure4(@mydname1);
Query OK, 1 row affected (0.01 sec)

mysql> select @mydname1;
+-----------+
| @mydname1 |
+-----------+
| 会计部     |
+-----------+
1 row in set (0.00 sec)
```

图 10-5　out 参数整体案例运行过程

MySQL 存储过程并不能将输出字段变成多个，如不增加限定条件，则可能报行数错误，其错误如下：

```
ERROR 1172 (42000): Result consisted of more than one row
```

若想返回多行数据，则可以使用 concat()函数对结果进行拼接，将多行数据整理成分隔符数据进行返回。

10.2.3　inout 参数

inout 输入输出参数：向存储过程传值并从存储过程获得值。调用存储过程时，必须为

inout 参数传入值。

在存储过程内部，可以使用该参数的值，也可以通过 select…into…将新值赋给该参数。调用结束后 inout 参数的值可能已被修改。

创建带 inout 参数的有入参存储过程的 SQL 语句如下：

```
//10.2.3 inout 参数.sql

delimiter $$
create procedure my_procedure5(inout inoutdeptno int, in dname varchar(255))
begin
    select
        d.deptno into inoutdeptno
    from
        dept d
    where
        d.dname = dname;

    select inoutdeptno + 1;
end $$
delimiter;
```

运行 my_procedure5 存储过程的 SQL 语句如下：

```
//10.2.3 inout 参数.sql

set @test_int = 330;

call my_procedure5(@test_int,'会计部');
# 返回 11

select @test_int;
# 返回 10
```

inout 参数整体案例运行结果如图 10-6 所示。

```
mysql> set @test_int=330;
Query OK, 0 rows affected (0.00 sec)

mysql> call my_procedure5(@test_int,'会计部');
+--------------+
| inoutdeptno+1 |
+--------------+
|           11 |
+--------------+
1 row in set (0.01 sec)

Query OK, 0 rows affected (0.01 sec)

mysql> select @test_int;
+-----------+
| @test_int |
+-----------+
|        10 |
+-----------+
1 row in set (0.00 sec)
```

图 10-6　inout 参数整体案例运行过程

10.3　MySQL 8.0 存储过程的控制流

MySQL 8.0存储过程支持各种控制流语句,用于控制存储过程的执行流程。

10.3.1　declare 关键字

在 MySQL 8.0 的存储过程和函数中,使用 declare 关键字定义变量,declare 语法如下:

```
declare var_name type [default value];
```

var_name:变量名称,符合数据库标识符命名规则。

type:变量类型,可以是整数、字符串、日期等 MySQL 支持的类型。

default value:可选,为变量指定默认值。

创建 MySQL 8.0 中存储过程控制流的 declare 示例,
SQL 语句如下:

```
//10.3.1 declare 关键字.sql

delimiter $$
create procedure demo_declare()
begin
    declare j int default 10;
    select j;
end $$
delimiter;
```

```
mysql> delimiter $$
mysql> create procedure demo_declare()
    -> begin
    ->    declare j int default 10;
    ->    select j;
    -> end $$
Query OK, 0 rows affected (0.00 sec)

mysql> delimiter ;
mysql> call demo_declare();
+------+
| j    |
+------+
|   10 |
+------+
1 row in set (0.00 sec)

Query OK, 0 rows affected (0.00 sec)
```

图 10-7　declare 的整体运行效果

declare 示例的整体运行效果如图 10-7 所示。

10.3.2　set 关键字

在 MySQL 8.0 中可使用 set 关键字设置变量的值,set 语法如下:

```
set 变量名 = 表达式 | 值;
```

例如修改 declare 示例中的 j 变量,SQL 语句如下:

```
//10.3.2 set 关键字.sql

delimiter $$
create procedure demo_declare2()
begin
    declare j int default 10;
    set j = 12;
    select j;
end $$
delimiter;
```

demo_declare2()存储过程只比 demo_declare()存储过程增加了"set j＝12;"代码。运行 demo_declare2()存储过程的 SQL 语句如下：

```
call demo_declare2();
#运行后,返回12,列名为j
```

set 除了可以针对存储过程内的 declare 变量进行设置之外,还可以针对用户变量(@变量)进行设置,SQL 语句如下：

```
//10.3.2 set 关键字.sql

delimiter $$
create procedure my_procedure10()
begin
set @testInt = 10;
end $$
delimiter;

#设置@testInt 变量
set @testInt = 11;

#调用 my_procedure10 存储过程
call my_procedure10();

#查看@testInt 变量,最终返回 10
select @testInt;
```

存储过程中使用 set 关键字更改变量的整体运行效果,如图 10-8 所示。

```
mysql> set @testInt = 11;
Query OK, 0 rows affected (0.00 sec)

mysql> call my_procedure10();
Query OK, 0 rows affected (0.00 sec)

mysql> select @testInt;
+---------+
| @testInt |
+---------+
|      10 |
+---------+
1 row in set (0.00 sec)
```

图 10-8　存储过程中使用 set 关键字的整体运行效果

10.3.3　if 关键字

在 MySQL 8.0 中使用 if 关键字实现流程控制和条件判断,if 语法如下：

```
//10.3.3 if 关键字.sql

if 条件 then
    语句1;
elseif 条件 then
    语句2;
```

```
else
    语句 3;
end if;
```

if 后跟判断条件,可以是逻辑表达式、函数返回值等。当条件满足时,执行 then 后语句并跳过"end if;"。

elseif 提供可选的替代条件,当前面的条件不满足时进行判断。

else 为可选语句,当上述条件都不满足时执行。

end if 标志 if 逻辑结束。

创建 MySQL 8.0 中存储过程控制流的 if 示例,SQL 语句如下:

```
//10.3.3 if 关键字.sql

delimiter $$
create procedure my_procedure6()
begin
  declare var int default 1;
  if var = 1 then
    select 'var = 1';
  elseif var = 2 then
    select 'var = 2';
  else
    select 'var <> 1 and var <> 2';
  end if;
end $$
delimiter;
```

在以上示例中:

若 var＝1,则输出'var＝1'。

若 var＝2,则输出'var＝2'。

若以上条件都不满足,则输出'var <> 1 and var <> 2'。

10.3.4　case 关键字

case 语句是一种流程控制语句,用于实现条件选择。case 语句的基本语法如下:

```
//10.3.4 case 关键字.sql

case expr
    when condition1 then statement1
    when condition2 then statement2
    ...
    else statementn
end case;
```

expr 是要求值的表达式,可以是列名、函数、常数表达式或 placeholder。

when 用于指定选项条件,then 用于指定相应的语句。

满足哪个 condition 就执行相应的 statement，然后退出 case 结构。

若都不满足，则执行 else 语句。else 语句是可选的。

创建 MySQL 8.0 中存储过程控制流的 case 示例，SQL 语句如下：

```
//10.3.4 case 关键字.sql

delimiter $$
create procedure my_procedure7()
begin
case 2
    when 1 then select '结果是 1';
    when 2 then select '结果是 2';
    else select '其他结果';
end case;
end $$
delimiter;
```

```
mysql> create procedure my_procedure7()
    -> begin
    -> case 2
    ->     when 1 then select '结果是1';
    ->     when 2 then select '结果是2';
    ->     else select '其他结果';
    -> end case;
    -> end $$
Query OK, 0 rows affected (0.01 sec)

mysql> delimiter ;
mysql> call my_procedure7();
+----------+
| 结果是2   |
+----------+
| 结果是2   |
+----------+
1 row in set (0.00 sec)

Query OK, 0 rows affected (0.00 sec)
```

运行 my_procedure7 的结果如图 10-9 所示。

图 10-9   case 的整体运行效果

10.3.5   while 关键字

在 MySQL 8.0 中可使用 while 关键字实现循环流程控制。while 循环可以实现以下功能：

（1）重复执行语句块，直到条件不满足。

（2）增加或减少变量的值以达到循环终止的目的。

（3）需要反复运算或处理数据时使用。

while 语法如下：

```
//10.3.5 while 关键字.sql

while 条件 do
    语句块
end while;
```

条件：用于判断是否继续循环的逻辑条件，可以是函数返回值或逻辑表达式。

语句块：当条件满足时重复执行的语句集合。

end while 用于标记循环结束。

创建 MySQL 8.0 中存储过程控制流的 while 示例，SQL 语句如下：

```
//10.3.5 while 关键字.sql

delimiter $$
create procedure my_procedure8()
begin
    declare i int default 1;
    while i <= 5 do
```

```
        select i;
        set i = i + 1;
    end while;
end $$
delimiter;
```

代码释义：定义变量 i，默认值为 1，while 循环判断 i<=5 条件，当条件满足时执行 select i 和 set i=i+1，增加 i 的值，重复步骤 2 和步骤 3，直到 i>5，结束 while 循环。

运行 my_procedure7 存储过程相当于运行了 5 条 select 语句，其结果如图 10-10 所示。

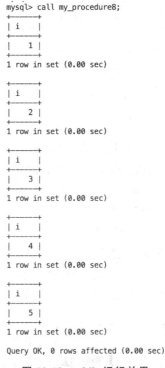

图 10-10　while 运行效果

10.3.6　repeat 关键字

在 MySQL 8.0 中可使用 repeat 关键字实现循环流程控制，其作用与 while 关键字相似，也是一种循环行为，repeat 语法如下：

```
//10.3.6 repeat 关键字.sql

repeat
    语句块
until 条件
end repeat;
```

语句块：重复执行的语句集合。

条件：用于判断是否继续循环的逻辑条件，可以是函数返回值或逻辑表达式。

end repeat：标记循环结束。

创建 MySQL 8.0 中存储过程控制流的 repeat 示例，SQL 语句如下：

```
//10.3.6 repeat 关键字.sql

delimiter $$
create procedure my_procedure9()
begin
    declare i int default 1;
    repeat
        select i;
        set i = i + 1;
    until i > 5
end repeat;
end $$
delimiter;
```

代码释义：定义变量 i，默认值为 1，执行语句块 select i 和 set i＝i＋1，判断 until 条件 i＞5 是否满足，如果条件不满足，则重复执行语句块，如果条件满足，则结束 repeat 循环。

本节的 repeat 示例与 10.3.5 节的 while 示例运行的结果相同。

repeat 循环与 while 循环的主要区别在于：

（1）repeat 循环会先执行一次语句块，然后判断循环条件。

（2）while 循环会先判断循环条件，然后决定是否执行语句块。

repeat 循环会确保语句块至少执行一次。MySQL 存储过程中的 while 关键字循环与 repeat 关键字循环，类似于 Java 代码中的 while 循环与 do while 循环。

10.3.7 leave 关键字

在 MySQL 8.0 的存储过程和函数中，可以使用 leave 关键字实现流程控制，以便跳出当前声明的循环或代码块。

leave 关键字的语法如下：

```
leave 标签名
```

标签名（label）指 begin、loop、while、repeat 等，表示要跳出的循环类型名称。当 leave 关键字执行后，存储过程会立即终止，并返回调用存储过程的地方。

leave 关键字退出代码块，SQL 语句如下：

```
//10.3.7 leave 关键字.sql

delimiter $$
```

```
create procedure my_procedure11()
begin_1: begin
   set @test_Int = 20;
   if 1 = 1 then
      leave begin_1;
      set @test_Int = 30;
   end if;
end $$
delimiter;
```

在上述代码中 begin_1 指将以下内容设置为 begin_1
代码块,此名称可自行定义,并可在各 loop、if 等控制流
处进行设置。

因为 my_procedure11 存储过程中 if 判断始终为
true,所以在不考虑 leave 关键字的情况下 @test_Int 变
量会被更改成 30。

但由于 leave 关键字提前结束了 begin_1 代码块,
所以此存储过程执行后 @test_Int 最终等于 30。leave
关键字退出代码块示例语句的运行效果如图 10-11
所示。

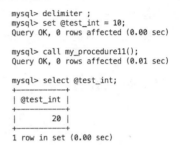

```
mysql> delimiter ;
mysql> set @test_int = 10;
Query OK, 0 rows affected (0.00 sec)

mysql> call my_procedure11();
Query OK, 0 rows affected (0.01 sec)

mysql> select @test_int;
+-----------+
| @test_int |
+-----------+
|        20 |
+-----------+
1 row in set (0.00 sec)
```

**图 10-11 leave 关键字退出代码块示
例语句的运行效果**

10.3.8　iterate 条件语句

MySQL 的 iterate 语句用于跳过当前循环迭代中的剩余语句,并跳转到下一个迭代。

iterate 通常在循环语句(while、loop、repeat)的 begin…end 块中使用。使用 iterate 将
跳出 begin…end 块,进行下一个迭代。

iterate 基础使用的 SQL 语句如下:

```
//10.3.8 iterate 条件语句.sql

create procedure doiterate()
begin
   declare v int default 5;
   loop_label: loop
      if v < 0 then
         leave loop_label;
      end if;
      if v = 3 then
         iterate loop_label;
      end if;
      set v = v - 1;
   end loop loop_label;
end;
```

以上代码解释：

首先将变量 v 定义为 5，并使用 loop…end loop 开始一个循环。

若 v<0，则可使用 leave 跳出整个循环。

若 v=3，则使用 iterate 跳到下一次 loop 迭代，跳过 v=v−1 语句。

最终循环执行过程是：v=5→v=4→v=3(iterate)→v=2→v=1→结束。

iterate 语句使 v 从 4 直接变为 2，实现了跳过当前迭代中剩余语句的效果。

iterate 的作用是提前结束当前迭代，跳到下一次迭代。在循环中实现判断跳跃的逻辑时比较有用。

与 iterate 相对的是 leave，leave 是用来完全跳出循环的。iterate 用于跳到下一次迭代。

10.4 游标

在 MySQL 的 SQL 语句与存储过程中皆含有游标(cursor)的概念，只是在 SQL 语句中更加隐晦。

10.4.1 SQL 中游标的概念

SQL 语句中可以使用变量的形式观察并使用游标。在 MySQL 5 的时期，由于缺少 MySQL 8.0 的 row_number 窗口函数，所以导致在处理表的查询结果时给表结果增加序号特别困难，通常 SQL 语句的游标在实际工作中都用来增加序号了。

emp 表的结果集增加序号的处理，SQL 语句如下：

```
//10.4.1 SQL中游标的概念.sql

set @my_int = 1;

select
    @my_int := @my_int + 1 as rownum,
    e.*
from
    emp e;
```

也有简化版写法，不需要额外设置变量，SQL 语句如下：

```
//10.4.1 SQL中游标的概念.sql

select
    @rownum := @rownum + 1 as rownum,
    e.*
from
    (select @rownum := 0) r,
    emp e;
```

上两条语句的运行结果相同,其运行结果如图 10-12 所示。

```
+--------+-------+--------+--------+------+---------------------+------+------+--------+
| rownum | empno | ename  | job    | mgr  | hiredate            | sal  | comm | deptno |
+--------+-------+--------+--------+------+---------------------+------+------+--------+
|      1 |  7369 | 张三   | 店员   | 7902 | 2005-03-02 00:00:00 |  800 | NULL |     20 |
|      2 |  7499 | 李四   | 售货员 | 7698 | 2006-05-28 00:00:00 | 1600 |  300 |     30 |
|      3 |  7521 | 王五   | 售货员 | 7698 | 2022-01-28 00:00:00 | 1250 |  500 |     30 |
|      4 |  7566 | 赵六   | 经理   | 7839 | 2000-09-21 00:00:00 | 3000 | NULL |     20 |
|      5 |  7654 | 薛七   | 售货员 | 7698 | 2003-09-21 00:00:00 | 1250 | NULL |     30 |
|      6 |  7698 | 陈八   | 经理   | 7839 | 2004-09-21 00:00:00 | 2850 | 1400 |     30 |
|      7 |  7782 | 吴九   | 经理   | 7566 | 2005-09-21 00:00:00 | 2450 | NULL |     10 |
|      8 |  7788 | 寅十一 | 文员   | 7566 | 2005-09-21 00:00:00 | 3000 | NULL |     20 |
|      9 |  7839 | 王十二 | 总经理 | NULL | 2007-09-21 00:00:00 | 5000 | NULL |     10 |
|     10 |  7844 | 黄十三 | 售货员 | 7698 | 2008-09-21 00:00:00 | 1500 |    0 |     30 |
|     11 |  7876 | 毛十四 | 店员   | 7788 | 2009-09-21 00:00:00 | 1100 | NULL |     20 |
|     12 |  7900 | 陈十五 | 店员   | 7698 | 2010-09-21 00:00:00 |  950 | NULL |     30 |
|     13 |  7902 | 张十六 | 文员   | 7566 | 2011-09-21 00:00:00 | 3000 | NULL |     20 |
|     14 |  7934 | 刘十七 | 店员   | 7782 | 2012-09-21 00:00:00 | 1300 | NULL |     10 |
+--------+-------+--------+--------+------+---------------------+------+------+--------+
14 rows in set, 2 warnings (0.01 sec)
```

图 10-12　增加序号的处理运行效果

从上述语句及结果集中可以看出,原本设置的 @my_int 数值等于 1,但由于 SQL 每执行一行便让该变量增加 1,所以最后才展示出 rownum 序号的效果。此种执行效果即是 SQL 游标的初步展现。

10.4.2　存储过程中游标的概念

游标是一种用于遍历和操作数据库查询结果集的机制,使用游标可以完成以下操作:
(1) 遍历查询结果集。
(2) 绑定查询变量。
(3) 循环处理结果集中的每行数据。

1. 声明游标
可使用 declare 关键字来定义一个游标,指定查询语句,语法如下:

```
declare cursor_name cursor for select ...;
```

2. 打开游标
可使用 open 关键字打开游标,语法如下:

```
open cursor_name;
```

3. 获取游标
可使用 fetch 关键字获取游标当前位置的行,并将游标移动到下一行,语法如下:

```
fetch cursor_name into var1, var2, ...;
```

4. 关闭游标
可使用 close 关键字关闭游标,语法如下:

```
close cursor_name;
```

5. 游标简单示例

以下是一个处理游标的简单示例,其循环调用 fetch 关键字直至返回 no data 为止,SQL 语句如下:

```
//10.4.2 存储过程中游标的概念.sql

delimiter $$

create procedure cursor_example()
begin
declare done boolean default false;
declare deptno int;
declare dname varchar(255);
declare loc varchar(255);

declare cur cursor for select * from dept;

open cur;

read_loop: loop
    fetch cur into deptno, dname, loc;
    if done then
        leave read_loop;
    end if;
    -- 处理当前行
    select deptno, dname, loc;
end loop;

close cur;
end $$

delimiter;
```

以上存储过程运行后的效果如图 10-13 所示。

```
+--------+--------+------+
| deptno | dname  | loc  |
+--------+--------+------+
|     10 | 会计部  | 青海  |
+--------+--------+------+
1 row in set (0.01 sec)

+--------+--------+------+
| deptno | dname  | loc  |
+--------+--------+------+
|     20 | 科研部  | 北京  |
+--------+--------+------+
1 row in set (0.01 sec)

+--------+--------+------+
| deptno | dname  | loc  |
+--------+--------+------+
|     30 | 销售部  | 成都  |
+--------+--------+------+
1 row in set (0.01 sec)

+--------+--------+--------+
| deptno | dname  | loc    |
+--------+--------+--------+
|     40 | 总部    | 哈尔滨  |
+--------+--------+--------+
1 row in set (0.01 sec)
```

图 10-13　初步展示游标运行效果

该例子首先打开一个指向 dept 表的游标,然后在循环中使用 fetch 遍历结果集,并在 loop 体内处理每行的数据。当 fetch 返回 no data 时,done 被设置为 true 并退出循环。

注意:fetch into 部分代码导出的数据类型定义必须与展示出的表原数据类型定义相同,例如在本案例中的语句"fetch cur into deptno,dname,loc;"否则会报错 ERROR 1328 (HY000):Incorrect number of FETCH variables。

10.5 MySQL 8.0 的预编译语句

MySQL 中的预编译语句是指 prepare 和 execute 语句。

10.5.1 概念

预编译语句的语法如下:

```
prepare stmt_name from 'sql 语句';
execute stmt_name;
execute stmt_name using @var1, @var2;              //带参数
```

prepare 语句用于解析并验证 SQL 语句,并将其存入内部数据结构中,返回 SQL 语句的 id。
execute 语句用于执行之前通过 prepare 语句准备好的 SQL 语句。
参数化查询时使用"?"作为参数占位符,并在 execute 时传入值。
语句 id:prepare 语句返回的数字 id 用于标识编译后的 SQL 语句。
SQL 注入防护:参数值被看作字面量而非 SQL 代码,可以防止 SQL 注入。

10.5.2 特性

MySQL 中的预编译语句的特性如下:
(1)预编译语句是提前编译好的 SQL 语句,以二进制形式存储。
(2)调用时直接执行,无须再次编译,并且性能较高。
(3)支持参数,通过设置不同参数值执行不同的 SQL 逻辑。
(4)执行效率高,编译一次,执行多次,无须重复编译。
(5)灵活:可以通过设置不同的参数值执行不同的 SQL 逻辑。
(6)安全:可以防止 SQL 注入,参数值被当作数据而非 SQL 代码执行。

10.5.3 预编译语句与存储过程的区别

MySQL 的预编译语句和存储过程有以下主要区别:
(1)预编译语句包含 prepare 语句和 execute 语句,用于预编译带参数的 SQL 语句并执

行。存储过程是一个包含 SQL 语句和控制结构的命名程序实体。

（2）预编译语句的主要目的是提高执行效率和防止 SQL 注入。存储过程的目的更广泛，可以用来封装和重用 SQL 代码，以及控制事务等。

（3）预编译语句中的参数使用“?”作为占位符，并在 execute 时使用 using 子句传入值。存储过程可以使用 in、out 和 inout 参数，并在调用时直接传入值。

（4）预编译语句在被重复执行的场景下使用可以获得更高的性能，但是若只执行一次，则性能差异很小。

（5）调用预编译语句使用 execute 语句，调用存储过程使用 call 语句。

预编译语句与存储过程两者各有优点，开发者需要根据具体需求选择使用。若只是简单地执行带参数的 SQL 查询语句，则使用预编译语句就足够了。若需要更复杂的逻辑控制和事务管理，则存储过程会更合适。

对于会被高频执行的 SQL 语句，不管使用预编译语句还是存储过程都可以获得很好的性能提升。

10.5.4　创建无参预编译语句

创建无参预编译的 SQL 语句如下：

```
prepare emp_all from 'select * from emp';
```

运行 emp_all 预编译的 SQL 语句如下：

```
execute emp_all;
```

运行后，结果集如图 10-14 所示。

```
mysql> execute emp_all;
+-------+--------+--------+------+---------------------+------+------+--------+
| empno | ename  | job    | mgr  | hiredate            | sal  | comm | deptno |
+-------+--------+--------+------+---------------------+------+------+--------+
|  7369 | 张三   | 店员   | 7902 | 2005-03-02 00:00:00 |  800 | NULL |     20 |
|  7499 | 李四   | 售货员 | 7698 | 2006-05-28 00:00:00 | 1600 |  300 |     30 |
|  7521 | 王五   | 售货员 | 7698 | 2022-01-28 00:00:00 | 1250 |  500 |     30 |
|  7566 | 赵六   | 经理   | 7839 | 2000-09-21 00:00:00 | 3000 | NULL |     20 |
|  7654 | 薛七   | 售货员 | 7698 | 2003-09-21 00:00:00 | 1250 | NULL |     30 |
|  7698 | 陈八   | 经理   | 7839 | 2004-09-21 00:00:00 | 2850 | 1400 |     30 |
|  7782 | 吴九   | 经理   | 7566 | 2005-09-21 00:00:00 | 2450 | NULL |     10 |
|  7788 | 寅十一 | 文员   | 7566 | 2006-09-21 00:00:00 | 3000 | NULL |     20 |
|  7839 | 王十二 | 总经理 | NULL | 2007-09-21 00:00:00 | 5000 | NULL |     10 |
|  7844 | 黄十三 | 售货员 | 7698 | 2008-09-21 00:00:00 | 1500 |    0 |     30 |
|  7876 | 毛十四 | 店员   | 7788 | 2009-09-21 00:00:00 | 1100 | NULL |     20 |
|  7900 | 陈十五 | 店员   | 7698 | 2010-09-21 00:00:00 |  950 | NULL |     30 |
|  7902 | 张十六 | 文员   | 7566 | 2011-09-21 00:00:00 | 3000 | NULL |     20 |
|  7934 | 刘十七 | 店员   | 7782 | 2012-09-21 00:00:00 | 1300 | NULL |     10 |
+-------+--------+--------+------+---------------------+------+------+--------+
14 rows in set (0.01 sec)
```

图 10-14　无参预编译语句的运行效果

10.5.5　创建有参预编译语句

创建有参预编译的 SQL 语句如下：

```
prepare emp_name from 'select * from emp where ename = ?';
```

运行 emp_name 预编译的 SQL 语句如下：

```
set @ename1 = '张三';
execute emp_name using @ename1;
```

运行后，结果集如图 10-15 所示。

```
mysql> execute emp_name using @ename1;
+-------+-------+------+------+---------------------+------+------+--------+
| empno | ename | job  | mgr  | hiredate            | sal  | comm | deptno |
+-------+-------+------+------+---------------------+------+------+--------+
|  7369 | 张三  | 店员 | 7902 | 2005-03-02 00:00:00 |  800 | NULL |     20 |
+-------+-------+------+------+---------------------+------+------+--------+
1 row in set (0.02 sec)
```

图 10-15 有参预编译语句运行效果

10.5.6 管理及删除预编译语句

可以通过查询 performance_schema.prepared_statements_instances 表来查看 MySQL
服务器当前的预编译语句，SQL 语句如下：

```
//10.5.6 管理及删除预编译语句.sql

select
    statement_name,
    sql_text
from
    performance_schema.prepared_statements_instances;
```

statement_name 指预编译语句名称，sql_text 指预编译语句的具体内容。

删除预编译的 SQL 语句如下：

```
deallocate prepare emp_all;
```

## 第 11 章

MySQL 的触发器和自定义函数

11.1 MySQL 8.0 触发器概念

MySQL 触发器是一种存储程序,当某张表中发生 insert、update 或 delete 操作时,触发器会自动执行。触发器可以用于实现业务规则、审计跟踪和其他功能。

MySQL 8.0 支持两种触发器,分别是行级触发器(statement)和语句级触发器(row):

行级触发器:在每次修改一行数据时触发。

语句级触发器:在执行修改语句(如 insert、update、delete)时只触发一次,无论语句影响的行数是多少。

总而言之,语句级触发器是指一条 SQL 语句触发一次,行级触发器是指一条 SQL 语句影响的每行触发一次。

11.1.1 触发器特点

MySQL 8.0 触发器有以下特点:

(1) 可为 insert、update、delete 这 3 种数据修改操作创建触发器。

(2) 可在触发前(before)或触发后(after)执行触发器。

(3) 可在触发器中使用 old 和 new 等关键字访问数据修改前后的行内容。

(4) 一张表同一事件同一时间可以有多个触发器,按定义的先后顺序执行。

(5) 触发器可以访问临时表和临时变量。

(6) 使用条件判断来控制触发器的执行。

(7) 可调用存储过程和函数。

触发器名称和表名的解析最好遵循数据库和表名的解析规则。

11.1.2 触发器语法

触发器是一种强大的工具,可以实现很多自动化操作,但也需要谨慎使用,否则可能导致意想不到的结果。

触发器的语法如下：

```
//11.1.2 触发器语法.sql

create
   [definer = { user | current_user }]
   trigger trigger_name
   {before | after} {insert | update | delete}
   on table_name
   for each row
trigger_body
```

触发器语法各部分的释义如下。

create：创建触发器的关键字。

[definer = { user | current_user }]：用于指定谁有权限执行该触发器，默认为 current
_user，表示拥有该表权限的用户可以执行触发器。

trigger trigger_name：触发器名称，为触发器指定一个唯一名称。

{before | after}：用于指定触发器是在数据修改操作之前或之后执行。

{insert | update | delete}：用于指定触发器关联的哪种数据修改操作。insert 为插入、
update 为更新、delete 为删除。

on table_name：用于指定触发器关联的表名。

for each row：用于指定触发器是行级触发器还是语句级触发器，for each row 指定为
行级触发器。

trigger_body：触发器体，用于定义当触发器被激活时要执行的 SQL 语句块。

整体来讲，触发器语法是定义一个名为 trigger_name 的行级触发器，触发器会在 table_
name 表的 insert、update 或 delete 操作之前或之后执行 trigger_body 中的 SQL 语句块。

11.1.3　触发器示例

以下为有关 MySQL 触发器的示例与详解。

1. 编写触发器：单表记录信息

编写触发器进行单表记录信息。假设需求为记录最后修改时间。创建 trigger_account
表做行级触发器的测试，SQL 语句如下：

```
//11.1.3 触发器示例 1.编写触发器：单表记录信息.sql

create table trigger_account (
  `id` int(11) not null auto_increment,
  `name` varchar(255) default null,
  `modify_time` timestamp null default current_timestamp,
  primary key (`id`)
) engine = innodb default charset = utf8;
```

编写触发器,SQL 语句如下:

```
//11.1.3 触发器示例 1.编写触发器:单表记录信息.sql

delimiter $$
create trigger test_modify_time
before update on trigger_account
    for each row
begin
    set new.modify_time = now();
end $$
delimiter;
```

触发器 test_modify_time 释义:

触发器的名称为 test_modify_time,其作用是在更新 trigger_account 表中的账户信息前自动将 modify_time 字段值设置为当前时间。

触发器类型为 before update,表示在 update 操作执行前触发。

触发表为 trigger_account,表示在该表执行 update 时会触发该触发器。

for each row 表示触发器会逐行触发,对即将更新的每条记录执行一次。

使用 set new.modify_time=now()将新记录的 modify_time 字段值设置为当前时间。

此时可以实现在更新账户信息前自动跟新 modify_time 字段,无须手动更新。

确保 modify_time 字段始终保存最新更新时间,实现字段值的同步更新。

给 trigger_account 表添加数据,SQL 语句如下:

```
//11.1.3 触发器示例 1.编写触发器:单表记录信息.sql

insert into trigger_account(id,name) values(1,'zfx');
select * from trigger_account;
```

运行后,trigger_account 表展示如图 11-1 所示。

添加数据时没有增加 modify_time 数据,但是含有 test_modify_time 触发器,添加数据之后会自动增加时间。

修改本条数据,SQL 语句如下:

```
//11.1.3 触发器示例 1.编写触发器:单表记录信息.sql

update trigger_account set name = 'zfx2' where id = 1;
select * from trigger_account;
```

运行后,trigger_account 表展示如图 11-2 所示。可以看出 modify_time 已自动被修改。

```
mysql> select * from trigger_account;
+----+------+---------------------+
| id | name | modify_time         |
+----+------+---------------------+
|  1 | zfx  | 2023-05-03 00:15:14 |
+----+------+---------------------+
1 row in set (0.00 sec)
```

图 11-1　新增 trigger_account 测试结果

```
mysql> select * from trigger_account;
+----+------+---------------------+
| id | name | modify_time         |
+----+------+---------------------+
|  1 | zfx2 | 2023-05-03 00:20:01 |
+----+------+---------------------+
1 row in set (0.00 sec)
```

图 11-2　修改 trigger_account 测试结果

2. 编写触发器：限制数据

编写触发器以限制数据。假设需求为限制年龄输入为 0～120。创建 trigger_user 表做触发器的测试，SQL 语句如下：

```
//11.1.3 触发器示例 2.编写触发器：限制数据.sql

create table trigger_user (
  `id` int(11) not null auto_increment,
  `name` varchar(255) default null,
  `age` int(3) default null,
  primary key (`id`)
) engine = innodb default charset = utf8;
```

编写触发器，SQL 语句如下：

```
//11.1.3 触发器示例 2.编写触发器：限制数据.sql

delimiter $$
create trigger test_check_age
before insert on `trigger_user`
for each row
begin
    if new.age < 0 or new.age > 120 then
        set new.age = null;
    end if;
end $$
delimiter;
```

触发器 test_check_age 释义：

触发器的名称为 test_check_age，其作用是在向 trigger_user 表中插入新用户前验证 age 字段值的范围，若不在 0～120，则设置为 null。

触发器类型为 before insert，表示在 insert 操作执行前触发。

触发表为 trigger_user，也就是在该表执行 insert 时会触发该触发器。

for each row 表示触发器会逐行触发，对即将插入的每条记录执行一次。

使用 new.age 获取新插入记录的 age 字段值。

使用 if 语句判断 age 的值是否为 0～120，若不在此范围，则使用 set 语句将其设置为 null。

若通过校验，则执行 insert 操作。若不通过，则 age 字段值为 null。

此时可以实现在新增用户前对 age 字段进行校验与控制，确保数据的合法性与完整性。

添加两条数据并查询 trigger_user 表，SQL 语句如下：

```
//11.1.3 触发器示例 2.编写触发器：限制数据.sql

insert into trigger_user(id,name,age) values(1,'zfx',1);
insert into trigger_user(id,name,age) values(2,'zfx',300);      #不会报错
select * from trigger_user;
```

运行后,trigger_user 表展示如图 11-3 所示。

```
mysql> select * from trigger_user;
+----+------+------+
| id | name | age  |
+----+------+------+
|  1 | zfx  |    1 |
|  2 | zfx  | NULL |
+----+------+------+
2 rows in set (0.00 sec)
```

图 11-3　trigger_user 查询结果

3. 编写触发器:跨表记录信息

编写触发器进行跨表记录信息。假设需求为记录用户登录日志。创建 trigger_user_login 表和 trigger_user_login_log 表做触发器的测试,SQL 语句如下:

```sql
//11.1.3 触发器示例 3.编写触发器:跨表记录信息.sql

create table trigger_user_login (
  `id` int(11) not null auto_increment,
  `name` varchar(255) default null,
  `login_time` timestamp null default null,
  primary key(`id`)
) engine = innodb default charset = utf8;

create table trigger_user_login_log (
  `id` int(11) not null auto_increment,
  `user_id` int(11) default null,
  `login_time` timestamp null default current_timestamp,
  primary key(`id`),
  key `user_id` (`user_id`)
) engine = innodb default charset = utf8;
```

编写触发器,SQL 语句如下:

```sql
//11.1.3 触发器示例 3.编写触发器:跨表记录信息.sql

delimiter $$
create trigger login_log
after insert on trigger_user_login
for each row
begin
    insert into trigger_user_login_log
    set user_id = new.id, login_time = new.login_time;
end $$
delimiter;
```

触发器 login_log 释义:

触发器的名称为 login_log,其作用是在 trigger_user_login 表中新增登录记录后自动在 trigger_user_login_log 表中插入一条相同用户 id 和登录时间的日志记录。

触发器类型为 after insert,表示在 insert 操作执行后触发。

触发表为 trigger_user_login，也就是在该表执行 insert 时会触发该触发器。

for each row 表示触发器会逐行触发，对插入的每条记录执行一次。

使用 new.id 和 new.login_time 获取新插入记录的用户 id 和登录时间。

使用 insert into 语句在 trigger_user_login_log 表中插入一条日志记录，user_id 和 login_time 字段值从 new 中获取。

此时可以实现在新增用户登录记录后自动生成一条相同用户 id 和时间的日志记录。实现登录日志的生成。

添加数据并查询，SQL 语句如下：

```
//11.1.3 触发器示例 3.编写触发器：跨表记录信息.sql

insert into trigger_user_login(id,name,login_time)values(1,'zfx',now());
select * from trigger_user_login_log;
```

运行后，trigger_user_login_log 表展示如图 11-4 所示。

```
mysql> select * from trigger_user_login_log;
+----+---------+---------------------+
| id | user_id | login_time          |
+----+---------+---------------------+
| 1  |       1 | 2023-05-03 00:56:19 |
+----+---------+---------------------+
1 row in set (0.00 sec)
```

图 11-4　trigger_user_login_log 查询结果

4. 编写触发器：判断状态（抛出异常且自定义报错）

编写触发器以判断状态。假设需求为判断订单状态能否删除。假设 tigger_order 表为订单表，创建 trigger_order 表方便测试触发器，SQL 语句如下：

```
//11.1.3 触发器示例 4.编写触发器：判断状态(抛出异常且自定义报错).sql

create table trigger_orders (
  `id` int not null auto_increment,
  `user_id` int default null,
  `status` enum('pending', 'shipped', 'completed') default 'pending',
  primary key(`id`)
) engine = innodb default charset = utf8mb4;

insert into `trigger_orders` (`id`, `user_id`, `status`) values(1, 3333, 'shipped');
```

编写触发器，SQL 语句如下：

```
//11.1.3 触发器示例 4.编写触发器：判断状态(抛出异常且自定义报错).sql

delimiter $$
create trigger `before_delete_orders`
before delete on `trigger_orders`
for each row
begin
```

```
    if old.status != 'pending' then
        signal sqlstate '45000'
            set message_text = '已发货或完成的订单不能删除!';
    end if;
end $$
delimiter;
```

触发器 before_delete_orders 释义：

触发器的名称为 before_delete_orders，其作用是在删除 trigger_orders 表中的订单前进行验证，只允许删除状态为 pending 的订单，否则抛出异常。

触发器类型为 before delete，表示在 delete 操作执行前触发。

触发表为 trigger_orders，也就是在该表执行 delete 时会触发该触发器。

for each row 表示触发器会逐行触发，对即将删除的每条记录进行验证。

使用 old.status 获取即将删除订单的状态。

若状态不等于 pending，则使用 signal 语句抛出异常并设置异常信息。

可以实现在删除订单前进行状态验证，只允许删除状态正确的订单，以确保数据的完整性。

signal 语句的作用是触发 MySQL 的异常处理，需要在客户端开启。

由于之前添加的测试数据 status 为 shipped，所以此刻应无法删除并进行报错，执行删除操作的 SQL 语句如下：

```
delete from trigger_orders t where t.id = 1;
```

运行后，返回触发器的报错，即报错编号为 45000，返回信息为"已发货或完成的订单不能删除!"，效果如图 11-5 所示。

```
mysql> delete from trigger_orders t where t.id = 1;
ERROR 1644 (45000): 已发货或完成的订单不能删除!
mysql>
```

图 11-5　测试触发器判断订单状态能否删除

5. 编写触发器：数据校验及插入

编写触发器进行数据校验及插入。假设需求为校验订单表是否存在 id，如不存在 id，则不允许插入订单详情表。

假设 trigger_orders2 表为订单表，trigger_orders2_items 为订单详情表。创建 trigger_order2 和 trigger_orders2_items 表方便测试触发器，SQL 语句如下：

```
//11.1.3 触发器示例 5.编写触发器：数据校验及插入.sql

create table `trigger_orders2` (
    `id` int default null,
    `user_id` int default null,
    `status` enum('pending','shipped','completed') default 'pending'
) engine = innodb default charset = utf8mb4 collate = utf8mb4_0900_ai_ci;
```

```
create table `trigger_orders2_items` (
  `id` int not null auto_increment,
  primary key(`id`)
) engine = innodb auto_increment = 45 default charset = utf8mb4 collate = utf8mb4_0900_ai_ci;
```

编写触发器,SQL 语句如下:

```
//11.1.3 触发器示例 5.编写触发器:数据校验及插入.sql

delimiter $$
create trigger `after_insert_order_items`
after insert on `trigger_orders2`
for each row
begin
    if (select id from trigger_orders2 where id = new.id) is not null then
        insert into trigger_orders2_items(id) values(new.id);
    end if;
end $$
delimiter;
```

触发器 after_insert_order_items 释义如下:

触发器的名称为 after_insert_order_items,其作用是在插入 trigger_orders2 表新的订单后自动在 trigger_orders2_items 表中插入相同 id 的订单详情记录。

触发器类型为 after insert,表示在 insert 操作执行后触发。

触发表为 trigger_orders2,也就是在该表执行 insert 时会触发该触发器。

for each row 表示触发器会逐行触发,对插入的每条记录执行一次。

使用(select id from trigger_orders2 where id = new.id)查询新插入订单的 id 是否存在。

若存在,则使用 insert into 语句在 trigger_orders2_items 表中插入一条相同 id 的记录。

此时可以实现在新增订单后自动新增一条相同订单 id 的空订单详情记录。确保两表的数据同步和一致。

增加测试数据,一条含有 id,另一条不含有 id,SQL 语句如下:

```
//11.1.3 触发器示例 5.编写触发器:数据校验及插入.sql

insert into `trigger_orders2` (`user_id`, `status`) values(3333, 'shipped');
insert into `trigger_orders2` (`id`, `user_id`, `status`) values(44, 4444, 'completed');
```

增加两条测试数据之后,查看 trigger_orders2_items 表,查看 trigger_orders2_items 表是否只增加了一条含有 id 的数据,SQL 语句如下:

```
//11.1.3 触发器示例 5.编写触发器:数据校验及插入.sql

select * from trigger_orders2_items;
```

查询结果如图 11-6 所示。

```
mysql> select * from trigger_orders2_items;
+----+
| id |
+----+
| 44 |
+----+
1 row in set (0.00 sec)
```

**图 11-6　不存在 id，则不允许插入
数据的触发器**

6. 编写触发器：同步更新

编写触发器进行同步更新。假设需求为更新商品价格时，同步更新订单详情表，更新订单详情表中相同产品的价格。

假设 price 为商品价格，存在于 trigger_product 商品表中。product_price 为用户购买应付价格，存在于 trigger_orders3_items 为订单详情表中，表的创建语句与初始测试数据如下：

```sql
//11.1.3 触发器示例 6.编写触发器：同步更新.sql

create table `trigger_product` (
  `id` int not null auto_increment,
  `name` varchar(255) default null,
  `price` double default null,
  primary key(`id`)
) engine = innodb default charset = utf8mb4;

create table `trigger_orders3_items` (
  `id` int not null auto_increment,
  `product_id` int default null,
  `product_price` double default null,
  primary key(`id`),
  key `product_id` (`product_id`)
) engine = innodb default charset = utf8mb4;

insert into `trigger_product` (`id`, `name`, `price`) values(1, '篮球鞋', 33.11);

insert into `trigger_orders3_items` (`id`, `product_id`, `product_price`) values(1, 1, 33.11);
```

编写触发器，SQL 语句如下：

```sql
//11.1.3 触发器示例 6.编写触发器：同步更新.sql

delimiter $$
create trigger `after_update_product_price`
after update on `trigger_product`
for each row
begin
  update trigger_orders3_items
  set product_price = new.price
  where product_id = new.id;
end $$
delimiter;
```

触发器 after_update_product_price 释义：

触发器的名称为 after_update_product_price，其作用是在更新 trigger_product 表中的

产品价格后自动更新订单详情表中相同产品的价格。

触发器类型为 after update,表示在 update 操作执行后触发。

触发表为 trigger_product,也就是在该表执行 update 时会触发该触发器。

for each row 表示触发器会逐行触发,对更新的每条记录生效。

使用 new.price 获取更新后的产品价格,使用 new.id 获取更新后的产品 id。

使用 update 语句更新订单详情表 trigger_orders3_items 中相同产品 id 的 product_price 字段。

此时可以实现产品价格变更后,自动同步更新相关订单详情中的价格信息。确保数据的一致性与准确性。

修改 trigger_product 表中篮球鞋的单价数据后观察订单详情表中的篮球鞋数据是否进行了更改,SQL 语句如下:

```
//11.1.3 触发器示例 6.编写触发器:同步更新.sql

update trigger_product set price = 99.99 where id = 1;
select * from trigger_orders3_items;
```

修改之后,查询结果如图 11-7 所示,可以看出订单详情表也被更改了。

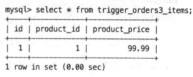

```
mysql> select * from trigger_orders3_items;
+----+------------+---------------+
| id | product_id | product_price |
+----+------------+---------------+
|  1 |          1 |         99.99 |
+----+------------+---------------+
1 row in set (0.00 sec)
```

图 11-7 同步更新触发器

7. 编写触发器:同步删除

编写触发器进行同步删除。假设需求为在删除用户前删除用户关联的订单与订单详情。

假设 trigger_user4 表中存储着用户,trigger_orders4 表中存储着订单信息,trigger_orders4_items 表中存储着订单详情。创建语句及初始测试数据如下:

```
//11.1.3 触发器示例 7.编写触发器:同步删除.sql

create table `trigger_user4` (
  `id` int not null auto_increment,
  primary key(`id`)
) engine = innodb default charset = utf8mb4;

create table `trigger_orders4` (
  `id` int not null auto_increment,
  `user_id` int default null,
  primary key(`id`),
  key `user_id` (`user_id`)
) engine = innodb default charset = utf8mb4;

create table `trigger_orders4_items` (
  `id` int not null auto_increment,
  `order_id` int default null,
  primary key(`id`),
```

```
  key `order_id` (`order_id`)
) engine = innodb default charset = utf8mb4;

insert into `trigger_user4` (`id`) values(1);
insert into `trigger_orders4` (`id`, `user_id`) values(1, 1);
insert into `trigger_orders4_items` (`id`, `order_id`) values(1, 1);
insert into `trigger_orders4_items` (`id`, `order_id`) values(2, 1);
```

编写触发器，SQL 语句如下：

```
//11.1.3 触发器示例 7.编写触发器：同步删除.sql

delimiter $$
create trigger `before_delete_user`
before delete on `trigger_user4`
for each row
begin
    delete from trigger_orders4_items where order_id in
        (select id from trigger_orders4 where user_id = old.id);
    delete from trigger_orders4 where user_id = old.id;
end $$
delimiter;
```

触发器 before_delete_user 释义：

触发器的名称为 before_delete_user，其作用是在删除 trigger_user4 表中的用户前先删除该用户关联的订单及订单详情。

触发器类型为 before delete，会在 delete 操作执行前触发。

触发表为 trigger_user4，也就是在该表执行 delete 时会触发该触发器。

for each row 表示触发器会逐行触发，对即将删除的每条记录生效。

使用 old.id 获取即将删除记录的 id 字段值。

"delete from trigger_orders4_items where order_id in (select id from trigger_orders4 where user_id=old.id);"语句用于删除该用户相关的所有订单详情。

"delete from trigger_orders4 where user_id=old.id;"语句用于删除该用户相关的所有订单。

最后执行用户删除操作。

可以实现在删除用户前自动删除与该用户相关的数据，保证数据的一致性与完整性。

注意：delete from trigger_orders4_items 要放在 delete from trigger_order4 的前面，若一旦先删除了 trigger_order4，则 trigger_order4 中的 id 就不存在了，后续无法正常删除 delete from trigger_orders4_items 表中的数据。

首先查看 trigger_order4 和 trigger_order4_items 表，然后进行删除，最后查看相关数据是否被删除，SQL 语句如下：

```
//11.1.3 触发器示例 7.编写触发器:同步删除.sql

select * from trigger_user4;                    #含有数据
select * from trigger_orders4;                  #含有数据
select * from trigger_orders4_items;            #含有数据
delete from trigger_user4 where id = 1;         #删除数据
select * from trigger_user4;                    #不含数据
select * from trigger_orders4;                  #不含数据
select * from trigger_orders4_items;            #不含数据
```

11.1.4　触发器管理

在 MySQL 中可以通过以下语句查看和删除触发器:

```
show triggers [from databasename];
```

运行后结果如图 11-8 所示。

Trigger VARCHAR	Event ENUM	Table VARCHAR	Statement LONGTEXT	Timing ENUM	Created TIMESTAMP
test_modify_time	UPDATE	trigger_account	begin¶set new.modify_time =...	BEFORE	2023-05-03 00:14:35.76
test_check_age	INSERT	trigger_user	begin¶ if new.age < 0 or new...	BEFORE	2023-05-03 00:43:37.72
login_log	INSERT	trigger_user_login	begin¶insert into trigger_user...	AFTER	2023-05-03 00:54:41.90

图 11-8　show 关键字展示触发器

MySQL 8.0 触发器信息存储在 information_schema.triggers 表中,该表存储着数据库中所有的触发器信息,其中主要包括以下内容。

trigger_name:触发器名称。

event_manipulation:触发事件(insert、update、delete)。

event_object_table:触发器关联的表名。

action_statement:触发器体包含的语句。

action_timing:触发时机(before、after)。

definer:触发器的所有者。

11.1.5　触发器的删除

可以通过以下语句删除触发器:

```
drop trigger [trigger_name];
```

11.2　MySQL 8.0 自定义函数概念

MySQL 函数是可重复使用的,用于计算一条或多条语句的返回值。函数可以接收参数,可以在 SQL 语句中使用并返回一个单值。

MySQL 支持两种类型的函数,分别是内置函数与自定义函数。

内置函数:MySQL 自带的函数,如 concat()、substr()、count()等。

自定义函数:用户自己创建的函数。

11.2.1　自定义函数的优点

可重用:可以在任何 SQL 语句中多次调用。

简化语句:可以用函数调用替代复杂的语句。

可维护:函数的定义和实现是在一个地方,便于维护。

11.2.2　自定义函数的语法

创建自定义函数的语法如下:

```
//11.2.2 自定义函数的语法.sql

create function function_name(param_name type, …)
returns type
begin
  function_body
end
```

function_name:函数名称,重要且唯一。

param_name:形式参数名称,多个参数用逗号分隔。

type:参数类型和返回值类型。可以是整数、字符串、日期等类型。

function_body:函数体,包含 SQL 语句,用于实现所需功能。

returns type:指定函数的返回值类型。

11.2.3　自定义函数示例

以下为有关 MySQL 自定义函数的示例与详解。

1. 编写自定义函数:日期运算

编写自定义函数进行日期运算。假设需求为计算两个日期间的天数差,SQL 语句如下:

```
//11.2.3 自定义函数示例 1.编写自定义函数:日期运算.sql

delimiter $$
create function my_date_diff(date1 date, date2 date)
returns int deterministic
begin
  declare days int;
  set days = date2 - date1;
  return days;
```

```
end $$
delimiter;
```

此处要着重讲解 deterministic 关键字,此处若不写 deterministic 关键字,则该语句创建时的报错如下:

```
ERROR 1418 (HY000): This function has none of DETERMINISTIC, NO SQL, or READS SQL DATA in its
declaration and binary logging is enabled (you * might * want to use the less safe log_bin_trust
_function_creators variable)
```

之所以该错误表示所创建的自定义函数没有指定 deterministic,是因为 no sql 或 reads sql data 参数,并且 MySQL 的二进制日志功能当前启用着。

当创建自定义函数时,有以下几个与日志相关的参数可选。

deterministic:表示该函数总是返回相同的结果,当两次调用相同函数并且参数相同时。若使用 deterministic,则 MySQL 可以将函数的结果缓存及重用。

no sql:表示该函数不包含任何 SQL 语句。若使用 no sql,则 MySQL 将不会对该函数进行二进制日志记录。

reads sql data:表示该函数包含 SQL 语句,但不修改任何数据。若使用 reads sql data,则 MySQL 会对该函数进行二进制日志记录。

modifies sql data:表示该函数包含 SQL 语句并修改数据。MySQL 会始终对此类函数进行二进制日志记录。

总结出现该错误的原因如下:

(1) 创建的自定义函数没有指定任何与日志相关的参数。

(2) MySQL 的二进制日志功能当前已启用(log_bin=on)。

(3) MySQL 在默认情况下,要求包含 SQL 语句的自定义函数指定 reads sql data 或 modifies sql data 参数,以启用二进制日志记录。

该错误的解决办法如下:

(1) 在创建语句中增加 deterministic 关键字。

(2) 临时禁用二进制日志功能,创建函数,再重新启用日志功能,代码如下:

```
//11.2.3 自定义函数示例 1.编写自定义函数:日期运算.sql

set @log_bin = @@log_bin;
set global log_bin = 'off';

create function func() …

set global log_bin = @log_bin;
```

(3) 将 log_bin_trust_function_creators 全局变量设置为1,跳过对自定义函数的日志要求检查,代码如下:

```
//11.2.3 自定义函数示例 1.编写自定义函数:日期运算.sql

set global log_bin_trust_function_creators = 1;
create function func()...
set global log_bin_trust_function_creators = 0;
```

但因为后两者方法有相当多的安全风险,所以不建议常用。解决该问题只需增加 deterministic 关键字。

注意:尽可能不要修改正常运行情况下 MySQL 二进制日志的相关配置。

运行刚刚的自定义函数 my_date_diff,测试该函数的执行效果,SQL 语句如下:

```
select my_date_diff('2020 - 01 - 01', '2020 - 01 - 10');
```

运行后,结果如图 11-9 所示。

```
mysql> select my_date_diff('2020-01-01', '2020-01-10');
+------------------------------------------+
| my_date_diff('2020-01-01', '2020-01-10') |
+------------------------------------------+
|                                        9 |
+------------------------------------------+
1 row in set (0.01 sec)
```

图 11-9　trigger_user_login_log 查询结果

2. 编写自定义函数:字符串校验

编写自定义函数进行字符串校验。假设需求为校验邮件账户名是否合法,SQL 语句如下:

```
//11.2.3 自定义函数示例 2.编写自定义函数:字符串校验.sql

delimiter $$
create function my_is_email(email varchar(255))
returns boolean deterministic
begin
    if email rlike
       '^[a - z0 - 9._ % + -] + @[a - z0 - 9. -] + .[a - z]{2,4}$'
    then
       return true;
    else
       return false;
    end if;
end $$
delimiter;
```

自定义函数 my_is_email()释义:

函数名为 my_is_email,接收一个参数 email,返回值类型为 boolean。

使用 rlike 正则表达式匹配电子邮件格式。

若匹配成功,则返回值为 true,否则返回值为 false。

deterministic 表示该函数返回值完全由输入参数决定，每次输入相同的参数必定会返回相同的结果。

使用 end $$结束定义。 $$是前文 delimiter 设置的结尾关键字。

运行 my_is_email()函数检测邮件账户名是否合法，SQL 语句如下：

```
//11.2.3 自定义函数示例 2.编写自定义函数：字符串校验.sql

select my_is_email('hello@example.com');
# 返回 1(true)

select my_is_email('hello');
# 返回 0(false)
```

刚刚的自定义函数 my_is_email()与以下 SQL 等价：

```
//11.2.3 自定义函数示例 2.编写自定义函数：字符串校验.sql

select 'hello@example.com' regexp '^[a-z0-9._%+-]+@[a-z0-9.-]+.[a-z]{2,4}$';
# 返回 1(true)

select 'hello' regexp '^[a-z0-9._%+-]+@[a-z0-9.-]+.[a-z]{2,4}$';
# 返回 0(false)
```

3. 编写自定义函数：字符串转换

编写自定义函数进行字符串转换。假设需求为将字符串转换成大写，SQL 语句如下：

```
//11.2.3 自定义函数示例 3.编写自定义函数：字符串转换.sql

delimiter $$
create function my_upper_str(str varchar(255))
returns varchar(255) deterministic
begin
    declare upper_str varchar(255);
    set upper_str = upper(str);
    return upper_str;
end $$
delimiter;
```

运行 my_upper_str()函数将字符串转换成大写，SQL 语句如下：

```
//11.2.3 自定义函数示例 3.编写自定义函数：字符串转换.sql

select my_upper_str('hello');                    # 返回 hello
```

4. 编写自定义函数：数据统计

编写自定义函数进行数据统计。假设需求为统计订单超过 30 天未支付的数量。创建用于测试的表与数据，SQL 语句如下：

```
//11.2.3 自定义函数示例 4.编写自定义函数: 数据统计.sql

create table `function_orders` (
  `id` int not null auto_increment,
  `create_time` date default null,
  `status` enum('unpaid','paid') default null,
  primary key(`id`)
) engine = innodb default charset = utf8mb4;

insert into `function_orders` (`id`, `create_time`, `status`)
values
    (1, '2022 − 05 − 05', 'paid'),
    (2, '2022 − 01 − 06', 'unpaid'),
    (3, '2022 − 01 − 05', 'unpaid');
```

自定义函数,SQL 语句如下:

```
//11.2.3 自定义函数示例 4.编写自定义函数: 数据统计.sql

delimiter $$
create function count_unpaid_orders(date date)
returns int reads sql data
begin
   declare unpaid_count int;
   select count( * ) into unpaid_count
   from orders
   where date_add(create_time, interval 30 day) < date
      and status = 'unpaid';
   return unpaid_count;
end $$
delimiter;
```

自定义函数 count_unpaid_orders()释义:

函数名为 count_unpaid_orders,接收一个参数 date,返回值类型为 int。

使用 declare 定义变量 unpaid_count,用来存储未支付订单的数量。

使用 select count(*) into unpaid_count 从 function_orders 表中统计未支付订单的数量。

条件为创建时间加 30 天小于参数 date,并且状态为 unpaid。

最终返回未支付订单的数量 unpaid_count。

reads sql data 表示该函数会读取数据库表数据。

运行 count_unpaid_orders()函数,SQL 语句如下:

```
//11.2.3 自定义函数示例 4.编写自定义函数: 数据统计.sql

select count_unpaid_orders(now());
```

运行结果如图 11-10 所示。

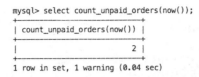

图 11-10　运行 **count_unpaid_orders** 函数的结果

刚刚的自定义函数 count_unpaid_orders() 与以下 SQL 等价：

```
//11.2.3 自定义函数示例 4.编写自定义函数：数据统计.sql

select
    count( * )
from
    function_orders
where
    date_add(create_time, interval 30 day) < now()
and
    status = 'unpaid';
# 返回 2
```

5. 编写自定义函数：获取数据

编写自定义函数以获取数据。假设需求为获取用户未读消息数量。

创建 function_messages 表并添加相应数据以进行测试，SQL 语句如下：

```
//11.2.3 自定义函数示例 5.编写自定义函数：获取数据.sql

create table `function_messages` (
    `id` int not null auto_increment,
    `sender_id` int default null,
    `receiver_id` int default null,
    `status` enum('unread','read') default null,
    primary key(`id`)
) engine = innodb default charset = utf8mb4;

insert into `function_messages` (`id`, `sender_id`, `receiver_id`, `status`)
values
    (1, 1212, 1313, 'unread'),
    (2, 1212, 1213, 'unread'),
    (3, 1212, 1333, 'read');
```

编写自定义函数，SQL 语句如下：

```
//11.2.3 自定义函数示例 5.编写自定义函数：获取数据.sql

delimiter $$
create function unread_message_count(user_id int)
returns int reads sql data
begin
```

```
    declare unread_count int;
    select count( * ) into unread_count
    from function_messages
    where receiver_id = user_id and status = 'unread';
    return unread_count;
end $$
delimiter;
```

自定义函数 unread_message_count()释义：

函数名为 unread_message_count，接收一个参数 user_id，返回值类型为 int。

使用 declare 定义变量 unread_count，用来存储未读消息的数量。

使用 select count(*) into unread_count 从 function_messages 表中统计 user_id 对应的未读消息的数量。

条件为 receiver_id 等于参数 user_id，并且 status 为 unread。

最终返回未读消息的数量 unread_count。

reads sql data 表示该函数会读取数据库表数据。

运行 unread_message_count()函数，SQL 语句如下：

```
//11.2.3 自定义函数示例 5.编写自定义函数：获取数据.sql

select unread_message_count(1213);                    ♯返回 1
```

刚刚的自定义函数 unread_message_count()与以下 SQL 等价：

```
//11.2.3 自定义函数示例 5.编写自定义函数：获取数据.sql

select
    count( * )
from
    function_messages
where
    status = 'unread'
and
    receiver_id = 1213;
♯返回 1
```

6. 编写自定义函数：数字运算

编写自定义函数进行数字运算。假设需求为计算订单总价。

创建 function_order_items 表并添加相应数据以进行测试，SQL 语句如下：

```
//11.2.3 自定义函数示例 6.编写自定义函数：数字运算.sql

create table `function_order_items` (
  `id` int not null auto_increment,
  `order_id` int default null,
  `product_id` int default null,
```

```
  `product_price` decimal(8,2) default null,
  `quantity` int default null,
  primary key(`id`),
  key `order_id` (`order_id`)
) engine = innodb default charset = utf8mb4;

insert into `function_order_items`
    (`id`, `order_id`, `product_id`, `product_price`, `quantity`)
values
    (1, 2, 33, 13.13, 1),
    (2, 2, 34, 33.11, 3);
```

编写自定义函数,SQL 语句如下:

```
//11.2.3 自定义函数示例 6.编写自定义函数: 数字运算.sql

delimiter $$
create function order_total_price(order_id int)
returns decimal(10,2) reads sql data
begin
    declare total_price decimal(10,2);
    select sum(product_price * quantity) into total_price
    from function_order_items
    where order_id = order_id;
    return total_price;
end $$
delimiter;
```

自定义函数 order_total_price()释义:

函数名为 order_total_price,接收一个参数 order_id,返回值类型为 decimal(10,2),表示两位小数。

使用 declare 定义变量 total_price,用来存储订单总价。

使用 select sum(product_price * quantity) into total_price 从 function_order_items 表中统计 order_id 对应的订单总价。

条件为 order_id 等于传入的参数 order_id。

返回订单总价 total_price。

reads sql data 表示该函数会读取数据库表数据。

运行 count_total_price()函数,SQL 语句如下:

```
//11.2.3 自定义函数示例 6.编写自定义函数: 数字运算.sql

select order_total_price(2);                    #返回 112.46
```

刚刚的自定义函数 count_total_price()与以下 SQL 等价:

```
//11.2.3 自定义函数示例 6.编写自定义函数: 数字运算.sql
```

```
select sum(product_price * quantity) from function order_items where order_id = 2;
#返回 112.46
```

11.2.4 管理及删除自定义函数

可通过 information_schema. routines 表查看当前数据库内的自定义函数，SQL 语句如下：

```
select * from information_schema.routines where routine_type = 'function'
```

此表包含所有的数据库中函数的信息，通过 routine_type＝'function'条件可以过滤出自定义函数。

也可以通过 show 关键字查看某个自定义函数，例如查看 my_upper_str 自定义函数的相关信息的 SQL 语句如下：

```
show create function my_upper_str;
```

在 MySQL 中可以通过 drop function 语句删除自定义函数，SQL 语句如下：

```
drop function [if exists] function name;
```

if exists：可选，当函数不存在时也不会报错。

function_name：要删除的函数名称。

若函数不存在，则不使用 if exists 选项会报错，错误信息如下：

```
ERROR 1064 (42000): You have an error in your SQL syntax; check the manual that corresponds to
your MySQL server version for the right syntax to use
```

此外，自定义函数绑定着数据库实例，如果要删除别的数据库实例中的函数，则需要指明完整的函数名称，SQL 语句如下：

```
drop function db_name.func_name;
```

只禁用 MySQL 8.0 函数并不删除，SQL 语句如下：

```
alter function func_name comment 'disabled';
```

之后可以重启 MySQL 或运行以下语句来启用函数。

```
alter function func_name comment 'enable';
```

drop function 语句是一个删除 MySQL 自定义函数的简单方法，但在删除前，需要确保该函数已不再被任何程序使用，以免导致依赖错误。

MySQL 中可以针对视图、存储过程、自定义函数增加权限配置，查看权限配置的 SQL 语句如下：

```
select * from information_schema.user_privileges;
```

11.3　signal sqlstate 抛出异常概念

signal 语句用于抛出 MySQL 的异常处理，从而实现业务逻辑的控制。signal 语句可以在 MySQL 的存储过程、函数、触发器中进行使用，语法格式如下：

```
signal sqlstate [value] string [set message_text = string]
```

sqlstate：指定 sqlstate 的值，必须是 5 字符的 sqlstate 代码。

value string：可选，指定一个自定义的异常消息。若省略，则使用与 sqlstate 对应的默认消息。

set message_text=string：可选，设置 message_text 的值，即客户端看到的异常消息内容。若省略，则客户端显示默认消息。

最终 signal 语句会触发一个异常，并且可以自定义异常消息以让客户端显示。

11.3.1　在触发器中使用 signal 语句

在触发器中使用 signal 语句，SQL 语句如下：

```
//11.3.1 在触发器中使用 signal 语句.sql

delimiter;
create trigger `before_delete_user`
before delete on `users`
for each row
begin
    if old.status = 'inactive' then
        signal sqlstate '45000' set message_text = '不可删除未激活用户';
    end if;
end $$
delimiter $$
```

11.3.2　在函数中使用 signal 语句

在函数中使用 signal 语句，SQL 语句如下：

```
//11.3.2 在函数中使用 signal 语句.sql

delimiter;
create function validate_email(email varchar(255)) returns boolean
begin
    if email not regexp '^[^@]+@[^@.]+.[^@.]{2,}$' then
        signal sqlstate '45000' set message_text = '无效的 email 地址';
    end if;
    return true;
```

```
end $$
delimiter $$
```

11.3.3　在存储过程中使用 signal 语句

在存储过程中使用 signal 语句,SQL 语句如下:

```
//11.3.3 在存储过程中使用 signal 语句.sql

delimiter;
create procedure register_user(in username varchar(50))
begin
    if exists(select * from users where username = username) then
        signal sqlstate '45000' set message_text = '用户名已存在!';
    end if;
    insert into users(username) values(username);
end $$
delimiter $$
```

## 第 12 章

MySQL 的事务与锁

12.1　事务概念

事务(Transaction)是一组 SQL 语句的集合,该组 SQL 语句要么全部执行成功,要么全部不执行。

事务可以确保数据的一致性和完整性。

事务可以在存储过程、触发器、自定义函数中使用。

12.1.1　事务的关键字

MySQL 的事务主要含有开始事务、提交事务、回滚事务三部分内容。

1. 开始事务

begin 或 start transaction 语句用于开始一个事务。

2. 提交事务

commit 语句用于提交一个事务,并将其修改为持久。

3. 回滚事务

rollback 语句用于回滚一个事务,并返回数据到事务开始前的状态。

4. 事务初步示例

事务初步示例如下:

```
//12.1.1 事务的关键字.sql

#开始一个事务
begin;

#进行一些操作(插入、更新、删除)
insert into products … ;
update products set … ;
delete from products … ;
```

```
#提交事务,操作生效
commit;

#或者回滚事务,操作回滚
rollback;
```

12.1.2 事务的四大特性

事务的四大特性简称为 acid,分别如下。

原子性(atomicity):事务内的所有操作要么全部完成,要么全部不完成。

一致性(consistency):事务开始和结束后数据库的完整性约束没有被破坏。

隔离性(isolation):并发执行的事务之间不会互相影响。

持久性(durability):一旦事务提交,其结果就会被永久保存。

12.1.3 事务的保存点 savepoint

savepoint 关键字用于在事务中设置一个保存点。保存点允许在事务中创建一个临时的保存点,以便在需要时进行回滚(rollback)。如果回滚到保存点,则会撤销保存点之后的 SQL 语句执行结果,但不会回滚整个事务。

1. 基础语法

设置一个保存点,语法如下:

```
savepoint savepoint_name;
```

回滚到某个保存点,语法如下:

```
rollback to savepoint savepoint_name;
```

重新设置保存点,语法如下:

```
release savepoint savepoint_name;
savepoint savepoint_name;
```

2. 应用示例

创建一个方便测试事务保存点 savepoint 的表并添加相应测试数据,SQL 语句如下:

```
//12.1.3 事务的保存点 savepoint.sql

create table savepoint_products (
    id int primary key,
    name varchar(50),
    price int
);
insert into savepoint_products values
(1, '手机', 10000),
```

```
(2, '电视', 20000),
(3, '笔记本', 15000),
(4, '音响', 5000),
(5, '台灯', 499),
(6, '手表', 1000);
```

编写事务控制，SQL 语句如下：

```
//12.1.3 事务的保存点 savepoint.sql

start transaction;                                  #开启事务
delete from savepoint_products where price > 5000;  #删除价格大于 5000 的产品
savepoint delete_savepoint;                         #设置事务保存点 delete_savepoint
delete from savepoint_products where price > 500;   #删除价格大于 500 的产品
rollback to delete_savepoint;                       #返回保存点 delete_savepoint 处，取消后续操作
commit;                                             #提交事务
```

事务释义：因为采用了 rollback to delete_savepoint 返回保存点 delete_savepoint 处的代码，所以将会清空后续操作，即操作至此保存点为止。

查看 savepoint_products 表的 SQL 语句如下：

```
select * from savepoint_products;
```

运行后，返回结果如图 12-1 所示。

从事务的运行结果来看，目前台灯的价格为 499 元，小于 500 元，但是因为代码 rollback to delete_savepoint 返回保存点 delete_savepoint 处的代码，所以将会清空后续操作，保留下来了台灯的数据。

```
+----+-------+-------+
| id | name  | price |
+----+-------+-------+
|  4 | 音响  |  5000 |
|  5 | 台灯  |   499 |
|  6 | 手表  |  1000 |
+----+-------+-------+
3 rows in set (0.00 sec)
```

图 12-1　设置保存点测试结果

12.1.4　事务在存储过程、触发器、自定义函数中的使用

事务不仅可以在 SQL 语句中使用，还可以在存储过程、触发器、自定义函数中使用。

以下为有关 MySQL 在存储过程、触发器、自定义函数中使用事务的示例与示例详解。

1. 在存储过程中编写事务

存储过程使用事务的 SQL 语句如下：

```
//12.1.4 事务在存储过程、触发器、自定义函数中使用 1.在存储过程中编写事务.sql

delimiter $$
create procedure do_transaction()
begin
    start transaction;
    delete from products where price > 30;
    savepoint delete_savepoint;
    delete from products where price > 20;
    rollback to delete_savepoint;
```

```
    commit;
end $$
delimiter;
```

以上存储过程包含了一个完整的事务操作,解释如下。

(1) start transaction:开始一个事务。

(2) delete from products where price>30:删除价格大于 30 元的产品记录,该操作是事务的一部分。

(3) savepoint delete_savepoint:设置一个名为 delete_savepoint 的保存点,该保存点允许在事务中回滚到此保存点,而不是回滚整个事务。

(4) delete from products where price>20:删除价格大于 20 元的产品记录,该操作也是事务的一部分。

(5) rollback to delete_savepoint:回滚到之前设置的 delete_savepoint 保存点,也就是撤销第 4 步中的删除操作,但不撤销第 2 步的删除操作。

(6) commit:提交事务,使第 2 步和第 5 步中的操作持久化。

该事务的最终效果是:删除价格大于 30 元的产品记录,但保留价格在 20 元到 30 元之间的产品记录。

该存储过程展示了如何在事务中设置保存点,并在需要时进行部分回滚,而不是完全回滚整个事务。只有 savepoint 和 rollback to 语句出现在同一个事务中时,保存点才会真正生效。

若没有保存点,则 rollback 语句会回滚整个事务,而不是只回滚保存点之后的部分操作。

2. 在触发器中编写事务

触发器使用事务的 SQL 语句如下:

```
//12.1.4 事务在存储过程、触发器、自定义函数中使用 2.在触发器中编写事务.sql

delimiter $$
create trigger tr_account
after insert on account
for each row
begin
  declare err_msg char(100);
  declare exit handler for sqlexception
    set err_msg = 'error: transaction rollback';
  start transaction;
  update account set balance = balance + 100 where id = new.id;
  update log set amount = amount + 100 where acct_no = new.id;
  commit;
end $$
delimiter;
```

以上触发器包含了一个完整的事务操作,解释如下。

(1) declare err_msg 和 declare exit handler 语句声明了一个异常处理程序。若触发器中的 SQL 语句产生异常,则将设置 err_msg 变量并回滚事务。

(2) start transaction:开始一个事务。

(3) update account set balance＝balance＋100 where id＝new. id:在 account 表中为刚插入的记录(new 代表新插入行)增加 100 元余额,该操作是事务的一部分。

(4) update log set amount＝amount＋100 where acct_no＝new. id:在 log 表中为刚插入的记录增加 100 的 amount 值,该操作也是事务的一部分。

(5) commit:提交事务,使第 3 步和第 4 步中的操作持久化。

(6) 若第 3 步或第 4 步中的任意 SQL 语句触发异常,则触发 exception 处理程序,回滚事务,并给 err_msg 变量赋值'error:transaction rollback'。

该触发器的作用是:每当 account 表有新记录插入时,自动在 account 表和 log 表中为该记录同时增加 100 元余额和 amount 值。要么两张表中的操作都成功,要么事务回滚,什么也不做。

3. 在自定义函数中编写事务

自定义函数使用事务的 SQL 语句如下:

```
//12.1.4 事务在存储过程、触发器、自定义函数中使用 3.在自定义函数中编写事务.sql

delimiter $$
create function do_transaction() returns int
begin
  start transaction;
  delete from products where price > 30;
  savepoint delete_savepoint;
  delete from products where price > 20;
  rollback to delete_savepoint;
  commit;
  return 1;
end $$
delimiter;
```

以上自定义函数包含了一个完整的事务操作,解释如下。

(1) start transaction:开始一个事务。

(2) delete from products where price ＞ 30:删除价格大于 30 元的产品记录,该操作是事务的一部分。

(3) savepoint delete_savepoint:设置一个名为 delete_savepoint 的保存点,该保存点允许在事务中回滚到该保存点,而不是回滚整个事务。

(4) delete from products where price ＞ 20:删除价格大于 20 元的产品记录,该操作也是事务的一部分。

(5) rollback to delete_savepoint:回滚到之前设置的 delete_savepoint 保存点,也就是

撤销第 4 步中的删除操作,但不撤销第 2 步的删除操作。

（6）commit：提交事务,使第 2 步和第 5 步中的操作持久化。

（7）return 1：返回 1,表示函数执行成功。

该自定义函数的最终效果是：删除价格大于 30 元的产品记录,但保留价格在 20 元到 30 元之间的产品记录,然后提交事务并返回执行成功的标志。

12.2　锁的概念

在编程中,锁是一种同步机制,用于控制多个线程对共享资源的访问,主要概念有并发与互斥。

互斥（Mutual Exclusion）是两个或者多个任务在同一时间只允许一个任务访问共享资源。

并发（Concurrency）是指多个事件在同一时间（或重叠的时间段）内执行。

在编程中主要包括互斥锁、读写锁。

互斥锁为同一时刻只有一个线程可以获得锁,其他线程被阻塞。用于保证共享资源只被一个线程访问。

读写锁分为读锁和写锁,多个线程可以同时获得读锁,但写锁是互斥的。用于保证读操作并发、写操作互斥。

阻塞指一个进程或线程因等待某个事件发生而暂停执行。在阻塞期间,进程或线程不会被分配 CPU 时间,而会处于等待状态。

使用锁可以解决许多并发问题,常见的有以下几种。

（1）线程安全：利用锁可以保证共享资源被线程排他地访问,避免数据混乱。

（2）同步：一个进程等待其他进程完成某任务,利用条件变量实现进程间同步。

（3）死锁：多个进程相互等待对方释放资源,导致无限等待。需要避免发生死锁状况。

（4）资源竞争：多个线程试图同时获取资源,需要利用锁进行同步和管理。

使用锁可以使多线程程序更加健壮,但也会带来性能损耗,所以在使用锁时需要在并发度和性能之间做出平衡。

MySQL 支持行级锁和表级锁两种锁机制。

12.2.1　行级锁的概念

行级锁是 MySQL 最常用的锁机制,行级锁可以锁定代码库中的某一行数据。当对行的数据进行更新或删除操作时会自动获取行级锁。

行级锁有以下两种模式。

共享锁（S）：允许事务读取数据,但阻止其他事务修改数据。多个事务可以同时获取同一数据的共享锁。

排他锁(X)：禁止其他事务读取和修改数据。只有获取排他锁的事务可以读写数据。

获取行级锁的语法如下：

```
//12.2.1 行级锁的概念.sql

select * from table_name where ... lock in share mode;        ♯ 获取共享锁
select * from table_name where ... for update;                ♯ 获取排他锁
```

获取锁之后只有当前会话使用 commit 关键字或者 kill 掉某个行级锁的线程才会解除锁。for update 排他锁在第 1 章有所讲解，在此进行省略。在实际工作中尽可能不要使用排他锁。

获取共享锁的示例如下：

```
//12.2.1 行级锁的概念.sql

♯会话 1 事务：获取共享锁
start transaction;
select * from accounts where name = '张三' lock in share mode;

♯会话 2 事务：等待获取共享锁
start transaction;
select * from accounts where name = '张三' lock in share mode;

♯会话 1 事务：提交后释放锁
commit;

♯会话 2 事务：获取共享锁并读取数据
select * from accounts where name = '张三' lock in share mode;
commit;
```

12.2.2 表级锁的概念

MySQL 表级锁是 MySQL 锁机制的一种，表级锁可以锁定整个表，而不是某一行数据。表级锁主要有以下几种。

(1) 读锁(Read)：允许事务读取表中的数据，但阻止其他事务修改表结构或删除表。

(2) 写锁(Write)：禁止其他事务读取和修改表结构，只允许获取写锁的事务进行结构修改、删除表等操作。

(3) 共享读锁(Shared Read)：允许多个事务同时读取表中的数据，但阻止写操作。

(4) 排他写锁(Exclusive Write)：只允许一个事务进行写操作，阻止所有其他读写操作。

获取行级锁的语法如下：

```
//12.2.2 表级锁的概念.sql

lock tables tbl_name read;                           ♯读锁
```

```
lock tables tbl_name write;                          # 写锁
lock tables tbl_name shared read;                    # 共享读锁
lock tables tbl_name Exclusive;                      # 排他写锁
```

释放表级锁的语法如下：

```
unlock tables;
```

完整示例如下：

```
//12.2.2 表级锁的概念.sql

# 会话 1 事务:获取读锁
lock tables accounts read;

# 会话 2 事务:等待获取写锁
lock tables accounts write;

# 会话 1 事务:释放锁
unlock tables;

# 会话 2 事务:获取写锁并执行写操作
lock tables accounts write;
alter table accounts add column ...;
unlock tables;
```

此处会话 2 事务要等待会话 1 事务释放读锁后才能获得写锁和执行 alter 语句。

表级锁的优点是实现简单,加锁速度快,但是表级锁会锁定整张表,并发度较低。表级锁主要用于对表结构进行修改的操作,此类操作比较少见,对并发性要求不高。

而行级锁的粒度更细,并发度更高,更适用于经常读取修改数据及并发量大的应用场景。

12.2.3　事务的隔离级别

MySQL 的事务隔离级别,分别如下。

read-uncommitted：最低级别,允许读取未提交的数据,可能导致脏读、幻读和不可重复读。

read-committed：允许读取已提交的数据,可以避免脏读,但仍可能导致幻读和不可重复读。

repeatable-read：该级别可以避免脏读和不可重复读,但可能导致幻读。

serializable：最高级别,完全避免脏读、不可重复读和幻读,但性能最差。

查看当前数据库的隔离级别,SQL 语句如下：

```
//12.2.3 事务的隔离级别 0.sql

show variables like 'transaction_isolation'
```

```
#或者
select @@transaction_isolation;
```

设置当前数据库隔离级别，SQL语句如下：

```
//12.2.3 事务的隔离级别 0.sql

set [global | session] transaction
    transaction_characteristic [, transaction_characteristic] ...

transaction_characteristic: {
isolation level level | access_mode
}

level: {
    repeatable read
  | read committed
  | read uncommitted
  | serializable
}

access_mode: {
    read write
  | read only
}
```

set transaction 语句用于设置 MySQL 事务的特征，包括隔离级别和访问模式，其参数说明如下。

global：全局事务特征，对所有新创建的连接有效。

session：会话事务特征，仅对当前连接有效。若不指定，则默认为 session。

isolation level：设置隔离级别。可选值有 repeatable read、read committed、read uncommitted、serializable。

repeatable read：可重复读，解决幻读问题。

read committed：提交读，解决脏读问题。

read uncommitted：未提交读，性能最高，但有各种并发问题。

serializable：串行化，解决全部并发问题，但性能最低。

read write：读写模式，默认值。

read only：只读模式，允许查询，但禁止更新操作。

精简语法如下：

```
set [global | session] transaction isolation_level [, isolation_level] ...
```

示例 SQL 语句如下：

```
set session transaction isolation level read committed;
```

1. 模拟脏读并进行解决

创建一个方便测试脏读的表并添加相应测试数据，SQL 语句如下：

```
//12.2.3 事务的隔离级别 1.模拟脏读并进行解决.sql

create table dirty_accounts (
    id int primary key,
    name varchar(20),
    balance int
);

insert into `dirty_accounts` (`id`, `name`, `balance`)
values
    (1, '张三', 5000),
    (2, '李四', 5000);
```

在第 1 个会话中使用如下事务，但并不提交：

```
//12.2.3 事务的隔离级别 1.模拟脏读并进行解决.sql

start transaction;

update dirty_accounts set balance = balance - 500 where name = '张三';
update dirty_accounts set balance = balance + 500 where name = '李四';
```

在第 2 个会话中进行查询，可观察到脏读的情况产生：

```
//12.2.3 事务的隔离级别 1.模拟脏读并进行解决.sql

start transaction;

# 读取未提交的数据，返回 5000，发生脏读
select * from dirty_accounts where name = '张三';

commit;
```

本例释义：

事务 1 执行了一个转账操作，从张三账户转出 500 元，转入李四账户。

事务 2 在事务 1 提交前就读取了张三的账户信息，发生了脏读，读到了未提交的数据。

为了解决脏读问题，需要使用行级锁和隔离级别，在修改事务处更改，更改后的代码如下：

```
//12.2.3 事务的隔离级别 1.模拟脏读并进行解决.sql

set session transaction isolation level read committed;
start transaction;
update dirty_accounts set balance = balance - 500 where name = '张三';
update dirty_accounts set balance = balance + 500 where name = '李四';
```

在读取时增加 lock in share mode,代码如下:

```
//12.2.3 事务的隔离级别 1.模拟脏读并进行解决.sql

select * from dirty_accounts lock in share mode;
#此时该 select 语句将无法查到数据,也不会自动停止,而是进入阻塞状态
```

此时一旦第 1 个事务没有正常提交,则行锁将数据锁住,后续 select 语句将会进行阻塞,无法查询到任何数据。

直到第 1 个事务正常 commit 之后,第 2 个事务将自动解除阻塞状态,解除之后可以正常获取数据。

2. 模拟幻读并进行解决

查看当前数据库的隔离级别,若不是默认的隔离级别,则修改为 read-uncommitted 隔离级别,SQL 语句如下:

```
//12.2.3 事务的隔离级别 2.模拟幻读并进行解决.sql

show variables like 'transaction_isolation'
#返回 read-committed

set session transaction_isolation = 'read-uncommitted';

show variables like 'transaction_isolation'
#返回 read-uncommitted
```

创建一个方便测试幻读的表并添加相应测试数据,SQL 语句如下:

```
//12.2.3 事务的隔离级别 2.模拟幻读并进行解决.sql

create table fantasy_accounts (
    id int primary key,
    name varchar(20),
    balance int
);

insert into fantasy_accounts values
    (1, '张三', 500),
    (2, '李四', 500),
    (3, '王五', 500);
```

事务 1 查询账户余额总和,SQL 语句如下:

```
select sum(balance) from fantasy_accounts;                    #结果为 1500
```

事务 2 插入新账户,SQL 语句如下:

```
start transaction;
insert into fantasy_accounts values(4, '赵六', 500);
#正常执行,但不 commit 提交
```

事务 1 再次查询账户余额总和,SQL 语句如下:

```
select sum(balance) from fantasy_accounts;                    #结果为 2000
```

事务 2 插入的数据,在没有提交的情况下,事务 1 就可以查到了,此种现象即为幻读,与脏读相类似。

此时可以将事务 2 进行提交,并且删除刚刚提交的数据,SQL 语句如下:

```
delete from fantasy_accounts fa where fa.id = 4;
```

幻读只需将隔离级别从 read-uncommitted 更改为 read-committed 或以上级别,详细过程如下:

```
//12.2.3 事务的隔离级别 2.模拟幻读并进行解决.sql

# 更改隔离级别
set session transaction isolation level read committed;

#事务 1
select sum(balance) from fantasy_accounts;                    #结果为 1500

#事务 2
start transaction;
insert into fantasy_accounts values(4, '赵六', 500);

#事务 1
select sum(balance) from fantasy_accounts;                    #结果为 1500
```

从过程中可以看出,事务 1 再次查询时,因为更改了隔离级别,所以无法查到未提交的数据,此时便解决了幻读的问题。

3. 模拟不可重复读并进行解决

创建一个方便测试不可重复读的表并添加相应测试数据,SQL 语句如下:

```
//12.2.3 事务的隔离级别 3.模拟不可重复读并进行解决.sql

create table non_accounts (
    id int primary key,
    name varchar(20),
    balance int
);

#插入初始数据
insert into non_accounts values
```

```
(1, '张三', 1000),
(2, '李四', 1000);
```

模拟不可重复读，SQL语句如下：

```
//12.2.3 事务的隔离级别 3.模拟不可重复读并进行解决.sql

#事务1:查询张三余额
start transaction;
select * from non_accounts where name = '张三';          #余额为1000

#事务2:张三减余额
start transaction;
update non_accounts set balance = 500 where name = '张三';
commit;

#事务1:再次查询张三余额
select * from non_accounts where name = '张三';          #余额为500,发生不可重复读
```

事务1第1次查询时张三的余额为1000元，第2次查询时结果变为500元，出现不可重复读。

不可重复读与幻读的区别就是，幻读在事务2并未进行提交，但是不可重读的事务2已经进行了提交。

不可重复读的事务1查询语句之后并未使用commit，事务2的更新操作要等待事务1提交后获得锁并执行才能解决不可重复读（事务2不会阻塞，而会直接运行成功，但是在事务1处不会被修改）。

整体示例如下：

```
//12.2.3 事务的隔离级别 3.模拟不可重复读并进行解决.sql

set session transaction isolation level repeatable read;

#事务1:查询张三余额
start transaction;
select * from non_accounts where name = '张三';          -- 余额为1000

#事务2:张三减余额
start transaction;
update non_accounts set balance = 500 where name = '张三';
commit;

#事务1:再次查询张三余额
```

```
select * from non_accounts where name = '张三';  -- 余额为1000;

# 事务1:提交查询事务
commit;

# 事务1:再次查询张三余额
select * from non_accounts where name = '张三'; -- 余额为500;
```

12.2.4　死锁的检测与解决

在 MySQL 中,当两个或多个事务相互占用对方需要的锁且等待对方释放锁时就会出现死锁。

MySQL 可以在运行时定期自动检测死锁,一旦检测到就会选择被回滚的事务,具体规则如下:

(1) 选择事务中读写最小的数据行。

(2) 若 1 无法判断,则选择第 1 个产生锁定的事务。

(3) 若 2 也无法判断,则随机选择一个事务。

被选中的事务将收到错误 1213(Deadlock found when trying to get lock; try restarting transaction),并自动回滚。如果能解除死锁,其他事务则可以继续运行。

也可以在应用层探测和解决死锁。常用的方式有以下几种。

(1) 锁定顺序: 事务按照固定的顺序请求锁,避免相互等待。

(2) 锁定超时: 为锁定操作设置合理超时,若超时,则回滚事务并重试。

(3) 避免长时间运行的事务:超过设定阈值的事务应该关闭锁定并提交,然后可以启动新事务继续处理。

检测死锁的 SQL 语句如下:

```
//12.2.4 死锁的检测与解决.sql

select * from information_schema.innodb_locks;
select * from information_schema.innodb_lock_waits;
```

其两个视图分别提供了当前获取的锁和等待获取的锁的信息,可以通过其判断是否存在死锁。

一个死锁示例:

```
//12.2.4 死锁的检测与解决.sql

# 事务1:更新 accounts 表
start transaction;
update accounts set balance = balance - 100 where id = 1;

# 事务2:更新 products 表
start transaction;
```

```
update products set price = price - 10 where id = 1;

#事务1:更新products表,等待锁
update products set price = price - 20 where id = 2;

#事务2:更新accounts表,等待锁
update accounts set balance = balance + 50 where id = 2;
```

事务1获取了accounts表的锁,事务2获取了products表的锁。

然后事务1等待获取products表的锁,事务2等待获取accounts表的锁,双方进入等待状态,产生死锁。

MySQL会自动检测到死锁并回滚其中一个事务,使另一个事务可以继续执行。

第 13 章

CHAPTER 13

MySQL 备份与复杂
查询面试题

MySQL 的 bin 目录下包含许多用于维护和管理 MySQL 的工具,这些工具如下所示。

(1) mysqld:MySQL 数据库服务器程序。

(2) mysql:MySQL 命令行客户端,用于访问和管理 MySQL 服务器。

(3) mysqladmin:执行管理操作,如安装数据库、设置密码等。

(4) mysqlbinlog:用于处理 MySQL 二进制日志文件的工具。

(5) mysqlcheck:用于检查、修复和优化表的工具。

(6) mysqldump:导出 MySQL 数据库或表结构和数据的工具。

(7) mysqlimport:用于导入表中数据的工具。

(8) mysqlshow:用于显示数据库、表和字段的信息。

(9) mysqlslap:负载模拟客户端,用于测试 MySQL 服务器的性能。

13.1　备份工具 mysqldump

mysqldump 是 MySQL 提供的数据库备份和还原工具,可以将数据库或表结构和数据导出到 SQL 文件。

导出的 SQL 文件可以用于备份、转移或在不同数据库版本之间迁移数据。使用 mysqldump 可以方便地对数据库进行逻辑备份。

13.1.1　使用 mysqldump 以 SQL 格式转储数据

mysqldump 含有多种基础语法与相当多可输入的参数,其中主要含有 3 种基础语法,即指定表、指定库、指定所有库。

1. 导出一个或多个表

mysqldump 导出一个或多个表的基础语法如下:

```
mysqldump [options] database [tables]
```

此语法用来导出指定库中的所有表或指定的表,常用 SQL 语句如下:

```
//13.1.1 使用 mysqldump 以 SQL 格式转储数据.sh

# 导出 mysqldb 数据库中的所有表
mysqldump - u root - p mydb > db.sql

# 只导出 mydb 数据库中的 table1 和 table2 表
mysqldump - u root - p mydb table1 table2 > tables.sql
```

2. 导出一个或多个库

mysqldump 导出一个或多个库的基础语法如下:

```
mysqldump [options] -- databases [options] db1 [db2 db3...]
```

此语法用来导出一个或多个库,常用 SQL 语句如下:

```
//13.1.1 使用 mysqldump 以 SQL 格式转储数据.sh

# 导出 db1 和 db2 数据库
mysqldump - u root - p -- databases db1 db2 > dbs.sql
```

3. 导出所有数据库

mysqldump 导出所有数据库的 SQL 语句如下:

```
//13.1.1 使用 mysqldump 以 SQL 格式转储数据.sh

mysqldump [options] -- all - databases [options]
```

此语法用来导出所有库,常用 SQL 语句如下:

```
//13.1.1 使用 mysqldump 以 SQL 格式转储数据.sh

mysqldump - u root - p -- all - databases > all_db.sql
```

4. 从数据库中导出特定表

使用 mysqldump 导出特定表,SQL 语句如下:

```
//13.1.1 使用 mysqldump 以 SQL 格式转储数据.sh

mysqldump - u root - p test t1 t3 t7 > dump.sql
```

--databases 选项使命令行上所有名称都被视为数据库名称,若没有此选项,则 databases 后续追加的为数据库名称,之后的参数将被视为表名。

使用--all-databases 或--databases,mysqldump 在每个数据库的转储输出之前写入 create database 和 use 语句。确保了当转储文件重新加载时,若每个数据库不存在,则会创建该数据库,并将其设置为当前使用的默认数据库。

13.1.2　重新加载 SQL 格式备份

如果要重新加载由 mysqldump 编写的由 SQL 语句组成的转储文件,则可使用存储文件作为 mysql 客户端的输入(此处的 mysql 客户端为 mysql 可执行程序,而非 MySQL 数据库)。

因为若转储文件是由 mysqldump 使用--all-databases 或--databases 参数创建的,则转储文件中默认包含 create database 和 use 语句,所以无须指定加载数据的默认数据库。使用 mysql 客户端执行下述命令即可:

```
//13.1.2 重新加载 SQL 格式备份.sh

mysql < dump.sql
```

或者从 mysql 内部使用 source 命令,命令如下:

```
//13.1.2 重新加载 SQL 格式备份.sh

source dump.sql
```

若文件是单个数据库转储,不包含 create database 和 use 语句,则先创建数据库(如有必要):

```
//13.1.2 重新加载 SQL 格式备份.sh

mysqladmin create db1
```

然后在加载转储文件时指定数据库名称:

```
//13.1.2 重新加载 SQL 格式备份.sh

mysql db1 < dump.sql
```

或者从 mysql 内部创建数据库实例,选择实例作为当前使用的默认数据库,然后加载转储文件:

```
create database if not exists db1;
use db1;
source dump.sql
```

对于 Windows PowerShell 用户,由于“<”字符保留在 PowerShell 中作为关键字所使用,因此有一种替代方法,SQL 语句如下:

```
//13.1.2 重新加载 SQL 格式备份.sh

cmd.exe /c "mysql < dump.sql"
```

13.1.3　使用 **mysqldump** 以分割文本格式转储数据

mysqldump 中含有--tab=dir_name 的参数选项,将使用 dir_name 作为输出目录,并在该目录中单独转储表。每个表使用两个文件。表名为文件的基名。对于名为 t1 的表，文件名为 t1.sql 和 t1.txt。

.sql 文件包含该表的 create table 语句。

.txt 文件包含表数据。

以下命令将 db1 数据库的内容转储到/tmp 数据库中的文件：

```
//13.1.3 使用 mysqldump 以分割文本格式转储数据.sh

mysqldump -- tab = /tmp db1
```

.txt 文件由服务器编写，服务器使用 select...into outfile 写入文件，因此必须具有 file 权限才能执行此操作。若给定的 .txt 文件已经存在，则会发生错误。

服务器将转储表的 create 定义发到 mysqldump，mysqldump 将定义写入.sql 文件，因此该文件归执行 mysqldump 的用户所有。

--tab 参数最好仅用于本地服务器导出数据。若将其与远程服务器一起使用，则--tab 目录必须存储在本地和远程服务器主机上，并且.txt 文件由服务器写入远程目录（在服务器主机上）。

--tab 参数在默认情况下服务器将表数据写入 .txt 文件，每 row 一行，列值之间有制表符，列值周围没有引号，换行符作为行终止符。默认值与 select…into outfile 的默认值相同。

为了使数据文件能够使用不同的格式编写，mysqldump 支持以下参数进行数据格式化：

--fields-terminated-by＝str 用于分割列值的字符串。

--fields-enclosed-by＝char 要包含列值的字符（默认：无字符）。

--fields-optionally-enclosed-by＝char 包含非数字列值的字符（默认：无字符）。

--fields-escaped-by＝char 用于转移特殊字符的字符（默认：不转移）。

--lines-terminated-by＝str 行终止字符串（默认：换行符）。

根据参数可以在命令行上适当地进行修改。

假设此时希望 mysqldump 在双引号内引用列值，为此需指定双引号--fields-enclosed-by 选项的值。例如可以在以下方式使用双引号，命令如下：

```
-- fields - enclosed - by = '"'
```

同时使用多个参数，例如要以逗号分隔值格式转储表，其行以回车/换行符(\r\n)终止，命令如下：

```
//13.1.3 使用 mysqldump 以分割文本格式转储数据.sh

mysqldump
  -- tab = /tmp
  -- fields - terminated - by = ,
```

```
-- fields - enclosed - by = '"'
-- lines - terminated - by = 0x0d0a bd1
```

若使用任何数据格式化参数进行转储表数据,则在加载数据文件时需指定相同的格式,以确保解释文件内容。

13.1.4 重新加载分隔文本格式备份

对于使用 mysqldump --tab 生成的备份,每个表在输出目录中由包括表的 create table 语句的 .sql 文件和包含表数据的 a.txt 文件表示。

如果要重新加载表,则首先应将位置更改为输出目录,然后使用 mysql 客户端处理 .sql 文件,创建一个空表,并处理 .txt 文件将数据加载到表中,SQL 语句如下:

```
//13.1.4 重新加载分隔文本格式备份.sh

mysql db1 < t1.sql
mysqlimport db1 t1.txt
```

使用 mysqlimport 加载数据文件的替代方案是从 mysql 客户端内部使用 load data 语句,SQL 语句如下:

```
//13.1.4 重新加载分隔文本格式备份.sql

use db1;
load data infile 't1.txt' into table t1;
```

若在最初转存表时使用了 mysqldump 的数据格式化参数,则必须对 MySQLimport 或 load data 使用相同的参数,以确保解释数据文件内容:

```
//13.1.4 重新加载分隔文本格式备份.sh

mysqlimport
  -- fields - terminated - by = ,
  -- fields - enclosed - by = '"'
  -- lines - terminated - by = 0x0d0a db1 t1.txt
```

通过 load data 导入格式化数据,SQL 语句如下:

```
//13.1.4 重新加载分隔文本格式备份.sql

use db1;
load data infile 't1.txt' info table t1
fields terminated by ',' fields enclosed by '"'
lines terminated by '\r\n';
```

13.1.5 mysqldump 小技巧

以下为 mysqldump 在实际工作中的一些小技巧,方便工作时使用。

1. 制作数据库的副本

制作数据库的副本,SQL 语句如下:

```
//13.1.5 mysqldump 小技巧 1.制作数据库的副本.sh

mysqldump db1 > dump.sql
mysqladmin create db2
mysql db2 < dump.sql
```

不要在 mysqldump 命令行中使用- -databases,这会导致 use db1 包含在转储文件中,可以覆盖在 mysql 命令行上命名 db2 的效果。

2. 将数据库从一台服务器复制到另外一台服务器

将数据库从一台服务器复制到另外一台服务器,在服务器 1 的 SQL 语句如下:

```
//13.1.5 mysqldump 小技巧 2.将数据库从一台服务器复制到另外一台服务器.sh

mysqldump -- databases db1 > dump.sql
```

将转储文件从服务器 1 复制到服务器 2,在服务器 2 的 SQL 语句如下:

```
//13.1.5 mysqldump 小技巧 2.将数据库从一台服务器复制到另外一台服务器.sh

mysql < dump.sql
```

--databases 与 mysqldump 命令行一起使用会使转储文件包括 create database 和 use 语句。

可以省略--databases,然后手动在服务器 2 上创建数据库实例(如有必要),并在重新加载转储文件时将其指定为默认数据库。

在服务器 1 上需执行的 SQL 语句如下:

```
//13.1.5 mysqldump 小技巧 2.将数据库从一台服务器复制到另外一台服务器.sh

mysqldump db1 > dump.sql
```

在服务器 2 上需执行的 SQL 语句如下:

```
//13.1.5 mysqldump 小技巧 2.将数据库从一台服务器复制到另外一台服务器.sh

mysqladmin create db1
mysql db1 < dump.sql
```

此方式可指定不同的数据库名称,从 mysqldump 命令省略--databases 能够从一个数据库转储数据并将其加载到另一个数据库中。

3. 转储存储程序

mysqldump 用于控制处理存储的程序,例如存储过程、函数、触发器、事件的参数如下。
--events：转储事件。

--routines：转储存储过程和功能。

--triggers：表格的转储触发器。

在默认情况下，自动启用--triggers 选项，因此当表被转储时会伴随着数据库所拥有的任何触发器。在默认情况下，其他选项被禁用，必须显式地指定才能转储相应的对象。

对于要明确禁用的选项，应使用其跳过形式：--skip-events、--skip-routines 或--skip-triggers。

4. 单独转储表定义和内容

--no-data 选项告诉 mysqldump 不要转储表数据，导致转储文件仅包含用于创建表的语句。相反，--no-create-info 选项告诉 mysqldump 从输出中抑制 create 语句，以便转储文件仅包含表数据。

例如，要为 test 数据库分别转储表定义和数据，应使用以下命令：

```
//13.1.5 mysqldump 小技巧 4.单独转储表定义和内容.sh

mysqldump -- no - data test > dump - defs.sql
mysqldump -- no - create - info test > dump - data.sql
```

对于仅定义转储，添加--routines 和--events 选项，以包括存储的例程和事件定义：

```
//13.1.5 mysqldump 小技巧 4.单独转储表定义和内容.sh

mysqldump -- no - data -- routines -- events test > dump - defs.sql
```

5. 使用 mysqldump 测试升级不兼容性

在考虑 MySQL 升级时，谨慎的做法是先将较新版本与当前生产版本分开安装，然后可以从生产服务器转储数据库和数据库对象定义，并将其加载到新服务器中，以验证它们是否得到正确处理。这对测试降级也很有用。

在生产服务器上：

```
//13.1.5 mysqldump 小技巧 5.使用 mysqldump 测试升级不兼容性.sh

mysqldump -- all - databases -- no - data -- routines -- events > dump - defs.sql
```

在升级的服务器上：

```
//13.1.5 mysqldump 小技巧 5.使用 mysqldump 测试升级不兼容性.sh

mysql < dump - defs.sql
```

因为转储文件不包含表数据，所以可以快速处理。能够快速发现潜在的不兼容性，而无须等待冗长的数据加载操作。

在验证定义处理正确后，可以尝试将转储数据加载到升级的服务器中。

在生产服务器上：

//13.1.5 mysqldump 小技巧 5.使用 mysqldump 测试升级不兼容性.sh

mysqldump -- all - databases -- no - create - info > dump - data.sql

在升级的服务器上：

//13.1.5 mysqldump 小技巧 5.使用 mysqldump 测试升级不兼容性.sh

mysql < dump - data.sql

13.2　复杂查询面试题——动漫评分

12min

编写一组 SQL，在一张表内同时返回以下数据：
（1）查询评论动漫数量最多的用户名。
（2）查询在 2023/2 月平均评分最高的动漫名称。

13.2.1　涉及的表

创建 sqltest_anime 表，sqltest_anime 表负责存储动漫 id 及动漫名称，如图 13-1 所示。
创建 sqltest_users 表，sqltest_users 表负责存储用户 id 及用户名称，如图 13-2 所示。
创建 sqltest_rating 表，sqltest_rating 表负责存储用户的评分内容，通过动漫 id 与用户 id 进行组合，如图 13-3 所示。

```
+----------+-------------+
| anime_id | anime_title |
+----------+-------------+
|        1 | 标题1       |
|        2 | 标题2       |
|        3 | 标题3       |
|        4 | 标题4       |
+----------+-------------+
4 rows in set (0.00 sec)
```

图 13-1　sqltest_anime 表

```
+---------+-----------+
| user_id | user_name |
+---------+-----------+
|       1 | 用户1     |
|       2 | 用户2     |
|       3 | 用户3     |
|       4 | 用户4     |
+---------+-----------+
4 rows in set (0.00 sec)
```

图 13-2　sqltest_users 表

```
+----------+---------+--------+------------+
| anime_id | user_id | rating | created    |
+----------+---------+--------+------------+
|        1 |       1 |      3 | 2023-01-28 |
|        1 |       2 |      4 | 2023-01-29 |
|        1 |       3 |      2 | 2023-01-30 |
|        1 |       4 |      1 | 2023-01-31 |
|        2 |       1 |      5 | 2023-02-01 |
|        2 |       2 |      4 | 2023-02-02 |
|        2 |       3 |      3 | 2023-02-03 |
|        2 |       4 |      4 | 2023-02-04 |
|        3 |       1 |      5 | 2023-02-05 |
|        4 |       2 |      5 | 2023-02-05 |
|        4 |       3 |      4 | 2023-02-06 |
+----------+---------+--------+------------+
11 rows in set (0.00 sec)
```

图 13-3　sqltest_rating 表

sqltest_rating 表的 user_id 与 anime_id 分别对应 sqltest_users 和 sqltest_anime 两张表。

sqltest_rating 表的 rating 代表动漫的评分。在 sqltest_rating 表中记录着动漫编号、用户编号、评分、创建时间。

整体数据库的创建，SQL 语句如下：

```
//13.2 复杂查询面试题——动漫评分.sql

create table `sqltest_anime` (
    `anime_id` int unsigned not null auto_increment,
    `anime_title` varchar(255) character set utf8mb4 collate utf8mb4_0900_ai_ci default null,
    primary key(`anime_id`)
) engine = innodb auto_increment = 5 default charset = utf8mb4 collate = utf8mb4_0900_ai
_ci;

create table `sqltest_rating` (
    `anime_id` int default null,
    `user_id` int default null,
    `rating` int default null,
    `created` date default null
) engine = innodb default charset = utf8mb4 collate = utf8mb4_0900_ai_ci;

create table `sqltest_users` (
    `user_id` int unsigned not null auto_increment,
    `user_name` varchar(255) default null,
    primary key(`user_id`)
) engine = innodb auto_increment = 5 default charset = utf8mb4 collate = utf8mb4_0900_ai_ci;
```

13.2.2　解题步骤

以下为复杂查询面试题"动漫评分"的详细解题步骤。

1. 查询评论电影数量最多的用户 id

查询评论电影最多的用户,需要在 sqltest_rating 表中查询。

首先需要使用 count()函数对 user_id 进行聚合,然后使用 order by 方式进行排序,
SQL 语句如下:

```
//13.2 复杂查询面试题——动漫评分.sql

select
    m.user_id
from
    sqltest_rating as m
group by
    m.user_id
order by
    count( * ) desc
limit
    1
```

2. 优化为评论电影数量最多的用户名

在步骤 1 中查看了相应的用户 id,需要使用左连接的方式将用户 id 替换成用户名,
SQL 语句如下:

```
//13.2 复杂查询面试题——动漫评分.sql

select
    u.user_name as results
from
    sqltest_rating as m
    left join sqltest_users as u on m.user_id = u.user_id
group by
    m.user_id
order by
    count( * ) desc,
    u.user_name
limit
    1
```

3. 查询在 2023/2 月平均评分最高的动漫名称

通过 sqltest_rating 表即可查到 2023 年 2 月评分最高的动漫的 id,再通过 sqltest_anime 即可将 id 更换为动漫名称,SQL 语句如下:

```
//13.2 复杂查询面试题——动漫评分.sql

select
    mo.anime_title
from
    sqltest_rating as m
    left join sqltest_anime as mo on m.anime_id = mo.anime_id
where
    m.created like "2023 - 02 % "
group by
    mo.anime_id
order by
    avg(m.rating) desc,
    mo.anime_title
limit
    1
```

4. 整合两条语句

使用 union 相关关键字将"查询评论动漫数量最多的用户名"和"查询在 2023/2 月平均评分最高的动漫名称"两条 SQL 语句整合到一起,SQL 语句如下:

```
//13.2 复杂查询面试题——动漫评分.sql

(
    select
        u.user_name as results
    from
        sqltest_rating as m
        left join sqltest_users as u on m.user_id = u.user_id
```

```
    group by
        m.user_id
    order by
        count( * ) desc,
        u.user_name
    limit
        1
)
union
(
    select
        mo.anime_title
    from
        sqltest_rating as m
        left join sqltest_anime as mo on m.anime_id = mo.anime_id
    where
        m.created like "2023-02%"
    group by
        mo.anime_id
    order by
        avg(m.rating) desc,
        mo.anime_title
    limit
        1
);
```

运行结果如图 13-4 所示。

图 13-4 动漫评分复杂查询最终结果

▶ 11min

13.3 复杂查询面试题——查询连续出现 3 次的数字

编写一组 SQL,查询所有至少连续出现 3 次的数字。

13.3.1 涉及的表

创建 sqltest_logs 表,SQL 语句如下:

```
//13.3 复杂查询面试题——查询连续出现 3 次的数字.sql

create table `sqltest_logs` (
    `id` int unsigned not null auto_increment,
    `num` varchar(255) default null,
```

```
      primary key(`id`)
) engine = innodb auto_increment = 7 default charset = utf8mb4 collate = utf8mb4_0900_ai_ci;

insert into `sqltest_logs` (`id`, `num`)
values
    (1, '1'),
    (2, '2'),
    (3, '1'),
    (4, '1'),
    (5, '1'),
    (6, '2');
```

13.3.2 解题步骤——虚拟连接方式

以下为复杂查询面试题"查询连续出现 3 次的数据"使用虚拟连接方式的详细解题步骤。

1. 将自身表虚拟为 3 个

正常在编写本题时需要使用前文提到的变量方式短暂地存储着 count() 之后的数值，本解法用另一种方式进行解题，即将自身表作为 3 张表进行查询，SQL 语句如下：

```
//13.3 复杂查询面试题——查询连续出现 3 次的数字.sql

select
    distinct a.Num as threeNum
from
    sqltest_logs as a,
    sqltest_logs as b,
    sqltest_logs as c
```

2. 编写三表联查的条件

条件即是表 1 的 num 需要在等于表 2 的 num 的同时等于表 3 的 num，同时 3 张表的 id 需要连贯，SQL 语句如下：

```
//13.3 复杂查询面试题——查询连续出现 3 次的数字.sql

select
    distinct a.Num as ConsecutiveNums
from
    sqltest_logs as a,
    sqltest_logs as b,
    sqltest_logs as c
where
    a.Num = b.Num
    and b.Num = c.Num
    and a.id = b.id - 1
    and b.id = c.id - 1;
```

运行结果如图 13-5 所示。

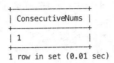

```
+----------------+
| ConsecutiveNums |
| 1              |
+----------------+
1 row in set (0.01 sec)
```

图 13-5　查询连续出现 3 次的数字的最终结果

13.3.3　解题步骤——变量方式

以下为复杂查询面试题"查询连续出现 3 次的数据"使用变量方式的详细解题步骤。

1. 编写变量

使用两个 session 变量@prev 和@count,SQL 语句如下:

```sql
//13.3 复杂查询面试题——查询连续出现 3 次的数字.sql

select * from (
  select Num,
    case
      when @prev = Num then @count := @count + 1
      when (@prev := Num) is not null then @count := 1
    end as CNT
  from sqltest_logs, (select @prev := null, @count := null) as t
) as temp
```

首先,通过（select @prev := null, @count := null) as t 将此处的两个变量初始化为 null。

当前行的 Num 与@prev 相同时,@count 的值加 1。

当@prev 为空时,将@prev 赋值为当前 Num,@count 设为 1。

否则仅将@prev 赋值为当前 Num。

2. 整体语句

查询结果只保留 distinct 不同的数字,别名为 ConsecutiveNums,整体 SQL 语句如下:

```sql
//13.3 复杂查询面试题——查询连续出现 3 次的数字.sql

select distinct Num as ConsecutiveNums
from (
  select Num,
    case
      when @prev = Num then @count := @count + 1
      when (@prev := Num) is not null then @count := 1
    end as CNT
  from sqltest_logs, (select @prev := null, @count := null) as t
) as temp
where temp.CNT >= 3
```

13.4 复杂查询面试题——订单退款率

退款率公式：(已付款且已退款订单)/(已付款总订单)。

编写一组 SQL 对所有商家进行退款率的查询,需要将最后展示结果整合为 50%。

13.4.1 涉及的表

创建 sqltest_orders 表,SQL 语句如下:

```
//13.4 复杂查询面试题——订单退款率.sql

create table `sqltest_orders` (
  `id` int unsigned not null auto_increment,
  `user_id` varchar(255) character set utf8mb4 collate utf8mb4_0900_ai_ci default null
comment '商家 id',
  `order_id` varchar(255) default null comment '订单 id',
  `order_price` float default null comment '下单时订单价格',
  `order_status` enum('paid', 'unpaid') character set utf8mb4 collate utf8mb4_0900_ai_ci
default null comment '是否付款',
  `rejected` enum('yes', 'no') character set utf8mb4 collate utf8mb4_0900_ai_ci default null
comment '是否退货',
  primary key(`id`)
) engine = innodb default charset = utf8mb4 collate = utf8mb4_0900_ai_ci;

insert into `sqltest_orders`(`id`, `user_id`, `order_id`, `order_price`, `order_status`,
`rejected`)
values
    (1, '1', '0001', 1000, 'paid', 'no'),
    (2, '1', '0001', 1000, 'unpaid', 'yes'),
    (3, '1', '0001', 1000, 'paid', 'yes');
```

商城项目中经常会出现未付款并取消的订单,此类订单不归属于订单率中。

商城项目中并不会将商品价格跟商品 id 进行对齐,因为商品含有降价出售或更改价格等行为,所以需要对实际价格进行存储。

商城项目中的 order 表通常还会含有购买用户的 id 等内容,对此需求进行省略。

13.4.2 解题步骤

以下为复杂查询面试题"订单退款率"的详细解题步骤。

1. 查询已付款且已退款订单总数

查询已付款且已退款订单总数,SQL 语句如下:

```
//13.4 复杂查询面试题——订单退款率.sql

select
    count(id)
from
    sqltest_orders so
where
    so.rejected = 'yes'
    and so.order_status = 'paid';
```

2. 查询已付款订单总数

查询已付款订单总数, SQL 语句如下:

```
//13.4 复杂查询面试题——订单退款率.sql

select
    count(id)
from
    sqltest_orders so
where
    so.order_status = 'paid';
```

3. 查询退款率

组合以上两个语句, 并进行相除, SQL 语句如下:

```
//13.4 复杂查询面试题——订单退款率.sql

select
    (
        select
            count(id)
        from
            sqltest_orders so
        where
            so.rejected = 'yes'
            and so.order_status = 'paid'
    ) /(
        select
            count(id)
        from
            sqltest_orders so
        where
            so.order_status = 'paid'
    );

# 返回 0.50000
```

4. 将结果修改为百分比进行展示

首先将 0.500 00 乘以 100，变成 50.0000。

然后使用 substring_index 函数对 50.0000 进行截取，变成 50。

最后使用 concat 函数拼接百分号，变成 50%。

整体 SQL 语句如下：

```
//13.4 复杂查询面试题——订单退款率.sql

select
    concat(
        substring_index(
            (
                select
                    count(id)
                from
                    sqltest_orders so
                where
                    so.rejected = 'yes'
                    and so.order_status = 'paid'
            ) /(
                select
                    count(id)
                from
                    sqltest_orders so
                where
                    so.order_status = 'paid'
            ) * 100,
            '.',
            1
        ),
        '%'
    ) as result;
```

SQL 语句分类

A.1 MySQL 8.0 的 SQL 语句分类

MySQL 8.0 的 SQL 语句根据使用方式的不同可以分为 8 种类型的语句,包括以下8 种。

(1) Data Definition Statements——数据定义类语句。

(2) Data Manipulation Statements——数据操作类语句。

(3) Transactional and Locking Statements——事务和锁定类语句。

(4) Replication Statements——集群复制类语句。

(5) Prepared Statements——预编译类语句。

(6) Compound Statement Syntax——存储过程类语句。

(7) Database Administration Statements——数据库管理类语句。

(8) Utility Statements——数据库工具类语句。

A.1.1 数据定义类语句

Data Definition Statements 数据定义类语句与 Data Definition Language 数据库模式定义语言(DDL)类似。主要含有 create、alter、drop 等关键字,其中主要语句如下:

(1) create database statement——创建数据库语句。

(2) create event statement——创建事件语句。

(3) create function statement——创建自定义函数语句。

(4) create index statement——创建索引语句。

(5) create logfile group statement——创建日志组语句。

(6) create procedure statement——创建存储过程语句。

(7) create server statement——创建服务器定义语句。

(8) create spatial reference system statement——创建空间参考系统(SRS)语句。

(9) create table statement——创建表语句。

（10）create table space statement——创建表空间语句。

（11）create trigger statement——创建触发器语句。

（12）create view statement——创建视图语句等。

（13）alter database statement——更改已定义的数据库语句。

（14）alter event statement——更改已定义的事件语句。

（15）alter function statement——更改已定义的函数语句。

（16）alter instance statement——操作数据库实例（包括操作 innoDB 日志记录、表空间操作等）语句。

（17）alter logfile group statement——更改日志文件组语句。

（18）alter procedure statement——更改存储过程的特性语句。

（19）alter server statement——更改服务器信息语句。

（20）alter table statement——更改表信息语句。

（21）alter tablespace statement——更改表空间信息语句。

（22）alter view statement——更改视图信息语句等。

（23）drop database statement——删除数据库中的所有表并删除数据库。

（24）drop event statement——删除事件语句。

（25）drop function statement——删除函数语句。

（26）drop index statement——删除索引语句。

（27）drop logfile group statement——删除日志组语句。

（28）drop procedure statements——删除存储过程语句。

（29）drop server statement——删除服务器定义语句。

（30）drop table statement——删除表语句。

（31）drop tablespace statement——删除表空间语句。

（32）drop trigger statement——删除触发器语句。

（33）drop view statement——删除视图语句。

（34）rename table statement——重命名一个或多个表语句。

（35）truncate table statement——完全清空表语句等。

A.1.2　数据操作类语句

（1）call statement——调用（存储过程）语句。

（2）delete statement——从表中删除行数据的 DML 语句。

（3）do statement——执行表达式语句（不返回结果集）。

（4）handler statement——处理语句。

（5）insert statement——插入语句。

（6）load data statement——装载数据语句。

（7）load xml statement——装载 xml 语句。

（8）replace statement——删除并插入语句。

（9）select statement——查询数据语句。

（10）subqueries——子查询相关。

（11）update statement——修改数据语句等。

A.1.3 事务和锁定类语句

（1）start transaction——开始事务语句。

（2）commit——事务提交语句。

（3）rollback statement——事务回滚语句。

（4）XA statement——XA 类事务。

A.1.4 集群复制类语句

SQL Statements for Controlling Replication Source Servers 控制复制源服务器的 SQL 语句主要包括以下几种：

（1）purge binary logs statement——清除二进制文件语句。

（2）reset master statement——重置 master 语句。

（3）set sql_log_bin statement——设置 sql_log_bin 语句。

SQL Statements for Controlling Replica Servers 控制副本服务器的 SQL 语句主要包括以下几种：

（1）change master to statement——修改 master 配置语句。

（2）change replication filter statement——更改复制过滤器语句。

（3）master_pos_wait() statement——master 相关操作语句。

（4）reset slave statement——重置 slave 语句。

（5）start slave statement——启动 slave 复制语句。

（6）stop slave statement——停止 slave 复制语句。

SQL Statements for Controlling Group Replication 用于控制组复制的 SQL 语句主要包括以下几种：

（1）start group_replication statement——启动组复制语句。

（2）stop group_replication statement——停止组复制语句。

A.1.5 预编译类语句

（1）prepare statement——准备语句。

（2）execute statement——执行语句。

（3）deallocate prepare statement——解除准备语句。

A.1.6　存储过程类语句

（1）BEGIN END Compound Statement——开始结束复合语句。

（2）Statement Labels——标签声明类语句。

（3）DECLARE Statement——声明变量类语句。

（4）Variables in Stored Programs——存储过程中的变量。

（5）Flow Control Statements——流程控制声明语句。

（6）Cursors——游标相关。

（7）Condition Handling——条件处理相关。

A.1.7　数据库管理类语句

（1）Account Management Statements——用户管理语句。

（2）Table Maintenance Statements——表管理语句。

（3）Plugin and Loadable Function Statements——插件和可加载函数语句。

（4）SET Statements——set 相关语句。

（5）SHOW Statements——show 相关语句。

（6）Other Administrative Statements——其他账户管理语句。

A.1.8　数据库工具类语句

（1）DESCRIBE Statement——描述语句。

（2）EXPLAIN Statement——解释语句。

（3）HELP Statement——帮助语句。

（4）USE Statement——use 语句。

本书测试表的
相关数据及结构

以下两套数据结构主要出现在正文的案例中。

B.1 学校系列表结构

```
//14.2.1学校系列表结构.sql

#课程表
create table `course` (
`id` int unsigned not null auto_increment comment '课程表主键id',
`name` varchar(20) default null comment '课程名称',
`tid` int default null comment '教师id',
primary key(`id`)
) engine = innodb auto_increment = 5 default charset = utf8mb4 collate = utf8mb4_0900_ai_ci;

#成绩表
create table `score` (
`sid` int default null comment '学生表主键id',
`cid` int default null comment '课程表主键id',
`score` int default null comment '成绩'
) engine = innodb default charset = utf8mb4 collate = utf8mb4_0900_ai_ci;

#学生表
create table `student` (
`id` int unsigned not null auto_increment comment '学生表主键id',
`age` int default null comment '年龄',
`sex` int default null comment '性别',
`name` varchar(20) default null comment '学生名称',
primary key(`id`)
) engine = innodb auto_increment = 6 default charset = utf8mb4 collate = utf8mb4_0900_ai_ci;

#教师表
create table `teacher` (
`id` int unsigned not null auto_increment comment '教师表主键id',
`name` varchar(20) default null comment '教师名称',
primary key(`id`)
) engine = innodb auto_increment = 6 default charset = utf8mb4 collate = utf8mb4_0900_ai_ci;
```

1. 课程表数据

```
//14.2.1学校系列表结构.sql

insert into `course`(`id`, `name`, `tid`)
values
    (1, 'java', 1),
    (2, 'spring', 2),
    (3, 'redis', 5),
    (4, 'linux', 5);
```

2. 成绩表数据

```
insert into `score`(`sid`, `cid`, `score`)
values
    (1, 1, 100),
    (1, 2, 99),
    (2, 1, 98),
    (2, 2, 97),
    (3, 1, 96),
    (1, 3, 95),
    (1, 4, 94),
    (4, 1, 93),
    (4, 2, 92),
    (4, 4, 91),
    (5, 2, 90);
```

3. 学生表数据

```
insert into `student`(`id`, `age`, `sex`, `name`)
values
    (1, 21, 1, '张三'),
    (2, 22, 1, '李四'),
    (3, 23, 2, '王五'),
    (4, 24, 2, '赵六'),
    (5, 25, 2, '薛七');
```

4. 教师表数据

```
insert into `teacher`(`id`, `name`)
values
    (1, '赵老师'),
    (2, '钱老师'),
    (3, '孙老师'),
    (4, '李老师'),
    (5, '周老师');
```

B.2 公司系列表结构

```
//14.2.2公司系列表结构.sql

# 部门表
```

```
create table `dept` (
    `deptno` int unsigned not null auto_increment comment '部门编号',
    `dname` varchar(255) default null comment '部门名称',
    `loc` varchar(255) default null comment '部门地点',
    primary key(`deptno`)
) engine = innodb auto_increment = 41 default charset = utf8mb4 collate = utf8mb4_0900_ai_ci;

#公司表
create table `emp` (
    `empno` int unsigned not null auto_increment comment '员工编号',
    `ename` varchar(255) character set utf8mb4 collate utf8mb4_0900_ai_ci default null comment
'员工姓名',
    `job` varchar(255) character set utf8mb4 collate utf8mb4_0900_ai_ci default null comment '员
工工作',
    `mgr` int default null comment '直属经理',
    `hiredate` datetime default null comment '入职时间',
    `sal` int default null comment '薪资',
    `comm` int default null comment '业务提成',
    `deptno` int default null comment '部门编号',
    primary key(`empno`)
) engine = innodb auto_increment = 7935 default charset = utf8mb4 collate = utf8mb4_0900_ai_ci;
```

1. 部门表数据

```
//14.2.2公司系列表结构.sql

insert into `dept` (`deptno`, `dname`, `loc`)
values
    (10, '会计部', '青海'),
    (20, '科研部', '北京'),
    (30, '销售部', '成都'),
    (40, '总部', '哈尔滨');
```

2. 公司表数据

```
//14.2.2公司系列表结构.sql

insert into `emp` (`empno`, `ename`, `job`, `mgr`, `hiredate`, `sal`, `comm`, `deptno`)
values
    (7369, '张三', '店员', 7902, '2005 - 03 - 02 00:00:00', 800, null, 20),
    (7499, '李四', '售货员', 7698, '2006 - 05 - 28 00:00:00', 1600, 300, 30),
    (7521, '王五', '售货员', 7698, '2022 - 01 - 28 00:00:00', 1250, 500, 30),
    (7566, '赵六', '经理', 7839, '2000 - 09 - 21 00:00:00', 3000, null, 20),
    (7654, '薛七', '售货员', 7698, '2003 - 09 - 21 00:00:00', 1250, null, 30),
    (7698, '陈八', '经理', 7839, '2004 - 09 - 21 00:00:00', 2850, 1400, 30),
    (7782, '吴九', '经理', 7566, '2005 - 09 - 21 00:00:00', 2450, null, 10),
    (7788, '寅十一', '文员', 7566, '2006 - 09 - 21 00:00:00', 3000, null, 20),
    (7839, '王十二', '总经理', null, '2007 - 09 - 21 00:00:00', 5000, null, 10),
    (7844, '黄十三', '售货员', 7698, '2008 - 09 - 21 00:00:00', 1500, 0, 30),
    (7876, '毛十四', '店员', 7788, '2009 - 09 - 21 00:00:00', 1100, null, 20),
    (7900, '陈十五', '店员', 7698, '2010 - 09 - 21 00:00:00', 950, null, 30),
    (7902, '张十六', '文员', 7566, '2011 - 09 - 21 00:00:00', 3000, null, 20),
    (7934, '刘十七', '店员', 7782, '2012 - 09 - 21 00:00:00', 1300, null, 10);
```

图 书 推 荐

书　名	作　者
仓颉语言实战(微课视频版)	张磊
仓颉语言核心编程——入门、进阶与实战	徐礼文
仓颉语言程序设计	董昱
仓颉程序设计语言	刘安战
仓颉语言元编程	张磊
仓颉语言极速入门——UI 全场景实战	张云波
仓颉 TensorBoost 学习之旅——人工智能与深度学习实战	董昱
HarmonyOS 移动应用开发(ArkTS 版)	刘安战、余雨萍、陈争艳 等
公有云安全实践(AWS 版·微课视频版)	陈涛、陈庭暄
虚拟化 KVM 极速入门	陈涛
虚拟化 KVM 进阶实践	陈涛
移动 GIS 开发与应用——基于 ArcGIS Maps SDK for Kotlin	董昱
Vue+Spring Boot 前后端分离开发实战(第 2 版·微课视频版)	贾志杰
前端工程化——体系架构与基础建设(微课视频版)	李恒谦
TypeScript 框架开发实践(微课视频版)	曾振中
Kubernetes API Server 源码分析与扩展开发(微课视频版)	张海龙
编译器之旅——打造自己的编程语言(微课视频版)	于东亮
全栈接口自动化测试实践	胡胜强、单镜石、李睿
Spring Boot+Vue.js+uni-app 全栈开发	夏运虎、姚晓峰
Selenium 3 自动化测试——从 Python 基础到框架封装实战(微课视频版)	栗任龙
Unity 编辑器开发与拓展	张寿昆
跟我一起学 uni-app——从零基础到项目上线(微课视频版)	陈斯佳
Python Streamlit 从入门到实战——快速构建机器学习和数据科学 Web 应用(微课视频版)	王鑫
Java 项目实战——深入理解大型互联网企业通用技术(基础篇)	廖志伟
Java 项目实战——深入理解大型互联网企业通用技术(进阶篇)	廖志伟
深度探索 Vue.js——原理剖析与实战应用	张云鹏
前端三剑客——HTML5+CSS3+JavaScript 从入门到实战	贾志杰
剑指大前端全栈工程师	贾志杰、史广、赵东彦
JavaScript 修炼之路	张云鹏、戚爱斌
Flink 原理深入与编程实战——Scala+Java(微课视频版)	辛立伟
Spark 原理深入与编程实战(微课视频版)	辛立伟、张帆、张会娟
PySpark 原理深入与编程实战(微课视频版)	辛立伟、辛雨桐
HarmonyOS 原子化服务卡片原理与实战	李洋
鸿蒙应用程序开发	董昱
HarmonyOS App 开发从 0 到 1	张诏添、李凯杰
Android Runtime 源码解析	史宁宁
恶意代码逆向分析基础详解	刘晓阳
网络攻防中的匿名链路设计与实现	杨昌家
深度探索 Go 语言——对象模型与 runtime 的原理、特性及应用	封幼林
深入理解 Go 语言	刘丹冰
Spring Boot 3.0 开发实战	李西明、陈立为

书 名	作 者
全解深度学习——九大核心算法	于浩文
HuggingFace 自然语言处理详解——基于 BERT 中文模型的任务实战	李福林
动手学推荐系统——基于 PyTorch 的算法实现(微课视频版)	於方仁
深度学习——从零基础快速入门到项目实践	文青山
LangChain 与新时代生产力——AI 应用开发之路	陆梦阳、朱剑、孙罗庚、韩中俊
图像识别——深度学习模型理论与实战	于浩文
编程改变生活——用 PySide6/PyQt6 创建 GUI 程序(基础篇·微课视频版)	邢世通
编程改变生活——用 PySide6/PyQt6 创建 GUI 程序(进阶篇·微课视频版)	邢世通
编程改变生活——用 Python 提升你的能力(基础篇·微课视频版)	邢世通
编程改变生活——用 Python 提升你的能力(进阶篇·微课视频版)	邢世通
Python 量化交易实战——使用 vn.py 构建交易系统	欧阳鹏程
Python 从入门到全栈开发	钱超
Python 全栈开发——基础入门	夏正东
Python 全栈开发——高阶编程	夏正东
Python 全栈开发——数据分析	夏正东
Python 编程与科学计算(微课视频版)	李志远、黄化人、姚明菊 等
Python 数据分析实战——从 Excel 轻松入门 Pandas	曾贤志
Python 概率统计	李爽
Python 数据分析从 0 到 1	邓立文、俞心宇、牛瑶
Python 游戏编程项目开发实战	李志远
Java 多线程并发体系实战(微课视频版)	刘宁萌
从数据科学看懂数字化转型——数据如何改变世界	刘通
Dart 语言实战——基于 Flutter 框架的程序开发(第 2 版)	亢少军
Dart 语言实战——基于 Angular 框架的 Web 开发	刘仕文
FFmpeg 入门详解——音视频原理及应用	梅会东
FFmpeg 入门详解——SDK 二次开发与直播美颜原理及应用	梅会东
FFmpeg 入门详解——流媒体直播原理及应用	梅会东
FFmpeg 入门详解——命令行与音视频特效原理及应用	梅会东
FFmpeg 入门详解——音视频流媒体播放器原理及应用	梅会东
FFmpeg 入门详解——视频监控与 ONVIF+GB28181 原理及应用	梅会东
Python 玩转数学问题——轻松学习 NumPy、SciPy 和 Matplotlib	张骞
Pandas 通关实战	黄福星
深入浅出 Power Query M 语言	黄福星
深入浅出 DAX——Excel Power Pivot 和 Power BI 高效数据分析	黄福星
从 Excel 到 Python 数据分析:Pandas、xlwings、openpyxl、Matplotlib 的交互与应用	黄福星
云原生开发实践	高尚衡
云计算管理配置与实战	杨昌家
HarmonyOS 从入门到精通 40 例	戈帅
OpenHarmony 轻量系统从入门到精通 50 例	戈帅
AR Foundation 增强现实开发实战(ARKit 版)	汪祥春
AR Foundation 增强现实开发实战(ARCore 版)	汪祥春